"十二五"国家重点图书出版规划项目
有色金属文库

PRINCIPLES OF THE FLOTATION OF
SULPHIDE MINERALS BEARING LATTICE DEFECTS

硫化矿物浮选
晶格缺陷理论

陈建华 著

中南大学出版社
www.csupress.com.cn

内容简介 / Introduction

　　含晶格缺陷硫化矿物的浮选是理论和实践中常常碰到的问题，晶格缺陷的存在对硫化矿物的性质和浮选行为具有显著的影响。本书采用量子理论、热动力学和电化学等方法系统研究了晶格缺陷对硫化矿物半导体性质和浮选行为的影响，主要内容包括晶格缺陷对硫化矿物晶体结构和性质的影响，晶格缺陷对硫化矿物表面性质和浮选药剂分子吸附性能的影响，晶格缺陷对硫化矿物表面吸附热动力学行为的影响，以及晶格缺陷对硫化矿物氧化、捕收和抑制电化学行为的影响。本书的特色在于从微观（矿物晶体结构和性质）和宏观（热动力学、电化学）两个层次来研究含晶格缺陷硫化矿物浮选行为，对选矿工作者进一步了解矿物晶体结构和性质在浮选中的作用具有重要的参考价值。

　　本书可以作为高等院校矿物加工专业、冶金工程和化学工程本科生和研究生的学习参考书，也可供研究院所、厂矿企业等相关科技人员参考。

作者简介

　　陈建华，教授，博士生导师，1971 年 1 月出生，四川西昌人。1999 年毕业于中南大学矿物工程系，获得博士学位，2002—2003 年留学瑞典吕勒奥理工大学，2011 年入选教育部新世纪优秀人才支持计划，现任广西大学资源与冶金学院副院长。主要从事浮选工艺与理论，浮选机流体力学计算模拟以及复杂难选矿产资源新药剂、新设备及新工艺研究。采用固体物理和晶体化学理论研究了硫化矿物浮选的机理，从固体物理方面阐述了硫化矿物浮选的微观机制，提出了硫化矿浮选半导体能带理论和硫化矿浮选晶格缺陷理论。在国内外发表学术论文150 多篇，被 SCI、EI 收录 50 多篇，出版学术专著 5 部，获省部级科技进步奖 4 项，国家发明专利 20 项。

前言 / Foreword

浮选是一个复杂的物理化学过程，涉及固－液－气三相，矿浆溶液中各化学组分的相互关系以及浮选药剂分子的结构与性能已经获得了很好的研究，形成了以王淀佐院士为代表的浮选溶液化学理论和浮选药剂分子设计理论。浮选中另一个非常重要的研究对象——矿物，目前还缺乏系统和深入的研究工作，导致选矿学者对矿物晶体结构、电子性质以及它们在浮选中所起的作用了解甚少，这严重制约了浮选理论和技术的发展。

矿物的晶体结构决定矿物的性质，而矿物的性质决定了其可浮性。对于具有半导体性质的硫化矿物，晶格缺陷能够显著改变其晶体结构(如晶胞膨胀、缩小以及晶胞畸变等)和半导体性质(半导体类型、能带结构、电子态密度等)，从而影响了硫化矿物的电化学浮选行为。本书以硫化矿物晶格缺陷为研究对象，采用基于密度泛函理论的第一性原理研究了空位缺陷和杂质缺陷对硫化矿物结构、性质和药剂分子吸附的影响，同时本书在含晶格缺陷硫化矿物浮选实践方面进行了大量工作，研究了晶格缺陷对硫化矿表面捕收剂产物的影响，采用热动力学方法获得了含杂质缺陷方铅矿的吸附热和吸附动力学参数，采用循环伏安法研究了含杂质方铅矿的氧化、捕收和抑制电化学行为。

全书共分为10章，第1章主要介绍国内外硫化矿物晶格缺陷的研究现状；第2章简单介绍固体物理基本概念、晶体结构知识以及密度泛函理论的基本框架；第3章介绍晶格缺陷对硫化矿物体相结构和性质的影响，如晶胞参数、能带结构、电子性质等的影响，其中前线轨道的研究具有一定的代表性；第4章介绍晶格缺陷对硫化矿物表面性质的影响；第5章介绍晶格缺陷对硫化矿物表面吸附氧分子的影响；第6章介绍晶格缺陷对闪锌矿和黄铁矿铜活化的影响；第7章介绍晶格缺陷对常见几种捕收剂分子在硫化矿物表面吸附的影响，并探讨了晶格杂质对闪锌矿表面黄药吸附产物的影响；第 8 章介绍晶格缺陷对氢氧化钠、石灰、硫化钠、氰化钠以及重铬酸盐几种常见抑制分子在硫化矿物表面吸附的影响；第 9 章介绍人工合成含杂质方铅矿的浮选行为和吸附捕收剂的微量热和动力学参数；第 10 章介绍晶格杂质对方铅矿浮选电化学行为的影响，包括氧化、捕收和抑制的电化学行为。

本书的研究工作获得了国家自然科学基金（50864001）以及教育部新世纪优秀人才支持计划（NCET - 11 - 0925）的资助，在此表示感谢。另外还要感谢李玉琼博士、陈晔博士、蓝丽红博士、王檑、曾小钦等人为本书所做的贡献。

由于时间仓促和作者水平有限，本书作为学术探讨，难免存在错误和不严谨之处，恳请读者批评指正。

目录 /

Contents

第1章 晶格缺陷对硫化矿物性质及可浮性的影响

在硫化矿物浮选实践中，常常发现不同矿床或同一矿床不同区段的同一种矿物，其浮选行为存在着很大的差异。例如对于黄铁矿，原田种臣研究了日本9种产地黄铁矿的可浮性差异[1]，陈述文等人研究了国内8种不同产地黄铁矿的可浮性差异[2]，而今泉常正则研究了日本堂屋敷矿床不同地段的10个黄铁矿样品的可浮性差异[3]，发现即使是同一矿床不同地段的黄铁矿其浮选行为也有很大的差异。对于闪锌矿，人们在工业实践中发现不同矿床或同一矿床不同矿段的闪锌矿由于杂质不同而具有不同的颜色，从浅绿色、棕褐色和深棕色直至钢灰色，各种颜色的闪锌矿可浮性差别比较大，含镉的闪锌矿可浮性比较好，而含铁的闪锌矿可浮性较差。对于方铅矿，银、铋和铜杂质可提高其可浮性，锌、锰和锑杂质则降低其可浮性[4, 5]。

不同产地的硫化矿物由于成矿条件和环境不同，其晶体结构或多或少都存在缺陷，从而改变了矿物的性质和可浮性。本章在介绍硫化矿物可浮性差异的基础上，重点介绍晶体结构与硫化矿物可浮性之间的关系。

1.1 硫化矿物可浮性的差异

由于不同产地硫化矿物成矿温度、压力及环境的不同，导致不同产地的同一种硫化矿物的晶胞参数、杂质和性质等都有很大的区别，从而造成矿物浮选行为的不同。表1-1是在无氧条件下，不添加任何捕收剂和起泡剂获得的不同产地常见硫化矿物的天然可浮性[6]。由表可见，天然可浮性越好，不同产地之间矿物的可浮性差异就越小，如方铅矿和黄铜矿具有很好的天然可浮性，回收率都在90%以上，其中四种不同产地的方铅矿的浮选回收率都为100%，没有差别。对于天然可浮性较差的黄铁矿和闪锌矿，不同产地的可浮性差异就比较大，如闪锌矿的浮选回收率最低仅为41%，最高达到100%。辉铜矿虽然也具有比较好的天然可浮性，但从表1-1可以看出，不同产地的辉铜矿的可浮性差别比较大，这一反常现象可以从硫化矿物的半导体性质来解释。

表1-2是常见五种硫化矿物的禁带宽度与矿物可浮性差异。由表中数据可见，矿物的禁带宽度大小和表中矿物的天然可浮性变化完全一致，这是因为禁带

宽度代表了矿物的半导体性质，矿物禁带宽度越小，说明该矿物电化学性质可改变的程度越小，不同产地的矿物可浮性变化也就越小，如方铅矿和黄铜矿；反之，矿物的禁带宽度越大，矿物电化学性质可改变的程度就越大，从而导致不同产地矿物的可浮性变化就越大，如闪锌矿，其带宽达到 3.6 eV，当含有铁杂质时，带宽最小可达到 0.49 eV，可浮性也从好浮到难浮。

表 1-1　不同产地硫化矿物天然可浮性(pH 6.8，在无氧条件下，未添加捕收剂和起泡剂)

矿物	产地	回收率/%
方铅矿	爱达荷州克达伦	100
	密苏里州比克斯比	100
	俄克拉何马州皮切尔	100
	南达科他州加利纳	100
黄铜矿	安大略省泰马加密	100
	安大略省萨德伯里	100
	犹他州比佛湖区	97
	德兰士瓦省迈塞纳	93
辉铜矿	阿拉斯加州肯尼科特	100
	科罗拉多州爱屋格林	88
	蒙大拿州比尤特	86
	亚利桑那州苏必利尔	83
黄铁矿	西班牙安巴阿瓜斯	92
	南达科他州	85
	墨西哥萨卡特卡斯	83
	墨西哥奈卡	82
闪锌矿	南达科他州基斯顿	56
	密苏里州乔普林	47
	科罗拉多州克雷德	46
	俄克拉何马州皮切尔	41
	俄克拉何马州皮切尔	100

表 1-2 常见硫化矿物的禁带宽度与矿物可浮性差异

硫化矿物	方铅矿	黄铜矿	黄铁矿	辉铜矿	闪锌矿
禁带宽度/eV	0.41	0.50	0.90	2.10	3.6
可浮性差异/%	0	7	10	17	49

注：可浮性差异用矿物最大回收率与最小回收率之差来表示。

图 1-1 是来自八个不同产地黄铁矿的可浮性与黄药浓度之间的关系[7]。由图可见在黄药存在的条件下，不同产地的黄铁矿浮选回收率有比较大的差别，浮选回收率可以从 30% 左右（湖南东坡）变化到 70%（安徽铜官山），说明不同产地的黄铁矿与黄药分子的作用存在较大的差异；另外在酸性和碱性介质中不同产地黄铁矿可浮性顺序会发生变化，如在酸性介质中，黄铁矿可浮性顺序为：

安徽铜官山 > 湖南上堡 > 江西东乡 > 广东英德 > 湖南七宝山 > 湖南水口山 > 江西德兴铜矿 > 湖南东坡

但在碱性介质中变为（以低浓度黄药为标准）：

湖南水口山 > 湖南七宝山 > 广东英德 > 江西德兴铜矿 > 安徽铜官山 > 江西东乡 > 湖南上堡 > 湖南东坡

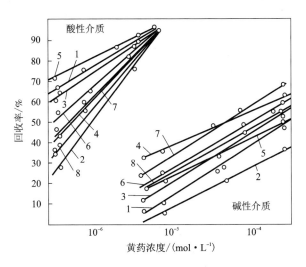

图 1-1 国内八种产地黄铁矿的浮选回收率与黄药浓度的关系

1—湖南上堡；2—湖南东坡；3—江西东乡；4—湖南水口山；
5—安徽铜官山；6—广东英德；7—湖南七宝山；8—江西德兴铜矿

如何从理论上解释不同产地硫化矿物可浮性的差异，需要对矿物的宏观和微观性质有清楚的了解。一般而言，由于矿物在形成过程的复杂性，以及成矿环境的千差万别，造成矿物的性质也随环境的变化而变化。如闪锌矿中 FeS 含量与闪锌矿的形成温度有关系，一般高－中温热液矿床的闪锌矿含 FeS 为 12.24% ~ 15.94%，形成温度在 400 ~ 500℃，颜色为黑褐色。中温热液矿床的闪锌矿含 FeS 为 4.63% ~ 7.74%，形成温度为 200 ~ 300℃，闪锌矿呈褐色、浅褐色。低温热液矿床的闪锌矿含 FeS 为 1.07% ~ 1.52%，形成温度为 100 ~ 200℃，闪锌矿呈浅黄色。图 1 – 2 是不同颜色的闪锌矿纯矿物晶体，不同的颜色代表含有不同的杂质。

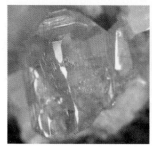

图 1 – 2　不同颜色的闪锌矿矿物

黄铜矿有 3 种同质多象变体：高温等轴晶系变体，在 550℃ 以上稳定，Cu 和 Fe 离子在结构中无序排列，成闪锌矿型结构；当温度在 213 ~ 550℃ 时，Cu 和 Fe 离子在结构中有序分布，为四方晶系变体；当温度低于 213℃ 时为斜方晶系变体。由于黄铜矿和闪锌矿结构的相似性，所以在高温时它们可以互溶，而当温度降低时，由于它们的离子半径相差较大，固溶体发生溶解，因此在闪锌矿中常有黄铜矿的小包裹体。

黄铁矿是铁的二硫化物，化学式 FeS_2，纯黄铁矿中含有 46.67% 的铁和 53.33% 的硫，它是自然界中最为常见的硫化矿之一，广泛存在于各种矿石和岩石以及煤矿中。黄铁矿可在岩浆分离结晶作用、热水溶液或升华作用中生成，也可以在火成岩、沉积岩中生成，成矿后经常有完好的晶形，呈立方体、八面体、五角十二面体及其聚形。因此不同矿床成因的黄铁矿在晶型、颜色和性质上有较大的差别。孙传尧等人研究了不同成因黄铁矿的可浮性变化情况[8]，发现不同成因的黄铁矿其可浮性有很大的变化，如图 1 – 3 所示。从图中可见中低温热液型的黄铁矿可浮性最好，浮选回收率接近 100%，而煤系沉积型黄铁矿可浮性最差，浮选回收率最高也不到 60%。

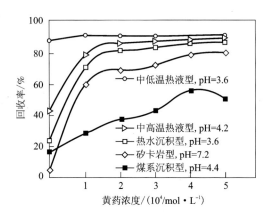

图 1 - 3　不同成因黄铁矿的浮选回收率与黄药浓度的关系

1.2　矿物的晶格缺陷

1.2.1　矿物晶体结构

　　硫化矿物是具有周期性点阵结构的晶体，矿物的晶体结构决定了矿物的性质。图 1 - 4 是闪锌矿晶体结构，其晶体构型属等轴晶系，在体对角线的 1/4 处为硫原子，8 个角和 6 个面心为锌原子，每个晶胞内含有 4 个锌原子和 4 个硫原子，每个锌原子被 4 个硫原子所包围呈四面体状。

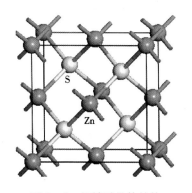

图 1 - 4　闪锌矿晶体结构

　　图 1 - 5 为黄铁矿晶体结构，其晶形为立方晶体结构，每个单胞包含 4 个 FeS_2 分子，铁原子分布在立方晶胞的 6 个面心及 8 个顶角上，每个铁原子与 6 个相邻

的硫配位,形成八面体构造,而每个硫原子与 3 个铁原子和 1 个硫原子配位,形成
四面体构造,两个硫原子之间形成哑铃状结构,以硫二聚体(S_2^{2-})形式存在。

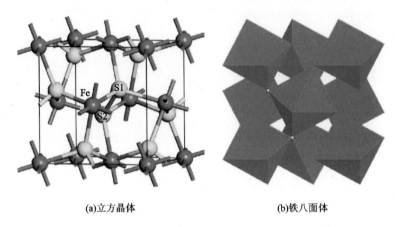

(a)立方晶体　　　　　　　　　　　(b)铁八面体

图 1-5　黄铁矿晶体:立方晶体(a)和铁八面体结构(b)

黄铜矿的化学式为 $CuFeS_2$,自然界常见的为四方晶系变体,四方晶系黄铜矿
晶体结构是闪锌矿型晶体结构的衍生结构,在闪锌矿结构中,以 S 为中心,四面
体的 4 个顶角被 Zn 离子占据;在黄铜矿结构中,这 4 个位置被 2 个 Cu 和 2 个 Fe
离子所占据,如图 1-6 所示。

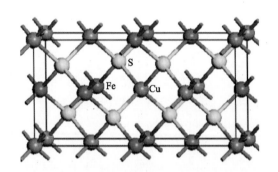

图 1-6　四方晶系黄铜矿晶体结构

方铅矿属等轴晶系,氯化钠型构造,硫原子作最紧密堆积,铅离子充填于硫
原子组成的所有八面体空隙中,为面心立方晶系,阴离子和阳离子的配位数均为
6,如图 1-7 所示。质点间的键由离子键向金属键过渡。晶体多呈立方体,有时
为八面体与立方体的聚形,有时为菱形十二面体与八面体的聚形,具有立方体的
最完全解理。

从以上讨论可以看出，矿物晶体具有一定空间结构和组成，而不是以单个分子形式存在，矿物晶体的最小单元结构为晶胞，代表了矿物的基本结构和性质。矿物晶胞中任意一个原子都是处在周期性的晶体场中，矿物的性质不仅与原子组成有关，还与晶胞空间结构有关，矿物晶胞中任何形式的变化都会导致矿物性质发生变化，如晶型转变、原子缺失、晶格膨胀、异类原子的侵入等都可以显著改变矿物晶胞的周期性势场，改变晶胞的能带结构和电子分布，从而改变矿物的可

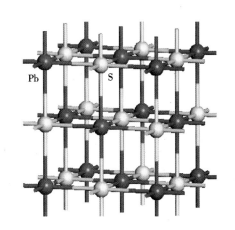

图1-7　方铅矿晶体结构

浮性。如单斜晶体的磁黄铁矿的可浮性比六方型的磁黄铁矿要好[9]。方铅矿晶胞中缺失硫原子后，造成方铅矿晶胞周期性势场被破坏，重新平衡后，导致铅原子电荷下降[10]。再如当闪锌矿晶胞中一个锌原子被铜原子替换后，导致闪锌矿的锌原子反应活性大幅度下降，铜原子活性占据主导地位，从而使含铜闪锌矿显示出类似硫化铜的性质，在实践中造成铜锌矿物难分离[11]。

1.2.2　晶体缺陷种类

理想晶体的特点是内部质点在三维空间里有规律性地呈周期性平移重复排列，是由有规律的格子构造组成，且晶体结构化学计量组成没有任何偏差或偏离，晶格中的原子、离子或分子都是严格按照规律周期性排列。但实际上由于内部质点的热振动以及受到应力作用或辐射等原因，其内部质点或多或少在一定程度上偏离格子构造而产生晶体结构上的缺陷。几乎所有的自然晶体都普遍具有各种晶体缺陷。晶体缺陷包括点缺陷、线缺陷和面缺陷3大类。

（1）点缺陷（Point defect）[12]。点缺陷是指在一个或几个原子的微观区域内偏离理想周期结构的缺陷，这种缺陷的三维尺寸都很小，通常不超过几个原子。点缺陷示意图如图1-8所示。

晶体中的典型点缺陷有空位、间隙原子、弗伦克尔和杂质缺陷几类。

空位缺陷是指晶体的晶格当中可能有个别原子由于获得了足够大的动能，并以此摆脱平衡位置势阱的束缚，迁移到晶体表面上的某一格点位置，从而在晶体表面上构成新的一层，而该原子在晶体内部的原格点位置则会形成一个空缺，晶体中的这种缺陷就是空位缺陷，如图1-8(a)所示。

间隙原子缺陷是指晶体表面上的个别原子由于热涨落可能获得足够的动能，

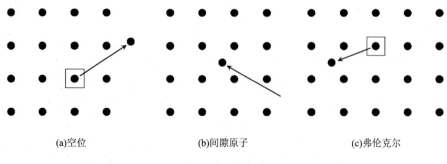

　(a)空位　　　　　　　　(b)间隙原子　　　　　　　(c)弗伦克尔

图 1 - 8　晶体点缺陷

进入晶体内部格点中在理想情况下原本不为原子所占据的间隙位置,从而在这些被占据的间隙位置形成缺陷[13],如图 1 - 8(b)所示。另一种情况是格点上的原子由于热涨落,脱离格点位置进入格点间隙位置,这种原子被称为填隙原子。在填隙原子进入格点间隙位置的同时,原位置会产生空位,两者是成对出现的,这种缺陷称为弗伦克尔(Frenkel)缺陷,如图 1 - 8(c)所示。

　　晶体中的杂质(Impurity)也会造成晶体缺陷。除组成晶体的主要原子(基质原子)外,晶体中还可能会存在掺入晶体的异种原子或同位素,这种异种原子或同位素称为杂质。杂质原子掺入到晶体中会出现两种情况:一种情况是杂质原子占据基质原子的位置,造成替位式杂质(Substitutional impurity)缺陷;另一种情况是杂质原子进入晶格间隙位置,造成填隙杂质(Interstitial impurity)缺陷。杂质原子掺入到晶体中后,由于杂质原子的价电子数目与基质原子的偏离,会在能带结构中形成杂质局域态。

　　(2)线缺陷(Line defect)[14]。线缺陷是一种在三维空间中在二维方向上尺寸较小,在另一维方面上尺寸较大的缺陷,它表示晶体内在某一条线附近原子排列出现对晶格周期性的偏离,也称为位错(Dislocation)。按照其结构特征,可以分为刃位错和螺旋位错两种类型。位错对晶体的力学、电学、光学等物理性质以及晶体的生长和杂质、缺陷的扩散等多个方面都有较大影响。

　　(3)面缺陷(Plane defect)。面缺陷是指晶体偏离周期性点阵结构的二维缺陷,这种缺陷的二维尺寸很大,而在第三维的尺寸很小,通常是指晶界和亚晶界。晶界是指晶粒之间的边界,即原子无序排列的过渡层,过渡层的厚度相当于几个晶格常数,所以说晶界是一种面缺陷。晶界是一种较为常见的缺陷,这是由于在实际情况中,固体材料大多是由大量晶粒结成的多晶体,而在这种多晶体中,各晶粒之间的堆积取向是完全没有规则的。另一种面缺陷是堆积层错,堆积层错是指在紧密堆积结构中,晶面堆垛顺序出现错乱时产生的面缺陷。

晶体的表面是指晶体与气体或者液体等外部介质相接触的界面。晶体的界面由两类组成，即存在于晶体之中的内界面和晶体的外表面，其中内界面又包括晶界和堆积层错等类型。处于表面上的原子会同时受到内部原子和外部介质原子或分子的作用力，这两种作用力之间的不平衡会造成表面层的点阵畸变和能量升高。所以说，表面的存在对晶体的物理性质和化学性质有重要的影响，特别是对吸附、催化、耐蚀性等化学性质的影响极大。

由于晶格缺陷的存在破坏了晶格中原子(离子、分子)严格的排列周期性和化学计量组成，使得矿物表面表现出物理化学性质的不均匀性[15]。在浮选过程中，矿物表面的不均匀性显著影响着矿物和药剂的作用。在矿物浮选中，以上3种缺陷都会碰到，其中点缺陷是矿物在成矿过程中形成的，是不可控制的，对矿物的性质和可浮性具有显著的影响，如含铁闪锌矿导电性增强，可浮性下降，而含银方铅矿则可浮性变好等。而线缺陷和面缺陷则容易在矿物破碎和磨矿中产生，在生产中可以通过改变球磨制度来控制，另外由于在线和面缺陷处容易形成吸附活性点，因此在磨矿过程中加入药剂，能够显著提高药剂的作用效果。

硫化矿是一种由单晶体组成的具有半导体性质的多晶体。即使同样是硫化矿，不同的矿床或同一矿床的不同区域，由于成矿条件和环境因素的变化，硫化矿物晶体中或多或少都存在杂质[16]。如对虎圩多金属矿床中的闪锌矿的研究结果表明[17]，黑色闪锌矿中 Cu、Pb、Ag、Au 和 Fe 含量较高，Zn 相对较低，浅色闪锌矿相反，Zn 含量相对较高，Cu、Pb、Ag、Au 和 Fe 含量相对较低，且 Cu、Pb、Ag、Au、Fe 杂质都可以以类质同象形式进入闪锌矿晶格。司荣军[18]发现云南省富乐铅锌多金属矿床中闪锌矿富含镉、硒、镓、锗4种元素，且这4种元素主要呈类质同象形式存在，该矿床是国内迄今发现的闪锌矿中镉质量分数最高的矿床。宋谢炎[19]对湖南黄沙坪铅锌矿床中的闪锌矿的研究表明，Fe^{2+} 在闪锌矿结晶过程中占据了八面体的位置。叶霖[20]发现贵州都匀的闪锌矿富含镉、镓、锗，其中镉含量范围在 0.83% ~1.97%，属于富镉闪锌矿。Georges[21]对加拿大某地闪锌矿进行分析发现晶体中含有 Sb、Ag、Cu 杂质。

硫化铅矿物中以方铅矿为主，其次是脆硫锑铅、硫锑铅矿及硫砷铅矿等。方铅矿(PbS)的化学组分，含 Pb 为 86.6%，S 为 13.4%。常混入银，其次混入铜、锌，有时混入铁、砷、锑、铋、镉、铊、铟等元素，多呈微包体形式存在。含银量一般为 0.1%，很少达到 0.5% ~1%，通常以银的硫化物包体存在[5]。

自然界黄铁矿中可能含有以下不同杂质：钴、镍、砷、硒、碲、铜、金、银、钼、锌、铊、锡、钌、钯、铂、汞、镉、铋、铅和锑等，较为常见的有砷、钴、镍和金等。杂质以微量或痕量元素存在，含量从零到百分之几，甚至高达 10% 以上，如砷杂质在温度低于 300℃ 条件下自然黄铁矿中掺入的砷可高达 19%，在实验室 300~600℃ 砷可达 9.3%[22]，常见的钴杂质含量可达 2% 以上，镍和金杂质含量约在百分之零点几范围内,铜杂质最高含量也可以达到4.5%。

硫化矿物中存在的这些缺陷及杂质会对晶体的性质造成很大影响,甚至在某些情况下,即便是极其少量的缺陷都有可能从根本上改变硫化矿的性质和可浮性。

1.3 晶格缺陷对硫化矿物半导体性质的影响

1.3.1 禁带宽度

几乎所有金属硫化物矿物都有半导电性,电子在矿物内部和表面分裂成不同的能级,形成价带、导带和禁带。半导体中的载流子是自由电子和空穴。空穴是本来应该有电子的地方没有电子,即电子缺位。在半导体中何种载流子占多数,决定它们是属于电子型还是空穴型,分别称为电子半导体(或 n 型半导体)和空穴半导体(或 p 型半导体)。研究发现,大多数硫化矿物的禁带宽度处于半导体的区域,常见硫化矿物的禁带宽度 E_g 见表1-3。

表1-3 常见硫化矿物的禁带宽度 E_g

硫化矿物	E_g/eV	硫化矿物	E_g/eV
PbS	0.41	FeS_2	0.90
ZnS	3.60	CdS	2.45
(Zn, Fe)S	0.49	NiS_2	0.27
$CuFeS_2$	0.50	HgS	2.00
Cu_2S	2.10	FeAsS	0.30

半导体性质受晶格缺陷影响,甚至极少量杂质与化学计量组成的微小偏差,都会使其电导率显著改变。例如硅的电阻率为 $214 \times 10^3 \ \Omega/\text{cm}$,若掺入百万分之一的硼元素,电阻率就会减小到 $0.4 \ \Omega/\text{cm}$。对于所研究的硫化矿物来说,由于天然矿石在成矿过程中类质同象、固溶体的产生,使硫化矿物晶体中存在或多或少的杂质原子,从而使硫化矿物的导电性大大增加。如理想闪锌矿,其禁带宽度达到 3.6 eV,属于绝缘体,而当闪锌矿中存在铁杂质时,其禁带宽度可以减小到 0.49 eV,具有很好的导电性,并且其导电率随着闪锌矿中铁含量的增加而增加[35],见图1-9。另外 Abraitis[23] 报道了黄铁矿中的杂质种类和含量会影响其导电性,导电性较低的 p 型黄铁矿往往含砷杂质较多。

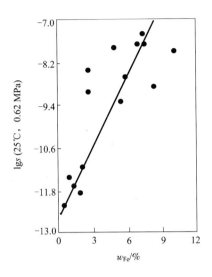

图 1-9　闪锌矿中铁含量对其导电性的影响

1.3.2　半导体类型

半导体矿物按导电类型可以分为 n 型半导体和 p 型半导体，n 型半导体主要由电子导电，而 p 型半导体则主要由空穴导电。半导体矿物的类型主要受矿物的晶格缺陷影响，例如方铅矿的半导体既可以是 n 型也可以是 p 型，这取决于方铅矿中的杂质含量和化学计量组成。A·约夫[15]指出，硫化铅中如果铅化学计量过剩，会导致电子导电性，而硫多余则导致空穴导电性。Savage 和 Lehner 等对自然和合成的黄铁矿样品的分析表明[24,25]，砷杂质引起 p 型半导体性质，而钴和镍则产生了 n 型黄铁矿半导体，但镍的作用较弱，它的影响可能会由于钴和砷的存在而被削弱。n 型和 p 型黄铁矿半导体的导电性有明显的区别，n 型半导体的导电性更高，载流子迁移性更大，如钴掺杂的黄铁矿的导电性比未掺杂的高出 5 倍，镍也高出一倍。

同一种硫化矿物的半导体类型会因其产地不同而有所差异。陈述文等人对我国 8 个产地的黄铁矿纯矿物测试表明[2]，除了湖南上堡和湖南东坡的黄铁矿是 n 型半导体外，江西东乡、湖南水口山、安徽铜官山、广东英德、湖南七宝山和江西德兴铜矿的黄铁矿都是 p 型半导体。

一般而言，p 型半导体有利于黄药分子的作用，而 n 型半导体则不利于黄药分子的作用。研究表明[26]，与 n 型方铅矿相比，黄药在 p 型半导体表面更容易吸附。但是仅按 n 型和 p 型两类导电类型来划分硫化矿物的可浮性过于简单。从表

1-4可以看出同一种类型的硫化矿物性质仍有较大的区别[2]，如同为n型半导体的上堡黄铁矿和东坡黄铁矿，前者的温差电动势率不到后者的1/3。陈述文等人研究发现采用温差电动势率可以很好地表示不同产地黄铁矿可浮性的变化[2]，由图1-10可见，在酸性条件下，黄铁矿的温差电动势率与浮选回收率具有很好的线性关系；在碱性条件下，温差电动势率过大和过小都会降低黄铁矿浮选回收率，当温差电动势率在0左右，黄铁矿浮选回收率达到最大值。

表1-4　不同产地黄铁矿的半导体类型和温差电动势率

矿物产地	湖南上堡	湖南东坡	江西东乡	湖南水口山	安徽铜官山	广东英德	湖南七宝山	江西德兴铜矿
半导体类型	n	n	p	p	p	p	p	p
温差电动势率/$(mV \cdot ℃^{-1})$	-87	-298	135	376	90	158	355	253

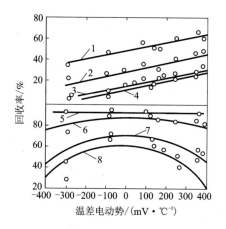

图1-10　黄铁矿温差电动势率与其可浮性的关系

丁基黄药浓度：1—5×10^{-4}mol/L；2—5×10^{-5}mol/L；3—1×10^{-5}mol/L；4—5×10^{-6}mol/L；

5—1×10^{-5}mol/L；6—5×10^{-6}mol/L；7—5×10^{-6}mol/L；8—5×10^{-7}mol/L

　　研究发现[15,27]，黄药在硫化矿物表面的吸附量与矿物表面的电子密度与空穴密度有关：

$$\Gamma = a\exp(-b\frac{n_e}{p_p})c^{\frac{1}{n}} \tag{1-1}$$

式中：Γ为黄药吸附量；a，b，n为与硫化矿物种类有关的常数；c为黄药浓度；n_e/p_p为矿物表面电子密度与空穴密度的比值，比值越大矿物表面黄药吸附量越小。

恰图里亚和普拉克辛等人研究了不同矿床的 3 种方铅矿和 4 种黄铁矿的电子密度与浮选回收率的关系[15]。图 1－11 是矿物电子密度与空穴密度比值与浮选回收率的关系，由图可见，矿物电子密度越大，矿物的浮选回收率越低。

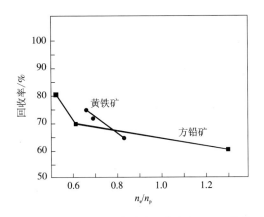

图 1－11　方铅矿和黄铁矿的回收率与 n_e/n_p 的关系

1.3.3　杂质对矿物晶胞常数的影响

由于矿物晶胞中杂质原子的存在会使晶胞点阵重新平衡，从而使矿物的晶胞体积发生膨胀或缩小，导致矿物晶胞偏离理想形态形成所谓的晶胞畸变。Ferrer 等[28]采用 XRD 检测方法发现黄铁矿的晶胞常数随着镍杂质浓度的增加而增大，如图 1－12 所示，这主要是因为 Ni^{2+} 在六配位的晶体半径为 0.83 Å，大于 Fe^{2+} 的

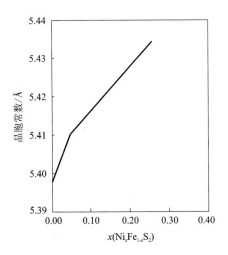

图 1－12　黄铁矿晶胞常数与镍含量的关系

半径(0.75 Å)，较大体积的镍原子在黄铁矿晶胞中代替较小体积的铁原子，增大了晶胞体积。

图 1-13 是方铅矿中银杂质含量与方铅矿晶胞常数的关系[29]。由图可见，方铅矿的晶胞常数随着银含量的增加而减小，这是因为 Ag^+ 六配位的晶体半径为 1.29 Å，小于 Pb^{2+} 半径(1.33 Å)，当方铅矿晶胞中较小体积的银离子代替较大体积的铅离子时，会导致方铅矿晶胞体积减小。

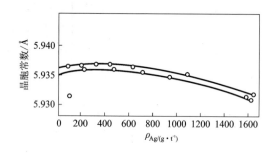

图 1-13 方铅矿晶胞常数与银含量的关系

由图 1-14 可见，硫化锌晶胞常数随着铁浓度的增加而增大[30]，这是因为 Fe^{2+} 在四配位晶体半径为 0.78 Å，大于锌离子半径(0.74 Å)，从而增大了硫化锌的晶胞体积。

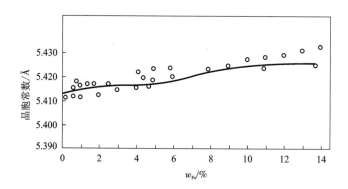

图 1-14 闪锌矿晶胞常数与铁含量的关系

矿物晶胞体积的变化会影响矿物浮选动力学行为。图 1-15 是不同黄铁矿晶胞常数与浮选速率常数的关系[3]，由图可见，在酸性条件下，黄铁矿晶胞常数越大，黄铁矿的浮选速率常数越大；而在碱性条件下，黄铁矿晶胞常数越大，黄铁矿的浮选速率常数越小，显示出和酸性条件下完全不同的规律。

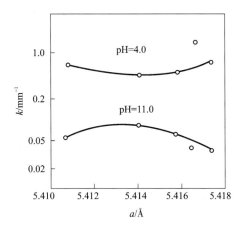

图 1 - 15　黄铁矿晶胞参数与浮选速率的关系

1.4　晶格缺陷与可浮性

由于晶格缺陷对矿物性质和浮选行为具有非常重要的意义，国内外学者很早就注意到晶格缺陷对矿物浮选的影响，1957 年日本的三野英彦等人讨论了铁杂质对闪锌矿性质和浮选行为的影响，1958 年研究了银和铋杂质含量对方铅矿性质和可浮性的影响。20 世纪 60 年代以后，随着矿业的发展，人们在生产实践中发现越来越多的浮选现象与晶格缺陷有关，人们逐渐认识到晶格缺陷在浮选中的重要性。同时硫化矿浮选电化学理论的提出也为解释晶格缺陷对硫化矿物浮选行为提供了理论基础，固体物理和密度泛函理论的发展为从理论上查清晶格缺陷对半导体硫化矿物性质和药剂分子吸附的影响提供了有力的工具。

1.4.1　空位缺陷

图 1 - 16 是方铅矿缺陷与黄药离子反应示意图[4]。方铅矿中的阳离子空位，使化合价及电荷失去平衡，在空位附近的电荷状态使硫离子对电子有较强的吸引力，而阳离子则形成较高的荷电状态及较多的自由外层轨道。晶格缺陷使方铅矿成为 p 型。因而形成对黄原酸离子较强的吸附中心。相反的，如果晶格缺陷使晶体成为 n 型(阴离子空位，或阳离子间隙)，则不利于黄原酸离子吸附。理想方铅矿晶体内部大部分为共价键，只有少量离子键，其内部价电荷是平衡的，所以对外界离子的吸附力不强，而在天然方铅矿中，由于晶格缺陷的存在，会导致内部价电荷失去平衡，从而形成表面活性，这就是缺陷的类型及浓度直接影响可浮性

以及使不同的方铅矿具有不同可浮性的原因之一。

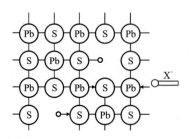

图 1-16   方铅矿的缺陷与黄药离子反应示意图

石原透分析了不同矿床的黄铁矿的 S/Fe 比与其可浮性的关系[31]，见图 1-17。由图可见 S/Fe 比在 1.93~2.06 内波动，S/Fe 比越接近理论值 2，黄铁矿的可浮性越好，硫铁比偏离理论值 2 越大，黄铁矿可浮性越差。另有报道称，S/Fe 比小于 2 难被石灰抑制，活化也困难。

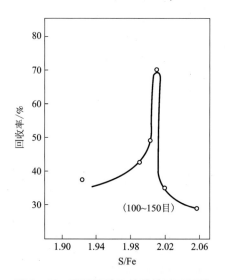

图 1-17   不同硫铁比的黄铁矿可浮性

1.4.2   杂质原子

方铅矿中含有银、铋和铜杂质时，其可浮性变好，含有锌、锰和锑杂质时，其可浮性下降。另外，方铅矿所含杂质不同，抑制效果也不同，氰化物对含有锌和锰杂质的方铅矿抑制作用较强，对含有铋和铜杂质的方铅矿抑制能力弱一些[4]。

图 1-18 是不同银含量对方铅矿接触角的影响[29]，由图可见含银方铅矿的接触角都在 70°以上，远大于理想方铅矿的接触角 47°[16]，说明银杂质的存在使方铅矿更加疏水，提高方铅矿的可浮性。另外需要注意的是方铅矿的接触角随着银含量增加而减小，说明方铅矿的可浮性并不随银含量增加而增加，而是有所下降。

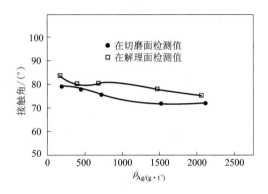

图 1-18　方铅矿中银含量与接触角的关系

对于闪锌矿，不同产地的可浮性差异更显著，甚至同一矿床不同地段闪锌矿都会发生变化。一般而言，闪锌矿颜色有白色、浅绿色、黄色、棕褐色和深棕色和钢灰色，各种颜色的闪锌矿可浮性差别比较大，白色的硫化锌一般不含杂质，可浮性较好，黄色或褐色硫化锌一般含镉，可浮性比较好，浅绿色硫化锌一般含铜，可浮性也较好，深黑色闪锌矿一般含铁和锰杂质，可浮性较差[4]。图 1-19 是人工合成的不同杂质含量闪锌矿的浮选行为[32]，由图可见，杂质铁显著降低了闪锌矿的浮选回收率，铜、隔杂质显著提高了闪锌矿的浮选回收率。

Chanturiya 等[33]发现铜、砷和金杂质含量高的黄铁矿即使在强碱性条件下(pH=12)可浮性也较好，而含铜较少和硫空位浓度较大的黄铁矿在 pH=12 条件下的回收率不超过 25%，可浮性较差。

在丁基黄药浓度为 1×10^{-5} mol/L 条件下，不同 pH 下黄铁矿与含金黄铁矿的浮选结果见图 1-20。由图可见，含金黄铁矿可浮性明显好于黄铁矿，在 pH 为 2~9 范围内，含金黄铁矿都表现出很好的可浮性，只有当 pH 超过 9.5 以后黄铁矿的可浮性才受到抑制；而黄铁矿的可浮性只有在 pH 为 6 左右最好，而当 pH 超过 7 之后，黄铁矿的回收率就开始下降，在 pH 为 9 的时候，黄铁矿已经受到强烈抑制[34]。

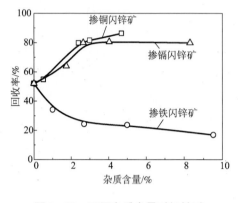

图 1-19　不同杂质含量对闪锌矿
可浮性的影响

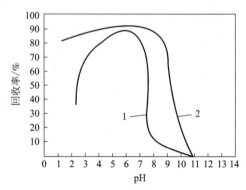

图 1-20　不同 pH 条件下，黄铁矿和
含金黄铁矿的浮选行为

1—黄铁矿（不含金）；2—含金黄铁矿（含金 30 g/t）

　　晶体中杂质的存在显著改变了矿物的半导体性质，从而影响硫化矿物与黄药作用的电化学行为，甚至改变矿物表面产物。图 1-21 是黄药与含不同杂质闪锌矿作用的红外光谱，由图可见含镉和铜杂质的闪锌矿表面形成双黄药，而在含铁杂质闪锌矿表面没有发现双黄药。图 1-22 是含杂质闪锌矿表面作用产物萃取的 UV 图谱，由图可见，在含隔和含铜闪锌矿表面萃取出了双黄药，而在含铁杂质闪锌矿表面则未能萃取到双黄药[32]。

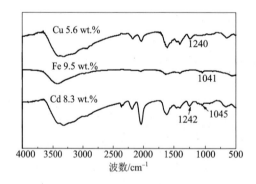

图 1-21　含不同杂质闪锌矿与
黄药作用的红外光谱图

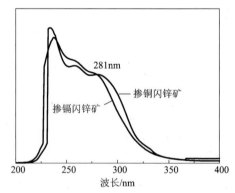

图 1-22　含不同杂质的闪锌矿与
黄药作用后的萃取产物 UV 吸收光谱

参考文献

[1] 原田种臣. 性状不同的黄铁矿可浮性差异比较[J]. 日本矿业会志, 1967, 83(949): 749 – 753

[2] 陈述文. 八种不同产地黄铁矿的晶体特性与可浮性的关系[D]. 中南工业大学硕士学位论文, 1982

[3] 今泉常正. 晶格缺陷对黄铁矿浮选特性的影响[J]. 日本矿业会志, 1970, 86(992): 853 – 858

[4] 选矿手册编委会. 浮选手册(第三卷第二分册)[M]. 北京: 冶金工业出版社, 1993, 10

[5] 胡熙庚. 有色金属硫化选矿[M]. 北京: 冶金工业出版社, 1987

[6] M C Fuerstenau, B J Sabacky. On the natural floatability of sulfides[J]. International Journal of Mineral Processing, 1981, 3(8): 79 – 84

[7] 陈述文, 胡熙庚. 黄铁矿的温差电动势率与可浮性关系[J]. 矿冶工程, 1990, 10(8): 17 – 21

[8] 于宏东, 孙传尧. 不同成因黄铁矿的物性差异及浮游性研究[J]. 中国矿业大学学报, 2010, 39(5): 758 – 763

[9] 梁冬云, 何国伟, 邹霓. 磁黄铁矿的同质多相变体及其选别性质差异[J]. 广东有色金属学报, 1997, 7(1): 1 – 4

[10] 陈建华, 王檑, 陈晔, 李玉琼, 郭进. 空位缺陷对方铅矿电子结构及浮选行为影响的密度泛函理论[J]. 中国有色金属学报, 2010, 20 (9): 1815 – 1821

[11] Y Chen, J H Chen, J Guo. A DFT study on the effect of lattice impurities on the electronic structures and floatability of sphalerite[J]. Minerals Engineering, 2010, 23: 1120 – 1130

[12] 陈长乐. 固体物理学[M]. 第二版. 北京: 科学出版社, 2007: 187 – 209

[13] 李胜荣. 结晶学与矿物学[M]. 北京: 地质出版社, 2008: 78 – 79

[14] 杨兵初, 钟心刚. 固体物理学[M]. 长沙: 中南大学出版社, 2002: 34 – 51

[15] B·A·格列姆博茨基. 郑飞等译. 浮选过程物理化学基础[M]. 北京: 冶金工业出版社, 1985, 6

[16] 胡为柏. 浮选[M]. 北京: 冶金工业出版社, 1989

[17] 刘铁庚, 裴愉卓, 叶霖. 闪锌矿的颜色、成分和硫同位素之间的密切关系[J]. 矿物学报[J]. 1994, 14(2): 199 – 205

[18] 司荣军, 顾雪祥, 庞绪成等. 云南省富乐铅锌多金属矿床闪锌矿中分散元素地球化学特征[J]. 矿物岩石, 2006, 26(1): 75 – 80

[19] 宋谢炎, 张正阶, 林金辉等. 湖南黄沙坪铅锌矿床内带铁闪锌矿铁占位机制的探讨[J]. 地质与勘探, 1999, 35(2): 21 – 24

[20] L Ye, T G Liu. Source Sphalerite chemistry, Niujiaotang Cd – rich zinc deposit, Guizhou, southwest China[J]. Chinese Journal of Geochemistry, 1999, 18(1): 62 – 68

[21] Georges Beaudoin. Acicular sphalerite enriched in Ag, Sb and Cu embedded within color –

banded sphalerite from the Kokanee range british Columbia, Canada [J]. The Canadian Mineralogist, 2000, 38: 1387－1398

[22] M Reich, U Becker. First－principles calculations of the thermodynamic mixing properties of arsenic incorporation into pyrite and marcasite [J]. 2006, 225(3－4): 278－290

[23] P K Abraitis, R A D Pattrick, D J Vaughan. Variations in the compositional, textural and electrical properties of natural pyrite: A review [J]. International Journal of Mineral Processing, 2004, 74(1－4): 41－59

[24] K S Savage, D Stefan, S W Lehner. Impurities and heterogeneity in pyrite: Influences on electrical properties and oxidation products [J]. Applied Geochemistry, 2008, 23 (2): 103－120

[25] S W Lehner, K S Savage, J C Ayers. Vapor growth and characterization of pyrite (FeS_2) doped with Co, Ni and As: Variations in semiconducting properties [J]. Journal of Crystal Growth, 2006, 286: 306－317

[26] P E Richardson et al. Semiconducting characteristics of galena electrodes relationship to mineral flotation [J]. J. Electrochem. Soc, 1985, 132(6): 1350－1356

[27] 陈建华, 冯其明, 卢毅屏. 电化学调控浮选能带理论及应用(Ⅱ)——黄药与硫化矿物作用能带模型[J]. 中国有色金属学报, 2000, 10 (3): 426－428

[28] I J Ferrer, C D L Heras, C Sanchez. The effect of Ni impurities on some structural properties of pyrite thin films [J]. Journal of Physics: Condensed Matter, 1995, 7(10): 2115－2121

[29] 三野英彦等. 关于方铅矿的微量成分及晶格结构[J]. 日本矿业会志, 1958, 74(844): 869－872

[30] 三野英彦. 关于闪锌矿选矿基础研究[J]. 日本矿业会志, 1957, 73(824): 93－97

[31] 石原透. 黄铁矿选矿的相关研究[J]. 日本矿业会志, 1967, 83(947): 532－534

[32] Ye Chen, Jianhua Chen, Lihong Lan, Meijing Yang. The influence of the impurities on the flotation behaviors of synthetic ZnS[J]. Minerals Engineering, 2012, (27－28): 65－71

[33] V A Chanturiya, A A Fedorov, T N Matveeva. The effect of auroferrous pyrites non－stoichiometry on their flotation and sorption properties [J]. Physicochemical Problems of Mineral Processing, 2000, 34: 163－170

[34] 张庆松, 龚焕高, 陈贵宾. 碱对黄铁矿和含金黄铁矿浮选的影响[J]. 黄金, 1987 (5): 19－21

[35] 熊小勇. 铁成分对硫化锌精矿的半导体性质及化学反应性的影响[J]. 有色金属, 1989, 41(4): 55－66

第 2 章　固体物理及密度泛函理论概述

从第 1 章的论述可以看出，晶格缺陷不仅影响硫化矿物的晶格参数、半导体类型、导电性、电子能级等性质，而且还影响硫化矿物的疏水性和可浮性，甚至影响矿物与药剂作用的产物和浮选动力学行为。因此从理论上查清晶格缺陷对硫化矿物浮选的影响，对于指导浮选生产实践具有重要的意义。

研究硫化矿物晶格缺陷需要涉及固体物理和量子理论，本章主要介绍晶体的空间点阵结构和电子在周期性势场作用下的布洛赫（Bloch）方程，以及晶体微观结构最为成功的理论——密度泛函理论。

2.1　固体物理历史简介

2.1.1　X 射线的发现

1912 年，劳厄提出了一个非常卓越的思想：既然晶体的相邻原子间距和 X 射线波长是相同数量级的，那么 X 射线通过晶体就会发生衍射。当时，曾在伦琴实验室内研究过 X 射线的弗里德里希和尼平着手从实验上证实劳厄的思想，他们把一块亚硫酸铜晶体放在一束准直的 X 射线中，而在晶体后面一定距离处放置照相底片。他们发现，当晶轴与 X 射线同向时，底片上出现规则排列的黑点，排列的形状与晶体光栅的几何形状有关。他们的实验初步证实了把晶体结构看成是空间点阵的正确性。

对于晶体 X 射线衍射现象的解释，应当主要归功于布拉格父子的工作。按照他们的看法，X 射线在晶体中被某些平面所反射，这些平面可以是晶体自然形成的表面，也可以是点阵中原子规则排列形成的任何面。这些"原子平面"互相平行，平面间距决定了一定波长的 X 射线发生衍射的角度。分析晶体衍射图样，就可以确定晶体内部原子的排列情况。

劳厄与布拉格父子开创性的工作已成为晶体结构分析的基础，是固体物理学发展史中一个重要的里程碑。它证实了布拉菲提出的晶体空间点阵学说，使人们建立了正确的晶体微观几何模型，为正确认识晶体的微观结构与宏观性质的关系提供了基础。后来又发展了多种 X 射线结构分析技术，如电子衍射、离子衍射、中子衍射等技术，能使人们很快对固体的结构有详细的认识。人们常常把这项重要工作看成是近代固体物理学的一个开端。

2.1.2 固体能带理论

在量子理论出现以前，人们对于固体中电子的运动规律一直处于模糊和猜想的状态，直到能带理论出现后，人们对固体中电子的运动规律才有清晰的认识。固体能带理论是固体物理学中最重要的基础理论，它的出现是量子力学、量子统计理论在固体中应用的最直接、最重要的结果。能带理论成功地解决了索末菲半经典电子理论处理金属所遗留下来的问题。

最先把量子力学应用于固体物理的是海森伯和他的学生布洛赫。海森伯在1928 年成功地建立了铁磁性的微观理论，布洛赫在同年也开创性地建立了固体能带理论。其后几年世界上许多第一流的物理学家都被吸引到固体物理学的研究领域，如布里渊、朗道、莫特、佩尔斯、威尔逊、赛兹、威格纳、夫伦克尔等，他们所作出的杰出贡献为现代固体物理的发展奠定了牢固的基础。

2.2 晶体的结构

2.2.1 空间点阵结构

研究结果表明理想晶体是由大量的结构单元在空间周期性排列而构成的。图2 - 1 是氯化铯的晶体结构，由图可见氯化铯晶体是由多个完全相同的六面体重复构成，具有确定的几何空间结构。

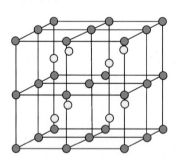

图 2 - 1 氯化铯的晶体结构

●—氯离子；○—铯离子

结构单元指的是能够形成周期性排列的晶体的最小原子或原子集团，简称基元。从晶体中无数个重复基元抽象出来的几何点称为格点。格点在空间按一定的周期性排列的几何结构称为空间点阵。格点间相互连接形成的网络称为晶格。空间点阵是一种数学抽象。只有当点阵中的结点被晶体的结构基元代替后，才成为晶体结构。需要说明的是各结构基元并不是被束缚在结点不动，而是在此平衡位置不停地无规则振动。晶体结构可简单地用下式表示：

$$\text{空间点阵} + \text{结构单元} = \text{晶体结构} \qquad (2-1)$$

当晶体中的原子只有一种原子时，原子的排列与空间点阵的阵点完全重合，这种点阵也叫晶格。当晶体中的原子不只一种原子时，则每个结构基元中相同的原子都可以构成相应的点阵。每种晶体都有自己特有的晶体结构。

空间点阵中每一个格点的位置可以用位置矢量 $\boldsymbol{R}_l$ 来表：

$$\boldsymbol{R}_l = l_a \boldsymbol{a} + l_b \boldsymbol{b} + l_c \boldsymbol{c} \qquad (2-2)$$

其中：l_a、l_b、l_c 是任意整数；$\boldsymbol{a}$、$\boldsymbol{b}$、$\boldsymbol{c}$ 代表不在同一平面的 3 个矢量，称为基矢。在空间点阵中，以一组向量 $\boldsymbol{a}$，$\boldsymbol{b}$，$\boldsymbol{c}$ 为边画出的平行六面体叫做空间点阵的单位。空间点阵单位常有 4 种形式：简单点阵、底心点阵、体心点阵和面心点阵。空间点阵单位可以归结为下面 7 种具体的结构：

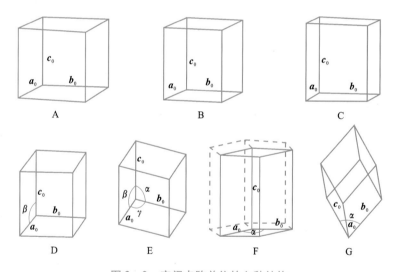

图 2-2　空间点阵单位的七种结构

（1）立方：为等轴晶系，平行六面体空间点阵单位为立方体，如 2-2(A) 所示。点阵参数特征为：$a_0 = b_0 = c_0$，$\alpha = \beta = \gamma = 90°$。

（2）四方：为四方晶系，平行六面体空间点阵单位为一横切面呈正方形的四方柱体，如图 2-2(B) 所示。点阵参数特征为：$a_0 = b_0 \neq c_0$，$\alpha = \beta = \gamma = 90°$。

（3）斜方：为斜方晶系，平行六面体空间点阵单位为一火柴盒形状，如图 2-2(C) 所示。点阵参数特征为：$a_0 \neq b_0 \neq c_0$，$\alpha = \beta = \gamma = 90°$。

（4）单斜：为单斜晶系，平行六面体空间点阵单位为有一个面倾斜，其他的两个面相互垂直,如图2-2(D)所示。点阵参数特征为: $a_0 \neq b_0 \neq c_0$, $\alpha = \gamma = 90°$, $\beta \neq 90°$。

(5)三斜:三斜晶体,平行六面体空间点阵单位为有一个不等边的平行六面体,见图2-2(E),点阵参数特征为: $a_0 \neq b_0 \neq c_0$, $\alpha \neq \beta \neq \gamma \neq 90°$。

(6)六方:六方晶系,平行六面体空间点阵单位为一底面呈菱形的柱体,如图2-2(F)所示。点阵参数特征为: $a_0 = b_0 \neq c_0$, $\alpha = \beta = 90°$, $\gamma = 120°$。

(7)三方:三方晶系,平行六面体空间点阵单位为菱面体,相当于立方体沿对角线方向拉长或压扁而成,如图2-2(G)所示。点阵参数特征为: $a_0 = b_0 = c_0$, $\alpha = \beta = \gamma \neq 90°$。

2.2.2 晶胞结构

周期性是晶体最显著的结构特点,我们把构成晶体的最小重复单元称为原胞。原胞是组成晶体的最小单元结构,原胞在空间的无限重复排列构成了宏观上的晶体。图2-3是闪锌矿的原胞和超晶胞结构。正是由于单个原胞能够反映无限周期性排列的晶胞的性质,所以才可以通过研究"有限"的结构,即单胞或超胞,来研究"无限"排列结构的晶体的性质。

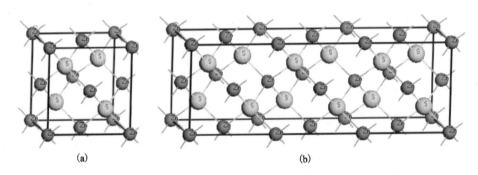

图2-3 闪锌矿原胞(a)和超晶胞(b)

晶胞的大小形状用晶胞参数表示,晶胞体积用基矢表示为:

$$V = \boldsymbol{a} \cdot (\boldsymbol{b} \times \boldsymbol{c}) \tag{2-3}$$

2.2.3 晶面和晶面间距

晶面用密勒指数表示,对于某一晶面与原胞基矢坐标 $\boldsymbol{a}$, $\boldsymbol{b}$, $\boldsymbol{c}$ 的截距为 r, s, t,它们的倒数比记为:

$$\frac{1}{r} : \frac{1}{s} : \frac{1}{t} = h : k : l \tag{2-4}$$

h、k、l 为互质整数，表示晶面的法向方向，该晶面的密勒指数就记为 (hkl)。例如某一晶面在 a，b，c 的截距为 1，2，4，其倒数比为：

$$\frac{1}{1} : \frac{1}{2} : \frac{1}{4} = 4 : 2 : 1$$

则该晶面密勒指数为 (421)。若某一截距为无穷大，则晶面必平行于某一坐标轴，相应指数为 0，若截距为负数时，则在指数上部加负号，如某一晶面截距为 1，-1，∞，则该晶面密勒指数为 $(1\bar{1}0)$。

相邻 2 个平面的间距用 $d(hkl)$ 表示，如立方晶系，其晶面间距为：

$$d(hkl) = \frac{a}{\sqrt{(h^2 + k^2 + l^2)}} \qquad (2-5)$$

晶面间距既与晶胞参数有关，又与晶面指标 (hkl) 有关，h，k，l 的数值越小，晶面间距越大。

2.3　倒易点阵和第一布里渊区

2.3.1　倒易点阵

倒易点阵是晶体点阵的倒易，是一种纯粹的数学抽象，通常把晶体的内部结构作为正空间，而晶体的对 X 射线的衍射看成倒易空间，晶体点阵和其倒易点阵之间存在傅里叶变换关系。

对于基矢 a，b，c 和 a^*，b^*，c^*，它们之间存在如下关系：

(1) $a^* \cdot a = 1$，　$b^* \cdot b = 1$，　$c^* \cdot c = 1$

(2) $a^* \cdot b = 0$，　$a^* \cdot c^* = 0$，　$b^* \cdot a = 0$

　　$b^* \cdot c = 0$，　$c^* \cdot a = 0$，　$c^* \cdot b = 0$

基矢 a^*，b^*，c^* 所确定的点阵为基矢 a，b，c 所确定的点阵的倒易点阵，(1) 和 (2) 所表示的 a，b，c 与 a^*，b^*，c^* 之间的对偶关系称为晶体正空间基矢和倒易空间基矢间的相互倒易关系。倒易点阵基矢 a^* 垂直于 b–c 平面，b^* 垂直于 a–c 平面，c^* 垂直于 a–b 平面。

由倒易点阵做出的原胞叫倒格子原胞，通常称为布里渊区。第一布里渊区体积等于倒格子原胞体积。由于第一布里渊区具有高度对称性，因此晶体的计算一般都在第一布里渊区中进行。

2.3.2　第一布里渊区

布里渊区是倒格子空间中以原点为中心的部分区域，从倒格子空间原点，作与最近邻倒格点、次近邻倒格点、再次近邻倒格点……的连线，再画出这些连线的垂直平分面，含原点的多面体包围的区域就是第一布里渊区，与第一布里渊区相邻、且与第一布里渊区体积相等的区域为第二布里渊区，与第二布里渊区相邻、且与第一布里渊区体积相等的区域为第三布里渊区。第一布里渊区又称为简约布里渊区，简称布里渊区（Brillion Zone，记为 BZ）。布里渊区是波矢空间中的对称化原胞，它具有倒点阵点群的全部对称性。

简立方正点阵的倒点阵，其形状仍为简立方，简立方正点阵的布里渊区形状仍是简立方。体心立方正点阵的倒点阵，其形状为面心立方，体心立方正点阵的布里渊区形状为菱形十二面体。面心立方的倒点阵，其形状为体心立方，面心立方点阵的布里渊区形状是截角八面体（它是一个十四面体）。布里渊区的体积等于倒格子原胞的体积。

二维方格子的原胞基矢为 $a_1 = ai$，$a_2 = aj$，则倒格子的原胞基矢为：

$$b_1 = \frac{2\pi}{a}i,\ b_2 = \frac{2\pi}{a}j$$

离原点最近的倒格点有 4 个：b_1，$-b_1$，b_2，$-b_2$，它们的垂直平分线围成的区域就是简约布里渊区，即第一布里渊区。如图 2-4 所示，这个倒格子空间中的正方形就是正方形晶格的第一布里渊区。

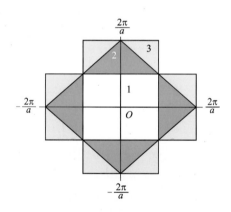

图 2-4　二维方格子布里渊区

连接坐标原点和次近邻倒格子点、画出这些连线的垂直平分线，得到与第一布里渊区相邻、且与第一布里渊区面积相等的区域，即图中的 4 个等腰直角三角形阴影区域，就是第二布里渊区。

连接坐标原点和再次近邻倒格子点、画出这些连线的垂直平分线，得到与第二布里渊区相邻、且与第二布里渊区面积相等的区域，即 2-4 图中的 8 个小等腰直角三角形区域，就是第三布里渊区。

面心立方正格子的第一布里渊区比较复杂，它是 1 个十四面体，有 8 个正六边形和 6 个正方形，常称为截角八面体。图 2 - 5 显示了这一截角八面体的形状。

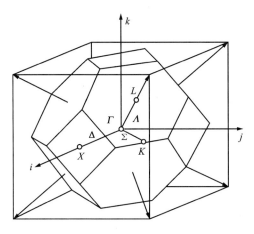

图 2 - 5　面心立方正格子的第一布里渊区

面心立方正格子第一布里渊区中典型对称点的坐标为：

$\boldsymbol{\Gamma}$	$\boldsymbol{X}$	$\boldsymbol{K}$	$\boldsymbol{L}$
$\dfrac{2\pi}{a}(0,0,0)$	$\dfrac{2\pi}{a}(1,0,0)$	$\dfrac{2\pi}{a}(\dfrac{3}{4},\dfrac{3}{4},0)$	$\dfrac{2\pi}{a}(\dfrac{1}{2},\dfrac{1}{2},\dfrac{1}{2})$

2.4　布洛赫定理

近代固体物理学能带理论的基础是布洛赫定理，它基于一个基本假设：晶体中的原子是周期性排列的，晶体中的势场具有平移不变性。在周期势中，单电子的薛定谔微分方程可以写成：

$$-\frac{\hbar^2}{2m}\nabla^2 y(x) + [V(x) - E]y(x) = 0 \qquad (2-6)$$

其中：$V(x)$ 是周期性势场，具有平移性：

$$V(x + a_1) = V(x + a_2) = V(x + a_3) = V(x) \qquad (2-7)$$

这里的 $\boldsymbol{a}_1$，$\boldsymbol{a}_2$ 和 $\boldsymbol{a}_3$ 是晶体的 3 个晶格基矢。布洛赫定理表明晶体中电子态具有如下性质：

$$\varphi(\boldsymbol{k}, x + a_i) = e^{ik \cdot a_i}\varphi(\boldsymbol{k}, x)，i = 1,2,3 \qquad (2-8)$$

其中：$\boldsymbol{k}$ 是 $\boldsymbol{k}$ 空间的实波矢，函数 $\varphi(\boldsymbol{k}, x)$ 也称为布洛赫函数或布洛赫波，它是现代固体物理学中最基本的函数。

为了使本征函数与本征值一一对应，即使电子的波矢 $\boldsymbol{k}$ 与本征值 $E(\boldsymbol{k})$ 一一对应，必须把波矢 $\boldsymbol{k}$ 的取值限制在一个倒格原胞区间内，称这个区间为简约布里渊区或第一布里渊区（Brillouin），在简约布里渊区内，电子的波矢数目等于晶体的原胞数目。

当 k 在布里渊区中变化时，相应的布洛赫波 $\varphi(k, x)$ 的能量方程（2-6）的本征值 E 也会随之在一定的范围内变化。这些许可的能量范围被称为能带，也可以写成 $E_n(k)$（这里 n 是能带的指标），它们可以按能量增加的顺序排列：

$$E_0(k) \leqslant E_1(k) \leqslant E_2(k) \leqslant \cdots \leqslant E_n(k)$$

对应的本征函数可以用 $\varphi_n(k, x)$ 表示，它们可以写做

$$\varphi_n(k, x) = e^{ik \cdot x} u_n(k, x) \tag{2-9}$$

这里 k 是波矢，$u_n(k, x)$ 是与势场具有同样周期的函数：

$$u_n(k, x + a_1) = u_n(k, x + a_2) = u_n(k, x + a_3) = u_n(k, x) \tag{2-10}$$

由晶体价电子形成的能带对于决定晶体的物理性质以及其中的物理过程起重要作用。晶体在其最高填满能带和最低未填充能带之间有一个带隙（又常被称为禁带），晶体在低温时只有很少的导电电子，这个晶体就是半导体或绝缘体，取决于禁带宽度的大小。如果某个晶体在其最高填充能带和最低未填满能带之间没有禁带，即使在极低温下也仍然会有相当数量的导电电子，这种晶体就是金属。晶体的能带理论很好地解释了固体的导电性，说明其假设具有一定的合理性。能带理论自从问世以来就一直受到固体物理学家的重视，虽然它仍然有一些问题不能被很好的解释，但到目前为止，能带理论仍然是研究固体物理最常用和有效的手段之一。

2.5　密度泛函理论

2.5.1　分子轨道的局限性

1926 年和 1927 年，物理学家海森堡和薛定谔各自发表了物理学史上著名的测不准原理和薛定谔方程，标志着量子力学的诞生。在那之后，展现在物理学家面前的是一个完全不同于经典物理学的新世界，同时也为化学家提供了认识物质化学结构的新理论工具。1927 年物理学家海特勒和伦敦将量子力学处理原子结构的方法应用于氢气分子，成功地阐释了两个中性原子形成化学键的过程，他们的成功标志着量子力学与化学的交叉学科——量子化学的诞生。

在海特勒和伦敦之后，化学家们也开始应用量子力学理论，并且在两位物理学家对氢气分子研究的基础上建立了 3 套阐释分子结构的理论，即价键理论、分子轨道理论和配位场理论。鲍林在最早的氢分子模型基础上发展了价键理论，并且因为这一理论获得了 1954 年度的诺贝尔化学奖。1928 年，物理化学家密勒根提出了最早的分子轨道理论。1931 年，休克发展了密勒根的分子轨道理论，并将

其应用于对苯分子共轭体系的处理。贝特于 1931 年提出了配位场理论并将其应用于过渡金属元素在配位场中能级分裂状况的理论研究，后来，配位场理论与分子轨道理论相结合发展出了现代配位场理论。价键理论、分子轨道理论以及配位场理论是量子化学描述分子结构的三大基础理论。早期，由于计算手段非常有限，计算量相对较小，且较为直观的价键理论在量子化学研究领域占据着主导地位。1950 年之后，随着计算机的出现和飞速发展，巨量计算已经是可以轻松完成的任务，分子轨道理论的优势在这样的背景下凸现出来，逐渐取代了价键理论的位置，在化学键理论中占主导地位。

　　1928 年哈特里提出了 Hartree 方程，方程将每一个电子都看成是在其余的电子所提供的平均势场中运动的，通过迭代法算出每一个电子的运动方程。1930 年，哈特里的学生福克（Fock）和斯莱特（Slater）分别提出了考虑泡利原理的自洽场迭代方程，称为 Hartree – Fock 方程，进一步完善了由哈特里发展的 Hartree 方程。为了求解 Hartree – Fock 方程，1951 年罗特汉（Roothaan）进一步提出将方程中的分子轨道用组成分子的原子轨道线性展开，发展出了著名的 RHF 方程，这个方程以及在这个方程基础上进一步发展的方法是现代量子化学处理问题的根本方法。

　　1952 年日本化学家福井谦一提出了前线轨道理论，1965 年美国有机化学家伍德瓦尔德（Woodward）和量子化学家霍夫曼（Hoffmann）联手提出了有机反应中的分子轨道对称性守恒理论。福井、伍德瓦尔德和霍夫曼的理论使用简单的模型，以简单分子轨道理论为基础，回避那些高深的数学运算，以一种直观的形式将量子化学理论应用于对化学反应的定性处理，通过他们的理论，实验化学家得以直观地窥探分子轨道波函数等抽象概念。福井和霍夫曼凭借他们这一贡献获得了 1981 年度的诺贝尔化学奖。

　　虽然量子理论早在 1930 年就已经基本成形，但是所涉及的多体薛定谔方程形式非常复杂，至今仍然没有精确解法，而即便是分子轨道的近似解，所需要的计算量也是惊人的，例如：一个拥有 100 个电子的小分子体系，在求解 RHF 方程的过程中仅双电子积分一项就有 1 亿个之巨。这样的计算显然是人力所不能完成的，因而在此后的数十年中，量子化学进展缓慢，甚至从事实验的化学家所排斥。而在固体物理研究方面，由于晶体的周期性特点和每立方米晶体就有大约 10^{29} 数量级的原子核和电子，采用经典的分子轨道对晶体和表面进行从头计算基本不可能，因此固体物理的理论计算一直发展比较缓慢，直到 20 世纪 90 年代中期密度泛函理论的成熟和计算硬件的发展，才为固体及其表面的计算提供了有效的理论工具。

　　密度泛函理论是一种研究多电子体系电子结构的量子力学方法。密度泛函理论的主要目标就是用电子密度取代波函数作为研究的基本量，因为多电子波函数

有 $3N$ 个变量(N 为电子数，每个电子包含 3 个空间变量)，而电子密度仅是 3 个变量的函数，极大的简化了计算。这一方法在早期通过与金属电子论、周期性边界条件及能带论的结合，在金属、半导体等固体材料的模拟中取得了较大的成功，后来被推广到其他领域，特别是用来研究分子和凝聚态的性质，是凝聚态物理和计算化学领域最常用的方法之一。约翰波普与沃尔特科恩分别因为发展首个普及的量子化学软件(Gaussian)和提出密度函理论(Density Functional Theory)而获得 1998 年诺贝尔化学奖。由于密度泛函理论的广泛应用和巨大成就，被称为量子化学的第二次革命。

2.5.2 密度泛函理论

密度泛函理论(Density Functional Theory，DFT)，是基于量子力学和玻恩－奥本海默绝热近似的从头算方法中的一类解法，与量子化学中基于分子轨道理论发展而来的众多通过构造多电子体系波函数的方法(如 Hartree－Fock 类方法)不同，这一方法以电子密度函数为基础，通过 KS－SCF 自洽迭代求解单电子多体薛定谔方程来获得电子密度分布，这一操作减少了自由变量的数量，减小了体系物理量振荡程度，并提高了收敛速度。

Hohenberg 和 Sham 在 1964 年提出了一个重要的计算思想，证明了电子能量由电子密度决定。因而可以通过电子密度得到所有电子结构的信息而无需处理复杂的多体电子波函数，只用 3 个空间变量就可描述电子结构，该方法称为电子密度泛函理论。按照该理论，粒子的 Hamilton 量由局域的电子密度决定，由此导出局域密度近似方法。多年来，该方法是计算固体结构和电子性质的主要方法，将基于该方法的自洽计算称为第一性原理方法。

自 1970 年以来，密度泛函理论在固体物理学的计算中得到广泛应用。在多数情况下，与其他解决量子力学多体问题的方法相比，采用局域密度近似的密度泛函理论给出了非常令人满意的结果，同时计算比实验的费用要少。尽管如此，人们普遍认为量子化学计算不能给出足够精确的结果，直到 20 世纪 90 年代，理论中所采用的近似被重新提炼成更好的交换相关作用模型。密度泛函理论是目前多种领域中电子结构计算的领先方法。

密度泛函理论最普遍的应用是通过 Kohn－Sham 方法实现的。在 Kohn－Sham DFT 的框架中，最难处理的多体问题(由于处在一个外部静电势中的电子相互作用而产生的)被简化成了一个没有相互作用的电子在有效势场中运动的问题。这个有效势场包括了外部势场以及电子间库仑相互作用的影响，例如，交换和相关作用。处理交换相关作用是 KS DFT 中的难点。目前并没有精确求解交换相关能 EXC 的方法。最简单的近似求解方法为局域密度近似(LDA)。LDA 近似使用简单的均匀电子气模型来计算体系的交换能，而相关能部分则采用对自由电子气进行拟合的方法来处理。尽管密度泛函理论得到了改进，但是用它来恰当的描述分子间相互作用，特别是范德华力，或者计算半导体的能隙还是有一定困难的。在后面的计算中，读者可以看到密度泛函理论对硫化矿物能隙处理的偏差，但需要指出的是这种偏差仅由于交换相关能处理不足造成，不影响电子结构的计算和分析。

2.5.3　Thomas – Fermi 模型

早在 1927 年，Thomas 和 Fermi 首先认识到可以用统计方法来近似表示原子中的电子分布，他们提出了以动能作为电子密度泛函的表示式的均匀电子气模型，即 Thomas – Fermi 模型。

Thomas – Fermi 模型通过统计方法得出电子的体系总动能 T_{TF} 的表示式为：

$$T_{\text{TF}}[\rho] = C_{\text{F}} \int \rho^{5/3}(r)\,\mathrm{d}r \qquad (2-11)$$

其中：$C_{\text{F}} = \dfrac{3}{10}(3\pi^2)^{2/3} = 2.817$

在这中间，被积函数 $\rho(r)$ 是一个待定函数，所以 $T_{\text{TF}}[\rho]$ 为泛函。而对于多电子原子体系，在只考虑核与电子之间以及电子和电子之间的相互作用时，能量可以被表示为：

$$E_{\text{TF}}[\rho(r)] = C_{\text{F}} \int \rho^{5/3}(r)\,\mathrm{d}r - Z \int \frac{\rho(r)}{r}\,\mathrm{d}r + \frac{1}{2} \iint \frac{\rho(r_1)\rho(r_2)}{|r_1 - r_2|}\,dr_1 dr_2$$

$$(2-12)$$

式（2 – 12）需要在等周期条件下求解：

$$N = N[\rho(r)] = \int \rho(r)\,\mathrm{d}r \qquad (2-13)$$

Thomas – Fermi 模型由于没有考虑到原子交换能，所以计算精度较其他方法相比要低一些。尽管 Thomas – Fermi 方法对原子分子的处理并未获得成功，但是 Thomas – Fermi 方法为密度泛函理论开创了先河。此后，模型的计算精度一直是该领域的研究重点，但是效果一直不理想。这种状况一直持续到 Hohenberg – Kohn 定理的出现。

2.5.4　Hohenberg – Kohn 定理

基于非均匀电子气理论，P. Hohenberg 和 W. Kohn 在 1964 年提出：处于外势 $V(r)$ 中的多电子系统，其基态物理性质可由电子密度分布函数 $\rho(r)$ 来确定。这一理论认为系统的能量是电子密度分布函数的泛函，基态时为最小值。

$$E_{\text{V}}[\rho] = T[\rho] + V_{\text{ne}}[\rho] + V_{\text{ee}}[\rho] = \int \rho(r)V(r)\,\mathrm{d}r + F_{\text{HK}}[\rho] \quad (2-14)$$

其中，

$$F_{HK}[\rho] = T[\rho] + V_{ee}[\rho] \qquad (2-15)$$

$$V_{ee}[\rho] = J[\rho] + 非经典项 \qquad (2-16)$$

$$J[\rho] = \frac{1}{2}\iint \frac{1}{r_{12}}\rho(r_1)\rho(r_2)\,dr_1 dr_2 \qquad (2-17)$$

式中：$J[\rho]$ 为经典电子排斥能；V_{ne} 为核与电子间的势能；V_{ee} 为电子与电子之间的势能，非经典项是一个非常重要但不易理解的量，在这个非经典项中，交换 – 相关能（$E_{xc}[\rho(r)]$）是其主要部分。

Hohenberg – Kohn 定理是关于 $E_V[\rho(r)]$ 的变分原理，假设该方程中的 $E_V[\rho]$ 可微，在粒子数守恒的条件下，泛函 $E_V[\rho]$ 取极值的条件为：

$$\delta J = \delta\left\{E_V[\rho] - \mu\left[\int\rho(r)\,dr - N\right]\right\} = 0 \qquad (2-18)$$

由此变分得到：

$$\mu = \frac{\delta E_V[\rho]}{\delta\rho} \qquad (2-19)$$

将式（2 – 14）代入式（2 – 19）中得到：

$$\mu = \frac{\delta E_V[\rho]}{\delta\rho} = V(r) + \frac{\delta F_{HK}}{\delta\rho} \qquad (2-20)$$

式（2 – 20）就是 $E_V[\rho]$ 满足的 Euler – Lagrange 方程。式中 F_{HK} 与外势 $V(r)$ 无关，是一个 $\rho(r)$ 的普适性泛函，如果能够找到它的近似形式，Euler – Lagrange 方程就可将用于任何体系。所以说，式（2 – 20）就是密度泛函理论的基本方程。

然而，Hohenberg – Kohn 定理虽然明确了可以通过求解基态电子密度分布函数得到系统的总能量，但并没有说明如何确定电子密度分布函数 $\rho(r)$、动能泛函 $T[\rho(r)]$ 和交换相关能泛函 $E_{xc}[\rho(r)]$。直到 1965 年 Kohn – Sham 方程的提出，才真正将密度泛函理论引入实际应用。

2.5.5 Kohn – Sham 方程

W. Kohn 与 L. J. Sham 在 1965 年提出一个多粒子系统的电子密度函数可以通过一个简单的单粒子波动方程求得，这个简单的单粒子方程就是 Kohn – Sham 方程（简称 K – S 方程）。

在 Kohn – Sham 方程中，系统的电子密度函数可由组成系统的单电子波函数的平方和表示，即：

$$\rho(r) = \sum_{i=1}^{N}|\psi_i(r)|^2 \qquad (2-21)$$

则 Kohn – Sham 方程为：

$$\{-\nabla^2 + V_{KS}[\rho(r)]\}\psi_i(r) = E_i\psi_i(r) \qquad (2-22)$$

$$V_{\mathrm{KS}} = V(r) + \int \frac{\rho'(r')}{|r - r'|} \mathrm{d}r' + \frac{\delta E_{\mathrm{xc}}[\rho'(r')]}{\delta \rho(r)} \qquad (2-23)$$

这样一来，多电子系统基态本征值的问题在形式上能转化成单电子的问题。Kohn-Sham 方程通过迭代方程式求得其自洽解，假如将 $E_{\mathrm{xc}}[\rho(r)]$ 省略，则该方程又回到了 Thomas-Fermi 理论。

2.5.6　交换-相关近似

交换-相关泛函 $E_{\mathrm{xc}}[\rho]$ 在 DFT 中非常重要，但到目前为止，交换-相关泛函 $E_{\mathrm{xc}}[\rho]$ 还没有准确的表达式，如果能够找出 $E_{\mathrm{xc}}[\rho]$ 更加准确和便于表述的形式，则其计算方案就更具实际意义。基于这一思路，各种近似方法被不断提出，这些近似方法包括 LDA(局域密度近似)、LSDA(局域自旋密度近似)、GGA(广义梯度近似)和 BLYP(杂化密度泛函)等，其中 LDA(局域密度近似)和 GGA(广义梯度近似)目前被广泛运用。

(1)LDA 局域密度近似

W. Kohn 和 L. J. Sham 在 1965 年提出的交换关联泛函局域密度近似(LDA)的基本思想是把系统中整个非均匀电子区域分割成多个小块区域，然后把这些小块区域电子气近似认为是均匀的。通过均匀电子气的密度函数 $\rho(r)$ 得到系统非均匀电子气交换-相关泛函的具体形式，再由 $K-S$ 方程和 V_{KS} 方程进行自洽计算：

$$E_{\mathrm{xc}}^{\mathrm{LDA}}[\rho] = \int \rho(r) \varepsilon_{\mathrm{xc}}[\rho(r)] \mathrm{d}r \qquad (2-24)$$

式中：$\varepsilon_{\mathrm{xc}}[\rho(r)]$ 指在密度为 ρ 的均匀电子气中，每个粒子的交换相关能。

局域密度近似势函数是以体系中局域电荷密度为基础得出的交换关联势。局域密度近似在处理一般金属和半导体的电子能带和有关的物理化学性质方面获得了很大的成功，但也存在如计算得到金属 d 带宽度以及半导体的禁带宽度偏小等不足。在局域密度近似的基础上考虑电子自旋状态，就发展成为局域自旋密度近似(LSDA)。其交换相关能为

$$E_{\mathrm{xc}}[\rho] = \int \mathrm{d}r [\rho_{\uparrow}(r) + \rho_{\downarrow}(r)] \varepsilon_{\mathrm{xc}}[\rho_{\uparrow}(r), \rho_{\downarrow}(r)] \qquad (2-25)$$

式中：$\rho_{\uparrow}(r)$ 和 $\rho_{\downarrow}(r)$ 分别是自旋向上的电子密度和自旋向下的电子密度，$\varepsilon_{\mathrm{xc}}(\rho_{\uparrow}, \rho_{\downarrow})$ 是存在自旋极化情形下与均匀电子气单电子相当的交换相关能，这与自旋取向相关。

(2)GGA 广义梯度近似

在局域密度近似(LDA)的基础上，Perdew 和 Wang 在 1986 年提出，除电子密度外，体系的交换能和相关能还取决于密度的梯度，基于这一理论，交换-相关泛函可以表示为电荷密度及梯度的函数：

$$E_{xc}[\rho] = \int \rho(r)\varepsilon_{xc}[\rho(r)]dr + E_{xc}^{GGA}[\rho(r),\nabla\rho(r)] \qquad (2-26)$$

由于其合理性和精确性，广义梯度近似(GGA)的框架下已经发展出 PBE、RPBE 和 PW91 等多个泛函。

目前，LDA(局域密度近似)和 GGA(广义梯度近似)已经被广泛地应用于固体表面物理和材料化学等领域的计算中，并取得了较大的成功，然而这两个理论还存在一些不足。因此，如何得到更加准确合理的交换－相关泛函仍是 DFT 的研究热点之一。

参考文献

[1] 谢希德. 固体能带理论[M]. 上海：复旦大学出版社，2007

[2] 任尚元. 有限晶体中的电子态[M]. 北京：北京大学出版社，2006

[3] 赵成大. 固体量子化学[M]. 北京：高等教育出版社，2003

[4] 潘兆橹. 晶体学及矿物学[M]. 北京：地质出版社，1994

[5] 刘靖疆. 基础量子化学与应用[M]. 北京：高等教育出版社，2004

[6] 林梦海. 量子化学简明教程[M]. 北京：化学工业出版社，2005

[7] 陈光巨，黄元河. 量子化学[M]. 上海：华东理工大学出版社，2008

[8] 徐光宪，黎乐民. 量子化学[M]. 北京：科学出版社，1999

[9] 曾谨言. 量子力学[M]. 北京：科学出版社，2000

[10] 林梦海. 量子化学计算方法与应用[M]. 北京：科学出版社，2004

[11] 肖慎修，王崇愚，陈天朗. 密度泛函理论的离散变分方法在核心和材料物理学中的应用[M]. 北京：科学出版社，1998

[12] P J Perdew, K Burke, M Emezerhof. Generalized gradient approximation made simple [J]. Physical Review Letters, 1996, 77(18): 3865-3868

[13] B Hammer, L B Hansen, J K Norskov. Improved adsorption energetics within density functional theory using revised PBE functionals [J]. Physical Review B, 1999, 59: 7413

[14] Z Wu, R E Cohen. More accurate generalized gradient approximation for solids [J]. Physical Review B, 2006, 73(23): 235116-235121

[15] J P Perdew, J A Chevary, S H Vosko, K A Jackson, M R Pederson, D J Singh. C Fiolhais. Atoms, molecules, solids, and surfaces: applications of the generalized gradient approximation for exchange and correlation [J]. Physical Review B, 1992, 46(11): 6671-6687

[16] D Vanderbilt. Soft self-consistent pseudopotentials in a generalized eigenvalue formalism [J]. Physical Review B, 1990, 41(11): 7892-7895

第 3 章　晶格缺陷对硫化矿 物体相性质的影响

　　硫化矿的浮选是一个电化学过程，矿物的半导体性质在浮选的电化学过程中具有重要的作用，决定了电子转移方向和电化学反应程度。硫化矿晶体中缺陷的存在能够显著改变矿物半导体性质，从而影响硫化矿物的浮选。晶格缺陷主要有阴阳离子缺失造成的空位缺陷和杂质原子替代形成的杂质缺陷两类，本章系统讨论空位缺陷和一些常见杂质原子对硫化矿物晶格参数、半导体类型、禁带宽度、费米能级、前线轨道以及电子结构等性质的影响。

3.1　计算模型和参数

3.1.1　模型

　　黄铁矿立方晶体的空间对称结构为 $Pa\bar{3}(T_h^6)$，分子式为 FeS_2，每个单胞包含 4 个 FeS_2 单元，晶体中原子之间主要以共价键键合。铁原子分布在立方晶胞的 6 个面心及 8 个顶角上，每个铁原子与 6 个相邻的硫原子配位，形成八面体构造，而每个硫原子与 3 个铁原子和 1 个硫原子配位，形成四面体构造，两个硫原子之间形成哑铃状结构，以硫二聚体(S_2^{2-})形式存在。计算采用 $2 \times 2 \times 2$ 的超晶胞模型，理想黄铁矿模型中包含 32 个铁原子以及 64 个硫原子($Fe_{32}S_{64}$)，硫空位陷缺模型中缺少一个硫原子而铁空位缺陷模型中缺少一个铁原子，分子式分别为 $Fe_{31}S_{64}$ 和 $Fe_{32}S_{63}$；杂质缺陷模型中，Co、Ni、Cu、Zn、Mo、Ru、Pd、Ag、Cd、Pt、Au、Hg、Sn、Tl、Pb 和 Bi 杂质原子取代一个 Fe 原子，分子式为 $Fe_{31}S_{64}M$，M 为取代金属原子，以及一个 As、Se、Sb 和 Te 原子取代一个 S 原子，分子式为 $Fe_{32}S_{63}I$，I 为取代杂质原子。黄铁矿的体相单胞和超晶胞模型见图 3 − 1。

　　闪锌矿化学式为 ZnS，化学组分为：67.10% Zn，32.90% S。闪锌矿属等轴晶系，其空间群为 $F\bar{4}3M$，硫离子成紧密堆积，锌离子充填于半数的四面体空隙中，配位数为 4。每个晶胞中包含 4 个 Zn 原子和 4 个 S 原子，在对角线的 1/4 处为 S 原子，8 个角和 6 个面心为 Zn 原子，晶格常数 $a = b = c = 0.5414$ nm，$\alpha = \beta = \gamma = 90°$，晶体原胞($Zn_4S_4$)如图 3 − 2(a)所示，$2 \times 2 \times 2$($Zn_{32}S_{32}$)的超晶胞模型如图 3 − 2(b)所示。

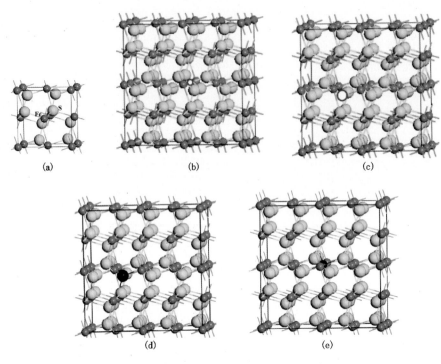

图 3 - 1　黄铁矿晶胞模型

(a)单胞；(b)2×2×2 铁空位模型；(c)2×2×2 硫空位模型；(d)铁被取代模型；
(e)硫被取代模型。红色圆圈为原子空位所处位置，黑色球代表原子被取代位置

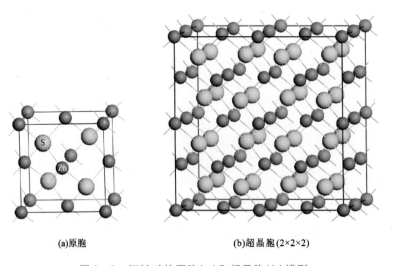

(a)原胞　　　　　　　　　　(b)超晶胞(2×2×2)

图 3 - 2　闪锌矿的原胞(a)和超晶胞(b)模型

　　方铅矿化学式为 PbS，化学组分为：86.6% Pb，13.4% S。方铅矿属等轴晶系，其空间群为 Fm3m，硫离子作最紧密堆积，铅离子充填于硫原子组成的所有八面体空隙中，为面心立方晶系。立方面心构造是作为单位晶胞的基础，因为离子位于立方体的顶角以及每个面的中心。阴离子和阳离子的配位数均为 6。质点间的键由离子键向金属键过渡。晶体多呈立方体，有时为八面体与立方体的聚形，有时为菱形十二面体与八面体的聚形，具有立方体的最完全解理。晶格常数 $a = b = c = 0.5924$ nm，$\alpha = \beta = \gamma = 90°$，晶体原胞（$Pb_4S_4$）如图 3 – 3（a）所示，另外，还建立了 $2 \times 2 \times 2$（$Pb_{32}S_{32}$）的超晶胞模型，如图 3 – 3（b）所示。

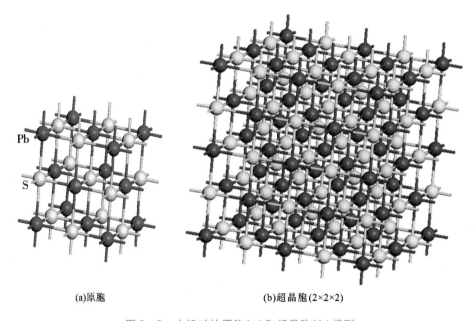

(a)原胞　　　　　　　　　　(b)超晶胞(2×2×2)

图 3 – 3　方铅矿的原胞(a)和超晶胞(b)模型

3.1.2　计算参数选择

　　采用基于密度泛函理论的第一性原理方法，应用 CASTEP 软件进行计算。在计算中，最重要的参数有两个：截断能（Cut – off energy）和交换相关泛函数。截断能大小代表了计算所采用平面波基组的大小，截断能越大计算出的晶格常数误差越小，同时所要求的计算量也增大。由图 3 – 4 可见，截断能越大，方铅矿的晶胞参数越接近试验值，当截断能为 285 eV 时，方铅矿原胞晶格常数出现了最小值 6.024 Å，与实验值 5.924 Å 最为接近[1]。

　　但在截断能选择时，并不是截断能越大越好，当截断能超过 300 eV 后，方铅

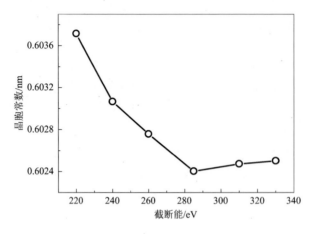

图3-4　截断能与方铅矿晶胞常数的关系

矿晶胞参数误差反而变大。另外截断能的选择还需要考虑其他因素，如表3-1所示，黄铁矿的晶胞常数（实验值 5.417 Å[2]）和禁带宽度（试验值 0.9 eV[3]）在270 eV 就已经误差最小，继续增加截断能，误差反而变大。

表3-1　不同截断能下黄铁矿的晶胞参数和带隙及总能

截断能/eV	晶格参数/Å	带宽/eV	能量/eV
250	5.470	0.58	-5698.82
260	5.434	0.59	-5700.14
270	5.412	0.60	-5700.96
280	5.400	0.57	-5701.50
290	5.391	0.57	-5701.87
300	5.389	0.57	-5702.11

　　对于闪锌矿，表3-2的计算结果表明闪锌矿在截断能达到330 eV 时，晶胞常数的计算值为 5.426 Å 与实验值 5.414 Å[4] 比较接近。禁带带宽的计算值为2.18 eV，与实验值 3.72 eV 相比有较大的误差，这就是前面提到的密度泛函理论在处理交换相关能不足造成的，但对于电子结构分析没有影响。

表 3 - 2　理想闪锌矿的晶胞参数和禁带宽度

	理论计算值	实验值
晶格常数/Å	5.426	5.414
禁带宽度/eV	2.18	3.72

表 3 - 3　不同交换关联泛函条件下黄铁矿的晶胞常数、带隙及总能

交换关联函数	晶格参数/Å	带宽/eV	总能/eV
GGA - PBE[5]	5.408	0.56	- 5690.72
GGA - RPBE[6]	5.457	0.68	- 5694.74
GGA - PW91[7]	5.412	0.60	- 5700.96
GGA - WC[8]	5.344	0.41	- 5682.23
LDA - CA - PZ[9, 10]	5.283	0.38	- 5678.32

表 3 - 4　交换关联函数对方铅矿晶格参数和带隙的影响

交换关联函数	晶格参数/Å	带宽/eV
GGA - PBE	6.0240	0.546
GGA - RPBE	6.0868	0.759
GGA - PW91	6.0380	0.527
GGA - WC	5.9302	0.230

从表 3 - 3 可见采用广义梯度近似(GGA)下的 PW91 梯度修正近似,计算得到的黄铁矿单胞的晶格常数为 5.412 Å,与实验值 5.417 Å 非常接近。由表 3 - 4 可见,对于方铅矿采用函数 GGA - WC 计算所得的晶格常数为 5.9302 Å,与实验值 5.9240 Å 最为接近,但带隙宽度仅为 0.23 eV,与实验值误差较大;函数 GGA - RPBE 也得到较好的晶格常数 6.0868 Å,但带隙宽度为 0.759 eV,也与实验值存在较大的偏差。函数 GGA - PBE 和 GGA - PW91 的晶格常数和带隙宽度的计算结果都与实验值比较接近。综合考虑晶格常数和带隙宽度与实验值的相对误差,交换关联函数采用广义梯度近似 GGA 下的 PBE 梯度修正函数比较合适。闪锌矿的交换关联函数和方铅矿相同,即 GGA 下的 PBE 梯度修正函数。

3.2 晶格缺陷的形成能

缺陷形成能是指缺陷在矿物晶体中形成所需的能量，在体相中产生一个缺陷的形成能由下式计算得到[11]：

$$\Delta E = E_{\text{defect}}^{\text{total}} + E_x - E_{\text{perfect}}^{\text{total}} - E_{\text{impurity}} \tag{3-1}$$

其中：$E_{\text{defect}}^{\text{total}}$ 是含有缺陷的矿物的总能量；$E_{\text{perfect}}^{\text{total}}$ 是矿物的总能量；E_x，E_{impurity} 分别为金属原子(或硫原子)和杂质原子的能量。对于硫空位和阳离子空位缺陷情况，E_{impurity} 值为 0。形成能(ΔE)越小说明缺陷越容易在硫化矿物晶格中形成。形成能为正的时候，一般指该缺陷不能自发形成，但需要说明的是模拟计算是设置在 0 K 的条件下进行的，而矿物实际是在一定温度和压力条件下形成的，如黄铁矿常见的成矿温度为 200 ~ 300℃，而压力一般在几十至上百个大气压之间。因此在实际成矿过程中，杂质缺陷都可以自发形成。缺陷形成能主要考虑其大小顺序，从而判定缺陷在矿物晶体中形成的难易程度。

表 3 - 5 是过渡系金属铜、锌、银、镉、锰杂质和主族元素铟、锑、铊、铋、砷杂质缺陷在缺陷形成能方铅矿晶体中的形成能。从表中可以看出，过渡系金属杂质的形成能都较低，其中锰杂质的形成能最低且为负值，而镉杂质的形成能最高，表明锰杂质较易存在而镉杂质相对更难。主族元素杂质中铟、锑、铋杂质的形成能相对较小，表明这 3 种杂质较容易在方铅矿晶体中形成，而铊和砷则相对难一些。

表 3 - 5　晶格缺陷在方铅矿晶体中的形成能

杂质	形成能/(kJ·mol⁻¹)	杂质	形成能/(kJ·mol⁻¹)
铜	188.15	铟	141.83
锌	254.72	锑	124.47
银	261.47	铊	230.60
镉	302.96	铋	81.05
锰	-195.86	砷	180.43

闪锌矿晶体中空位和杂质缺陷的形成能列于表 3 - 6。从表中可以看出，硫空位和锌空位的形成能都为正值，说明空位缺陷较难形成。但是在闪锌矿成矿过程中，由于高温高压的作用，闪锌矿晶格容易出现空位缺陷，从而导致闪锌矿化学计量系数偏移理想值 1:1。锰、铁、钴、镍、铜、镓、锗、锡、铅 9 种杂质的形成能都为负值，说明这 9 种杂质原子替换锌原子的反应可以自发进行。其中，铁杂质

的形成能最负，说明含铁杂质的闪锌矿体系最稳定，闪锌矿中很容易生成铁缺
陷，这与自然界闪锌矿中的锌很容易被铁置换的规律相一致。另外，锰、钴、镍
杂质的形成能也都比较负，说明在闪锌矿成矿过程中这几种杂质缺陷都比较容易
形成。这主要是因为这几种杂质的半径与锌离子半径非常接近，而这些杂质在天
然闪锌矿中也是普遍存在的。镉、汞、铟、银、锑这五种杂质的形成能均为正值，
说明这些杂质缺陷需要一定条件才能形成。

表 3 - 6　闪晶格缺陷在闪锌矿晶体中的形成能

缺陷	形成能/(kJ·mol^{-1})	缺陷	形成能/(kJ·mol^{-1})
锌空位	589.52	硫空位	757.41
锰杂质	-433.22	镓杂质	-7.72
铁杂质	-443.83	锗杂质	-65.61
钴杂质	-362.78	铟杂质	81.05
镍杂质	-306.82	银杂质	116.75
铜杂质	-55.00	锡杂质	-17.37
镉杂质	137.01	铅杂质	-9.65
汞杂质	302.96	锑杂质	63.68

表 3 - 7 列出了晶格缺陷在黄铁矿晶格中的形成能。计算表明所有的缺陷形
成能都为正值。由表中列出的形成能可知，对于空位缺陷类型，相对于铁空位缺
陷，硫空位缺陷更容易在黄铁矿晶体中形成；对于杂质缺陷类型，钴、镍、钼、
钌、砷、锑、硒和碲的形成能较低，表明它们相对容易在黄铁矿中通过晶格取代
而形成杂质缺陷，这与钴、镍、砷等杂质经常以晶格取代方式存在于黄铁矿晶体
中的实践一致。而其他杂质相对而言不容易以取代方式存在于黄铁矿晶体中，但
实际成矿时的高温高压会导致这些杂质以晶格取代的方式存在于黄铁矿晶体中。
形成能较低也说明这些杂质在黄铁矿晶体中较为常见并且含量较高，如砷、钴和
钼等。

表 3 - 7　晶格缺陷在黄铁矿晶体中的形成能

缺陷	形成能/(kJ·mol^{-1})	缺陷	形成能/(kJ·mol^{-1})
硫空位	733.29	铂杂质	612.68
铅空位	1418.33	金杂质	1114.40

缺陷	形成能/(kJ·mol⁻¹)	缺陷	形成能/(kJ·mol⁻¹)
钴杂质	154.38	汞杂质	1473.33
镍杂质	292.35	锡杂质	1093.18
铜杂质	783.46	铊杂质	1281.32
锌杂质	960.03	铅杂质	1183.87
钼杂质	135.08	铋杂质	1195.45
钌杂质	84.91	砷杂质	61.75
钯杂质	850.03	锑杂质	243.14
银杂质	1109.58	硒杂质	77.19
镉杂质	1235.97	碲杂质	282.70

3.3 晶格缺陷对硫化矿物晶胞参数的影响

图 3 - 5 显示了含理想晶体(Perfect)、空位缺陷(Vacancy)和杂质缺陷(Impurity)闪锌矿的晶胞常数。锌空位(Zn - v)和硫空位(S - v)的存在,都导致闪锌矿的晶胞参数变小,这是由于原子缺失造成的晶胞体积减小的缘故。闪锌矿中硫空位的存在,导致空位周围的原子向空位中心偏移,特别是与硫空位相邻的4个锌原子偏移较明显;但是锌空位闪锌矿超晶胞的几何结构没有明显的变化,原子仅在空位周围弛豫。这是由于硫空位比锌空位体积大,导致硫空位周围的原子更容易变形。第一过渡系金属杂质锰、铁、钴、镍、铜都导致闪锌矿的晶胞常

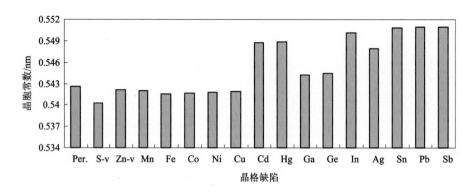

图 3 - 5　晶格缺陷对闪锌矿晶胞常数的影响

数减小，但是减小的量并不大。这是因为铁、锰、铜和镉的原子半径都比锌原子半径小，但是相差不大。而其他金属杂质镉、汞、锗、铟、锡、铅、锑的存在都使闪锌矿的晶格常数变大，这是由于这些杂质的原子半径都比较大，所以造成闪锌矿的晶胞膨胀。而在有较大晶格膨胀的晶体中可能存在较大的晶格畸变及应变能，从而影响晶体的半导体性质。

图 3－6 显示了含空位和杂质缺陷黄铁矿的晶胞常数。硫空位缺陷使黄铁矿的晶胞边长略微减小，晶胞体积缩小，而铁空位缺陷则使晶胞边长略微增大，晶体体积膨胀。黄铁矿立方晶体的晶胞边长因杂质不同而发生了不同程度的变化，且一部分变化显著。在 20 种杂质原子中，除钴以外其他杂质都使晶胞参数不同程度地增大了。第一过渡系金属杂质（Co、Ni、Cu、Zn）取代情况下，随着原子序数的增大，晶胞膨胀程度逐渐增大；铂族元素（Ru、Pd、Pt）略使晶胞膨胀，且膨胀的程度近似；第二和第三过渡系金属元素中的 Mo、Ag、Cd、Au 和 Hg 以及主族中的金属元素 Sn、Tl、Pb 和 Bi 使黄铁矿晶胞发生了较大的膨胀；而取代硫原子的 As、Sb、Se 和 Te 杂质对晶胞的影响相对较小。晶胞膨胀的原因与原子的原子半径或共价半径以及电负性大小有关，还与原子的自旋有关。例如，钴和铜的原子半径分别为 1.67 Å 和 1.57 Å，比铁原子半径 1.72 Å 小，但是钴在黄铁矿中为自旋中性，而铜原子发生了自旋极化，钴杂质使黄铁矿晶胞缩小而铜杂质使黄铁矿晶胞膨胀。

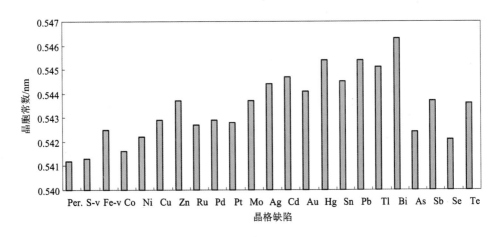

图 3－6　晶格缺陷对黄铁矿晶胞常数的影响

图 3－7 显示了含杂质缺陷的方铅矿的晶胞常数。过渡系金属元素铜、锌、银、镉、锰使方铅矿的晶格常数减小，主族元素铟、铊、砷杂质使方铅矿的晶格常数变小，而锑和铋杂质使方铅矿的晶胞常数变大，引起体积膨胀。

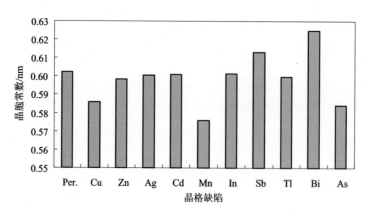

图 3 – 7　晶格缺陷对方铅矿晶格常数的影响

　　表 3 – 8 列出了合成掺杂方铅矿的晶胞参数测量值与采用第一性原理模拟的计算值。由表中的数据可知，计算结果和实测结果很接近，除了铋杂质计算误差超过 5% 外，其他杂质的计算误差结果都很小。由表可见，Ag、Cu、Zn 及 Mn 杂质使得方铅矿的晶胞参数减少，而 Bi 与 Sb 的存在使得方铅矿的晶胞常数增大，这与图 3 – 7 理论计算结果一致，表明采用密度泛函理论计算的含杂质晶胞模型在结构上是可靠的。

表 3 – 8　合成掺杂方铅矿样品的晶胞常数

样品	晶胞常数/nm		误差/%
	测量值	计算值	
纯方铅矿	0.5926	0.6018	1.55
含银方铅矿	0.5923	0.6008	1.44
含锌方铅矿	0.5918	0.5958	0.67
含铜方铅矿	0.5920	0.5858	1.04
含锑方铅矿	0.5931	0.6130	3.35
含铋方铅矿	0.5929	0.6250	5.41
含锰方铅矿	0.5923	0.5760	-2.75

3.4　晶格缺陷对硫化矿物半导体类型和带隙的影响

　　表 3-9 是含铅、硫空位和杂质缺陷方铅矿的半导体类型和禁带宽度。理想方铅矿为直接带隙 p 型半导体，铅空位使带隙略微减小并且没有改变方铅矿的半导体类型，硫空位使带隙略微增大并使方铅矿变为间接带隙 n 型半导体。过渡系金属杂质中，铜、锌、银、镉杂质对带隙几乎没有影响，锰杂质使带隙变大，并使方铅矿变成 n 型半导体。主族元素杂质中，除铟杂质对带隙影响不大外，其他杂质都使带隙减小；铊杂质没有改变方铅矿半导体类型，其余杂质改变了方铅矿半导体类型。

表 3-9　晶格缺陷对方铅矿半导体带隙和类型的影响

缺陷类型	带隙/eV	半导体类型	缺陷类型	带隙/eV	半导体类型
理想晶体	0.54	直接 p 型	铅空位	0.52	直接 p 型
硫空位	0.56	间接 n 型	铟杂质	0.55	间接 n 型
铜杂质	0.54	直接 p 型	锑杂质	0.48	直接 n 型
锌杂质	0.57	直接 p 型	铊杂质	0.25	直接 p 型
银杂质	0.53	直接 p 型	铋杂质	0.49	直接 n 型
镉杂质	0.55	直接 p 型	砷杂质	0.45	直接 n 型
锰杂质	0.71	直接 n 型			

　　表 3-10 是含锌、硫空位和杂质缺陷闪锌矿的半导体类型和禁带宽度。空位缺陷没有改变闪锌矿的半导体类型，均为直接带隙 p 型半导体，硫空位使闪锌矿的带隙变窄，而锌空位则使闪锌矿的带隙变宽。第一过渡系元素杂质锰、铁、钴、镍和铜使闪锌矿的禁带变宽，其中含铜杂质的闪锌矿的禁带宽度最大，而含锰杂质的闪锌矿的禁带宽度最小；锰和铁杂质使闪锌矿变成直接带隙 n 型半导体，铜杂质使闪锌矿变成间接带隙 p 型半导体，而钴和镍杂质则不改变闪锌矿的半导体类型。作为与锌同族的元素，镉和汞杂质虽然没有改变闪锌矿的半导体类型，但是它们导致闪锌矿的禁带变窄。镓和铟杂质使闪锌矿的半导体类型转变成直接带隙 n 型半导体，并且镓、锗和铟杂质导致闪锌矿的禁带变宽，而银杂质则导致禁带变窄。锡和锑杂质不仅导致闪锌矿的禁带宽度变窄，还导致闪锌矿变成直接带隙 n 型半导体。铅杂质虽然不改变闪锌矿的半导体类型，但是也使闪锌矿的禁带变窄。

表 3-10　晶格缺陷对闪锌矿带隙和类型的影响

缺陷类型	带隙/eV	半导体类型	缺陷类型	带隙/eV	半导体类型
理想晶体	2.18	直接 p 型	硫空位	2.06	直接 p 型
锌空位	2.20	直接 p 型	镓杂质	2.64	直接 n 型
锰杂质	2.32	直接 n 型	锗杂质	2.29	直接 p 型
铁杂质	2.35	直接 n 型	铟杂质	2.55	直接 n 型
钴杂质	2.36	直接 p 型	银杂质	1.96	直接 p 型
镍杂质	2.36	直接 p 型	锡杂质	2.10	直接 n 型
铜杂质	2.39	间接 p 型	铅杂质	2.05	直接 p 型
镉杂质	1.99	直接 p 型	锑杂质	2.07	直接 n 型
汞杂质	1.90	直接 p 型			

　　表 3-11 列出了理想晶体及含空位和杂质缺陷黄铁矿的带隙和半导体类型。定义最高价带和最低导带之间的差值为带隙值。计算得到理想黄铁矿为直接带隙 p 型半导体，带隙值为 0.60 eV。空位缺陷中，铁空位使黄铁矿的带隙降低，而硫空位使带隙增大。第一过渡系金属杂质中，Co 和 Ni 杂质使黄铁矿带隙降低，Cu 和 Zn 杂质使带隙增大。铂族元素（Ru、Pd、Pt）使带隙降低，特别是含 Pt 杂质黄铁矿的带隙最低。第二过渡系金属元素中的 Mo 杂质使带隙降低，而 Ag 使带隙增大，Cd 杂质对带隙影响不大。第三过渡系金属元素 Au 使黄铁矿的带隙大大升高，而 Hg 杂质对带隙没有影响。主族中的金属元素 Sn 和 Pb 使带隙降低，而 Tl 和 Bi 使带隙增大。取代硫原子的所有杂质，As、Sb、Se 和 Te，都使黄铁矿的带隙降低了。此外，Sn 和 Bi 杂质使黄铁矿由直接带隙变为间接带隙，而 Co、Ni、Cu、Zn、Pd、Pt、Ag、Cd、Au、Hg、Sn、Tl 和 Pb 杂质使黄铁矿由 p 型半导体变为 n 型半导体。

表 3-11　晶格缺陷对黄铁矿半导体带隙和类型的影响

缺陷类型	带隙/eV	半导体类型	缺陷类型	带隙/eV	半导体类型
理想晶体	0.60	直接 p 型	铂杂质	0.45	直接 n 型
铁空位	0.52	直接 p 型	金杂质	0.91	直接 n 型
硫空位	0.77	直接 p 型	汞杂质	0.60	直接 n 型
钴杂质	0.55	直接 n 型	锡杂质	0.45	间接 n 型

缺陷类型	带隙/eV	半导体类型	缺陷类型	带隙/eV	半导体类型
镍杂质	0.57	直接 n 型	铊杂质	0.63	直接 n 型
铜杂质	0.64	直接 n 型	铅杂质	0.49	直接 n 型
锌杂质	0.63	直接 n 型	铋杂质	0.73	间接 n 型
钼杂质	0.45	直接 p 型	砷杂质	0.56	直接 p 型
钌杂质	0.58	直接 p 型	锑杂质	0.51	直接 p 型
钯杂质	0.50	直接 p 型	硒杂质	0.56	直接 p 型
银杂质	0.68	直接 n 型	碲杂质	0.51	直接 p 型
镉杂质	0.61	直接 n 型			

3.5 晶格缺陷对硫化矿物费米能级的影响

费米能级(E_F)也称为费米能量。如果将半导体中大量电子的集体看成一个热力学系统,由统计理论证明,费米能级 E_F 就是系统电子的化学势[12],即:

$$E_F = \mu = \left(\frac{\partial G}{\partial N} \right)_T \qquad (3 - 2)$$

式中:μ 为系统的化学势;G 为系统的自由能;N 为电子总数;T 为温度。处于热平衡状态的系统有统一的化学势,所以处于热平衡状态的电子系统有统一的费米能级。费米能级是量子态基本上被电子占据或基本上是空的一个标志,通过费米能级的位置能够比较直观地标志电子占据量子态的情况,或者说费米能级标志了电子填充能级的水平。计算所得的不同空位浓度的方铅矿的费米能级结果,如表3 – 12 所示。

表 3 – 12 方铅矿费米能级与空位浓度的关系

空位原子浓度/%	费米能级/eV		
	理想方铅矿	铅空位方铅矿	硫空位方铅矿
0	– 4.243	—	—
1.562	—	– 4.334	– 4.238
3.125	—	– 5.093	– 4.125
6.250	—	– 5.760	– 3.397

由表 3-12 可见，与理想方铅矿的费米能级相比，铅空位降低了方铅矿的费米能级，表明量子态被电子占据的概率降低，体系的电子浓度较低，正电性的空穴浓度增加，铅空位在方铅矿中相当于受主缺陷。而硫空位使方铅矿的费米能级升高，体系的电子浓度增高，正电子性的空穴浓度降低，更容易给出电子，硫空位在方铅矿中相当于施主缺陷。由于硫空位增加了方铅矿的电子浓度，费米能级升高，使方铅矿更容易失去电子，容易被氧化。铅空位增加了方铅矿的空穴浓度，费米能级降低，不容易被氧化[13]。

表 3-13 是含铁、锰、铜、镉杂质原子的闪锌矿的费米能级。由表可见，和理想闪锌矿的费米能级相比，铜和镉杂质降低了闪锌矿费米能级，增强了闪锌矿电子的稳定性，容易得到电子，还原性增强；而铁和锰杂质则升高了闪锌矿的费米能级，使闪锌矿更容易失去电子，氧化性增强，这和实践中含铁高的闪锌矿容易氧化是一致的。

表 3-13　理想硫化锌和含杂质原子闪锌矿的费米能级

矿物	理想闪锌矿	含铜闪锌矿	含铁闪锌矿	含镉闪锌矿	含锰闪锌矿
E_F/eV	-4.211	-4.713	-3.884	-4.404	-3.786

根据费米能级的定义，费米能级是电子的电化学位，那么电子在不同相之间的转移应该符合化学位规则，即电子从化学位高的物质向化学位低的物质转移。量子理论计算表明丁黄药的费米能级为 -3.958 eV，从表 3-13 中数据可见，电子可以从黄药传给含铜闪锌矿、含镉闪锌矿和理想闪锌矿，而不能传递给含锰闪锌矿和含铁闪锌矿，这就意味着黄药可以在含铜闪锌矿和含镉闪锌矿表面形成双黄药（黄药失去电子），在含锰和含铁闪锌矿表面只能形成金属盐（黄药不能被氧化）[14]。

3.6　晶格缺陷对硫化矿物前线轨道的影响

3.6.1　晶格缺陷对前线轨道组成的影响

前线轨道由福井谦一于 1952 年提出，其中心思想是：在构成分子的众多轨道中，分子的性质主要由分子中的前线轨道决定，即由最高占据分子轨道 HOMO (Highest Occupied Molecular Orbital) 和最低空轨道 LUMO (Lowest Unoccupied Molecular Orbital) 来决定。下面用一个氧分子轨道来具体说明前线轨道的意义。图 3-8 为氧分子的分子轨道图，其中 1~8 轨道被电子占据，9 以上轨道是空轨道，可以获得电子。按照化学位规则，电子的转移是从高轨道向低轨道，轨道越低，电子越稳定，反之轨道越高，电子越不稳定。因此第 8 轨道就是氧分子最容易失去电子的轨道，而第 9 轨道则是氧分子最容易获得电子的空轨道，那么由此可见氧分子的化学性质(得失电子性质)主要就由第 8 和第 9 轨道来决定，这就是前线轨道的核心思想。根据定义，最高占据轨道(Highest Occupied Molecular Obital，HOMO)的电子能量最高，所受到的束缚最小，所以最活跃，也最容易发生跃迁；最低空轨道(Lowest Unoccupied Molecular Orbital，LUMO)在所有未占据轨道中能量最低，接受电子的可能性最大。

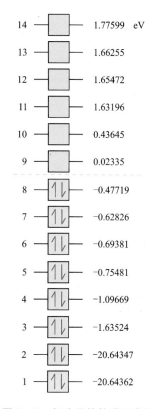

图 3 - 8　氧分子的轨道示意图

HOMO 和 LUMO 决定着分子的电子得失和转移能力，也就决定了分子的主要化学性质，前线轨道就代表了分子的性质，因此研究前线轨道可以获得更多的细节。根据分子轨道的线性组合原理，分子轨道又可由原子轨道组合而成：

$$\psi = c_1\phi_1 + c_2\phi_2 + \cdots + c_n\phi_n \qquad (3-3)$$

其中：ψ 是分子轨道；ϕ 是原子轨道；c 是原子轨道系数。原子轨道系数的绝对值越大，说明该原子对轨道的贡献越大。负值表明原子之间为反键作用，而正值表明原子之间为成键作用，这里只关注其绝对值。根据式(3-3)，我们就可以获得前线轨道中各原子的贡献大小，从而确定各原子对分子反应活性的贡献。

表 3 - 14 是不同杂质对方铅矿前线轨道的影响，即杂质原子对方铅矿性质的影响[15]。由表可见对于不同杂质原子对方铅矿最低空轨道的贡献是不一样的，其中锑、锰、铋等影响比较大，而铜、镉、锌、银、铟等杂质影响比较小。

表 3 - 14　含杂质缺陷方铅矿的最低空轨道原子系数

矿物名称	LUMO 轨道系数	矿物名称	LUMO 轨道系数
理想方铅矿	-0.125Pb - 0.192S	含锌方铅矿	-0.01Zn - 0.178Pb - 0.27S
含锑方铅矿	-0.24Sb + 0.231Pb + 0.278S	含铟方铅矿	-0.0In - 0.177Pb - 0.269S
含锰方铅矿	-0.46Mn + 0.181Pb + 0.152S	含银方铅矿	-0.01Ag - 0.178Pb - 0.269S
含铋方铅矿	0.16Bi - 0.16Pb + 0.206S	含铊方铅矿	-0.01Tl - 0.175Pb - 0.274S
含镉方铅矿	-0.01Cd - 0.177Pb - 0.269S	含铜方铅矿	-0.01Cu - 0.179Pb - 0.269S

由表3-14可见，含锑方铅矿的最低空轨道中铅原子系数(0.231)和锑原子系数(0.24)相差不多，说明方铅矿中铅原子和锑原子的反应活性相差不大，含锑方铅矿的性质由铅和锑二者共同决定，含锑方铅矿的可浮性介于方铅矿和辉锑矿之间。实践表明辉锑矿可浮性在pH 5~6最好，在碱性条件下不浮，而方铅矿在碱性条件下仍具有很好的可浮性，因此当方铅矿含有锑杂质后，在碱性条件下其可浮性下降。这里有一个实例可以说明锑杂质对生产实践的影响，广西大厂矿区的铅锌硫浮选目前只有采用大量的氰化物才能有效实现铅锑浮选，其主要原因之一在于大厂的铅矿物是脆硫锑铅矿，由于锑杂质的存在导致脆硫锑铅矿在碱性介质中可浮性较差，尤其是对石灰比较敏感，因此不能采用传统的高碱工艺进行铅锌浮选，只能在中性或弱碱性条件下浮铅锑矿物；而在此条件下，大量的硫铁矿物(黄铁矿、磁黄铁矿和白铁矿)无法抑制，大量上浮，严重干扰了铅锑浮选；因此只有采用选择好、抑制能力强的氰化物能够有效抑制住大量硫铁矿，从而实现铅锑浮选。

对于含锰方铅矿，锰原子的系数(0.46)远大于铅原子系数(0.181)，表明含锰方铅矿的性质主要取决于锰原子，因此含锰方铅矿可浮性远比方铅矿要差，容易氧化。而对于含铋方铅矿，铋原子和铅原子系数一样，表明铋原子对方铅矿性质具有较大的影响，含铋方铅矿可浮性类似于辉铋矿，可浮性较好。

表3-15是各种杂质对闪锌矿LUMO系数的影响[16]。由表可见铜、铁、钴、镍、镉等杂质对闪锌矿LUMO中锌原子系数影响比较大，锑、铅、锡、银、铟、镓、汞等杂质对闪锌矿LUMO中锌原子系数影响比较小。当闪锌矿含有铜原子时，和理想闪锌矿相比，锌原子LUMO系数只有0.06，而铜原子则达到0.58，表明含铜闪锌矿的性质取决于铜原子，因此含铜闪锌矿的性质和浮选行为更像硫化铜。生产实践表明当闪锌矿晶体中含有铜杂质时，闪锌矿会具有自活化现象，含铜闪锌矿可浮性变好，铜锌难分离。

表3-15 含杂质闪锌矿前线轨道组成

矿物名称	LUMO 轨道系数	矿物名称	LUMO 轨道系数
理想闪锌矿	$+0.20S - 0.19Zn$	含镓闪锌矿	$-0.51Ga + 0.24Zn - 0.19S$
含铜闪锌矿	$-0.58Cu - 0.27S - 0.06Zn$	含锗闪锌矿	$0.24Zn - 0.22S - 0.13Ge$
含铁闪锌矿	$0.59Fe + 0.21S + 0.11Zn$	含铟闪锌矿	$0.26Zn + 0.25S + 0.17In$
含钴闪锌矿	$0.70Co + 0.20S - 0.12Zn$	含银闪锌矿	$0.21Zn - 0.20S + 0.13Ag$
含镍闪锌矿	$-0.65Ni + 0.24S - 0.07Zn$	含锡闪锌矿	$0.24Zn - 0.22S - 0.17Sn$
含镉闪锌矿	$-0.41Cd + 0.34Zn + 0.13S$	含铅闪锌矿	$0.23Zn - 0.22S - 0.11Pb$
含锰闪锌矿	$+0.21S - 0.20Zn - 0.12Mn$	含锑闪锌矿	$-0.22Zn + 0.21S + 0.07Sb$
含汞闪锌矿	$-0.27Hg + 0.21S - 0.19Zn$		

当闪锌矿中含有铁杂质时，锌原子的 LUMO 系数仅为 0.11，而铁原子达到 0.59，闪锌矿的性质主要取决于铁原子，含铁闪锌矿会表现出类似黄铁矿的浮选行为，因此含铁闪锌矿容易受石灰抑制，铁含量越高，闪锌矿可浮性越差，对石灰越敏感。当闪锌矿含有钴和镍杂质时，由于钴和镍原子的 LUMO 系数较大，增强了闪锌矿与氧的作用，容易氧化，并且可浮性下降。对于含镉闪锌矿，从 LUMO 系数可以看出镉原子对闪锌矿性质贡献较大，而镉离子与黄药作用的溶度积较小（$K_{sp} = 10^{-13.59}$），因此含镉闪锌矿的可浮性变好。

表 3 - 16 列出了理想及含钴、镍、砷、硒和碲杂质黄铁矿的前线轨道系数的影响[17]。由表可知，对于理想黄铁矿，铁原子的系数在 HOMO 轨道中有主要作用，而硫原子的系数在 LUMO 轨道中有主要作用，说明黄铁矿的 HOMO 轨道主要受铁原子的影响，而 LUMO 轨道主要受硫原子影响。

表 3 - 16 含杂质缺陷黄铁矿前线轨道组成

矿物名称	前线轨道	轨道系数
理想黄铁矿	HOMO	$+0.238Fe - 0.068S_1 - 0.067S_2$
	LUMO	$-0.004Fe - 0.124S_1 + 0.123S_2$
含钴黄铁矿	HOMO	$-0.011Fe - 0.007Co - 0.128S_1 - 0.128S_2$
	LUMO	$+0.202Fe - 0.421Co + 0.329S_1 - 0.329S_2$
含镍黄铁矿	HOMO	$+0.010Fe - 0.008Ni + 0.131S_1 + 0.131S_2$
	LUMO	$+0.191Fe - 0.447Ni + 0.342S_1 - 0.342S_2$
含砷黄铁矿	HOMO	$+0.478Fe + 0.315As - 0.180S_2$
	LUMO	$-0.049Fe - 0.125As - 0.140S_2$
含硒黄铁矿	HOMO	$-0.247Fe + 0.119Se + 0.082S_2$
	LUMO	$+0.015Fe - 0.153Se + 0.132S_2$
含碲黄铁矿	HOMO	$+0.360Fe + 0.135Te + 0.123S_2$
	LUMO	$+0.005Fe - 0.161Te + 0.153S_2$

注：S_1 为硫二聚体中的一个硫原子，而 S_2 为另一个硫原子。

钴和镍杂质对黄铁矿的 LUMO 轨道作出了较大的影响，它们使 LUMO 轨道中铁原子和硫原子的系数大大增加，钴和镍杂质本身也对 LUMO 轨道组成产生了重要的影响，原子系数远远大于铁原子，这表明它们不仅对 LUMO 轨道的反应活性产生了较大的影响，杂质本身也将在 LUMO 轨道与其他反应物之间的作用中起到非常重要的作用。砷、硒和碲杂质主要对黄铁矿的 HOMO 轨道产生了影响，都使

HOMO 轨道中铁原子和硫原子的系数增加,并且本身也对该轨道产生了贡献。其中,砷杂质的作用最明显,它对铁原子的系数影响最大,极大地提高了铁原子在 HOMO 轨道中的反应活性,另外,与硒和碲杂质相比,砷杂质本身的贡献也是最大的。这些表明,黄铁矿中含砷后,会大大增强 HOMO 轨道的反应活性,如与氧气分子 LUMO 轨道的反应,即含砷杂质的黄铁矿更容易被氧化。此外,由于硒原子与硫原子的性质较为近似,因而对黄铁矿的 HOMO 轨道影响较小。

3.6.2 晶格缺陷对前线轨道作用的影响

根据前线轨道理论,一个分子的最高占据轨道(HOMO)与另一个分子的最低空轨道(LUMO)能量值之差的绝对值($|\Delta E|$)越小,两者之间的相互作用就越强。当硫化矿物与氧分子发生作用时,氧分子得到电子,硫化矿物失去电子被氧化,参与反应的前线轨道是矿物 HOMO 轨道和氧分子的 LUMO 轨道;当硫化矿物与阴离子捕收剂发生作用时,矿物金属离子提供空轨道,捕收剂提供孤对电子形成配位键,因此参与反应的前线轨道是捕收剂分子的 HOMO 轨道和硫化矿的 LUMO 轨道。

表 3 - 17 是 10 种杂质缺陷对方铅矿前线轨道能量的影响,由表可见晶格杂质改变了方铅矿的前线轨道能量,从而改变了方铅矿与药剂分子的作用。表中还给出方铅矿前线轨道与氧分子、黄药和乙硫氮前线轨道相互作用的情况。由表可见铅空位有利于方铅矿的氧化,而硫空位影响很小,其余杂质除锰外都是减弱方铅矿与氧分子的作用。从方铅矿与捕收剂分子的前线轨道作用来看,方铅矿乙硫氮之间的 $|\Delta E|$ 小于其与丁黄药之间的 $|\Delta E|$ 值,说明乙硫氮与方铅矿的作用比丁黄药强,乙硫氮对方铅矿的捕收性更强,这与浮选实践一致。除铟和锌杂质外,其余杂质的存在都使方铅矿与捕收剂分子之间的 $|\Delta E|$ 值降低,说明铟杂质的存在会降低黄药和乙硫氮与方铅矿的相互作用,而锌杂质则没有影响,其余杂质则能增强捕收剂与矿物之间的作用[15]。

表 3 - 17 杂质对方铅矿前线轨道能量及其与捕收剂前线轨道相互作用的影响

	E_{HOMO}/eV	E_{LUMO}/eV	$|\Delta E_1|/eV$	$|\Delta E_2|/eV$	$|\Delta E_3|/eV$
理想方铅矿	-4.3	-4.19	0.24	1.21	0.56
铅空位方铅矿	-4.5	-4.32	0.04	1.08	0.43
硫空位方铅矿	-4.286	-4.16	0.254	1.24	0.59
含铜方铅矿	-4.03	-3.9	0.51	1.5	0.85
含锌方铅矿	-3.96	-3.79	0.58	1.61	0.96
含银方铅矿	-4.03	-3.89	0.51	1.51	0.86

	E_{HOMO}/eV	E_{LUMO}/eV	$|\Delta E_1|$/eV	$|\Delta E_2|$/eV	$|\Delta E_3|$/eV
含镉方铅矿	-4.06	-3.91	0.48	1.49	0.84
含锰方铅矿	-4.32	-3.91	0.22	1.49	0.84
含铟方铅矿	-4.03	-3.75	0.51	1.65	1.00
含锑方铅矿	-4.06	-3.94	0.48	1.46	0.81
含铊方铅矿	-4.08	-3.92	0.46	1.48	0.83
含铋方铅矿	-4.05	-3.92	0.49	1.48	0.83
氧分子	-6.82	-4.54	—	—	—
丁黄药	-5.4	-2.22	—	—	—
乙硫氮	-4.75	-1.68	—	—	—

注：$|\Delta E_1|$为含杂质方铅矿的 HOMO 与氧分子 LUMO 差值的绝对值；

　　$|\Delta E_2|$为丁黄药的 HOMO 与含杂质方铅矿 LUMO 差值的绝对值；

　　$|\Delta E_3|$为乙硫氮的 HOMO 与含杂质方铅矿 LUMO 差值的绝对值。

　　研究了 14 种杂质对闪锌矿前线轨道能量及其与黄药分子相互作用之间的影响，计算结果列于表 3 – 18。除铟杂质外，其余所有杂质都使黄药分子与闪锌矿之间的 $|\Delta E|$ 值减小，说明这些杂质的存在能增强黄药与闪锌矿之间的相互作用。其中，含铜闪锌矿与黄药分子之间的 $|\Delta E|$ 值最低（0.34 eV），说明铜杂质的存在能极大增强闪锌矿与黄药之间的相互作用，使含铜闪锌矿的可浮性大大提高，这与浮选实践相符[16]。

表 3 – 18　杂质对闪锌矿前线轨道能量及其与捕收剂前线轨道相互作用的影响

	E_{HOMO}/eV	E_{LUMO}/eV	$|\Delta E|$/eV
丁黄药	-5.4	-2.22	
理想闪锌矿	-5.60	-2.70	2.70
含锰闪锌矿	-5.19	-3.59	1.81
含铁闪锌矿	-4.33	-3.59	1.81
含钴闪锌矿	-5.31	-3.50	1.90
含镍闪锌矿	-5.11	-4.18	1.22
含铜闪锌矿	-5.19	-5.06	0.34
含镉闪锌矿	-5.49	-3.43	1.97

	E_{HOMO}/eV	E_{LUMO}/eV	$|\Delta E|$/eV
含汞闪锌矿	−5.46	−3.46	1.94
含镓闪锌矿	−5.52	−2.96	2.44
含锗闪锌矿	−4.38	−3.11	2.29
含铟闪锌矿	−5.65	−2.43	2.97
含银闪锌矿	−5.25	−3.29	2.11
含锡闪锌矿	−4.44	−3.40	2.00
含铅闪锌矿	−4.90	−3.48	1.92
含锑闪锌矿	−5.46	−3.40	2.00

注：$|\Delta E|$ 为丁黄药的 HOMO 与矿含杂质闪锌矿 LUMO 差值的绝对值。

由于黄药在黄铁矿表面的产物为双黄药，因此这里研究了砷、硒、碲、钴、镍杂质对黄铁矿前线轨道能量及其与丁基双黄药分子相互作用之间的影响，计算结果列于表 3 – 19 中。理想黄铁矿与双黄药分子之间的 $|\Delta E|$ 值较小，说明双黄药与黄铁矿之间的作用较强。砷、硒和碲杂质对黄铁矿与双黄药作用的 $|\Delta E|$ 值影响不及钴和镍杂质显著，而钴和镍杂质显著降低了 $|\Delta E|$ 值，表明钴和镍杂质的存在能明显增强双黄药与黄铁矿之间的相互作用，黄铁矿的可浮性变好[17]。

表 3 – 19 杂质对黄铁矿前线轨道能量及其与捕收剂前线轨道相互作用的影响

	E_{HOMO}/eV	E_{LUMO}/eV	$|\Delta E|$/eV
双黄药	−5.22	—	—
理想黄铁矿	−6.48	−5.73	0.52
含砷黄铁矿	−6.29	−5.71	0.49
含硒黄铁矿	−6.46	−5.75	0.53
含碲黄铁矿	−6.35	−5.73	0.55
含钴黄铁矿	−5.84	−4.85	0.36
含镍黄铁矿	−5.70	−5.45	0.23

注：$|\Delta E|$ 为双黄药的 HOMO 与含杂质黄铁矿 LUMO 差值的绝对值。

需要指出的是，以上讨论采用的是纯化学理论，即把矿物看成一个分子，而不是一个晶体，因此其结果虽然能够反映出晶格杂质原子本身对硫化矿物性质和浮选行为的影响，但由于没有考虑到固体物理的周期性势场的特性，其结果也必然具有局限性，甚至是错误的结果。矿物是一个具有点阵结构的晶体，特别是矿物表面的存在，使矿物结构更加复杂，单纯的分子理论无法描述具有周期性的矿物晶体结构和表面结构，特别是无法描述硫化矿物能带结构，也就无法对硫化矿浮选电化学这一本质作出更深的探讨。

3.7　晶格缺陷对硫化矿物电子结构的影响

3.7.1　空位缺陷对硫化矿物电子结构的影响

3.7.1.1　空位缺陷方铅矿

含有铅、硫空位缺陷的方铅矿的能带结构和态密度分别如图 3-9 和图 3-10所示，图中以费米能级（E_F）作为能量零点。铅空位使费米能级向下移动，已进入价带，出现了简并态。硫空位的引入，使方铅矿费米能级向高能量方向移动，同时由于硫空位的存在，使得相邻铅原子的态密度发生了变化，在价带顶产生了一个由铅的 6p 轨道形成的新能级，增强了方铅矿的电子导电性，使方铅矿具有金属性质。含有空位缺陷的方铅矿的导带主要由铅原子的 6p 轨道电子和硫原子的

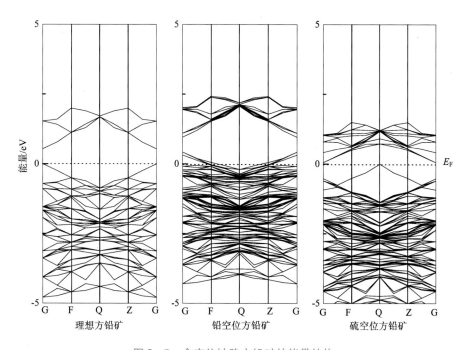

图 3-9　含空位缺陷方铅矿的能带结构

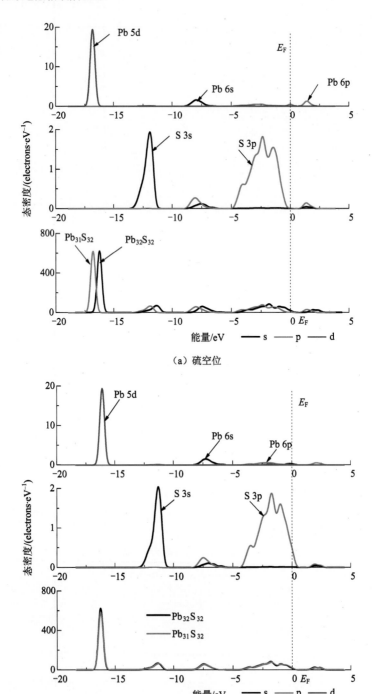

（a）硫空位

（b）铅空位

图 3 – 10　硫空位和铅空位方铅矿的态密度图

3p 轨道电子构成；上价带主要由硫的 3p 轨道贡献，铅的 6p 轨道也贡献一部分，下价带则主要由硫的 3p 轨道和铅的 6s 轨道贡献，而在价带底的态密度则由铅的 5d 轨道贡献。含有铅空位缺陷的方铅矿态密度图与理想方铅矿的态密度图在形状上基本相似，在价带 -16.2 eV、-11.3 eV 和 -7.4 eV 处的态密度峰值均小于理想方铅矿在此处的峰值，这主要是由于方铅矿超晶胞中缺少一个铅原子，从而使 5d 轨道和 6s 轨道的贡献降低。含有硫空位缺陷的方铅矿的态密度与理想方铅矿的态密度图相比，在形状上没有太大变化，在价带 -11.9 eV 和 -2.3 eV 处的态密度峰值有明显下降，这主要是由于方铅矿超晶胞中缺少一个硫原子，从而使 3s 轨道和 3p 轨道的贡献下降。

3.7.1.2　空位缺陷闪锌矿

含锌空位和硫空位闪锌矿的能带结构图分别如图 3 – 11(a)、(b)所示。硫空位闪锌矿的价带最大值(VBM)和导带最小值(CBM)位于 F 点，而不在 G 点(Γ 点)。锌空位使闪锌矿的带隙变宽，而硫空位则使闪锌矿的带隙变窄，并且在价

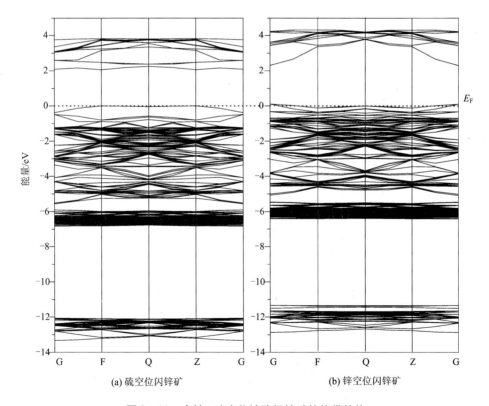

(a) 硫空位闪锌矿　　　　　　　　　　(b) 锌空位闪锌矿

图 3 – 11　含锌、硫空位缺陷闪锌矿的能带结构

带顶产生一个新的能带。锌空位使费米能级向低能方向偏移，并且在价带出现了简并态，而硫空位使费米能级向高能方向偏移。含锌空位和硫空位的闪锌矿的分态密度图分别如图 3 - 12(a)、(b)所示。与理想闪锌矿相比，含锌空位闪锌矿的态密度中位于 -6.05 eV 和 -11.90 eV 的态密度峰值有明显的下降，这主要是由于闪锌矿晶格中缺少一个锌原子，使锌的 3d 轨道在 -6.05 eV 处以及锌 4s 轨道在 -11.90 eV 处的态密度缺少了一个锌原子的贡献。含硫空位的闪锌矿价带顶的能级由锌的 4s 轨道组成，在价带 -12.25 eV 的态密度峰值小于理想闪锌矿在此处的峰值，这主要是由于闪锌矿晶格中缺少了一个硫原子，从而导致硫 3s 轨道在的 -12.25 eV 的态密度缺少了一个硫原子的贡献。

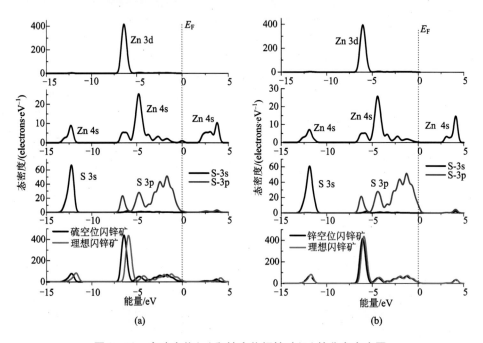

图 3 - 12   含硫空位(a)和锌空位闪锌矿(b)的分态密度图

3.7.1.3   空位缺陷黄铁矿

图 3 - 13 显示了含铁空位和硫空位缺陷黄铁矿的能带结构和态密度。态密度图中对部分缺陷能级进行了局部放大，以使其显示更为清晰。空位的产生对费米能级附近的电子能带结构影响较大。硫空位的存在引起费米能级附近产生了缺陷能级，出现了新态密度峰，从态密度图可知缺陷能级由 S 3p 和 Fe 3d 态组成。这与 Birkholz 等[17]的研究结果一致，他们针对肖特基硫缺陷类型黄铁矿的研究表明，因五重配位的铁(FeS$_5$)而产生的一个 a 能级，联合 S sp3 态在禁带中形成了能量低于理想黄铁矿导带的反键轨道(σ^*缺陷态)，并且如果这种空位的浓度很

高，在禁带中的态密度也会很高，形成缺陷能带。此外，在深部价带还出现了由 S 3s 态组成的缺陷能级。铁空位的存在也使费米能级附近产生了缺陷能级，并且由 S 3p 和 Fe 3d 态组成。由于缺少了一个硫原子或一个铁原子的贡献，黄铁矿的总态密度减少了。缺少一个铁原子降低的总态密度最多，同时两类空位的存在都使总态密度峰向低能方向移动。

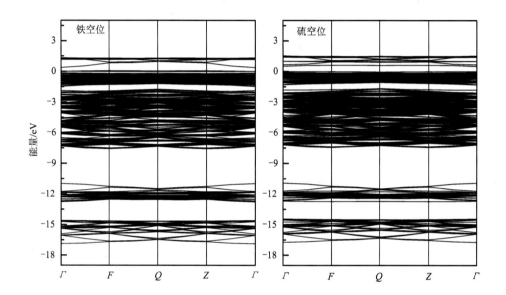

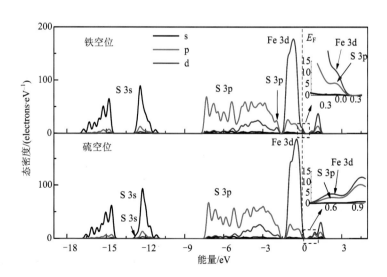

图 3-13　含空位缺陷黄铁矿的能带结构和态密度

3.7.2 杂质缺陷对硫化矿物电子结构的影响

3.7.2.1 杂质对方铅矿电子结构的影响

图 3 - 14 是含铜、锌、银、镉、锰杂质方铅矿的能带结构，以费米能级（E_F）作为能量零点。铜、锌、银、镉杂质的存在对方铅矿电子能带结构的影响不明显，锰

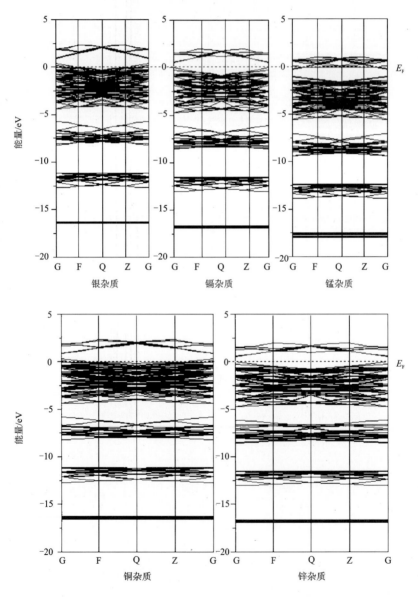

图 3 - 14 含铜、锌、银、镉和锰杂质方铅矿的能带结构

杂质的存在使电子能带整体明显向低能方向移动,费米能级明显穿过导带。

含铟、锑、铊、铋和砷杂质的方铅矿电子能带结构如图3-15所示。铊杂质原子对方铅矿的能带结构影响不明显;而砷、铋、锑和铟杂质对方铅矿电子能带结构影响较显著,费米能级均向高能方向移动。这些杂质的存在使方铅矿在禁带及深部价带产生了杂质能级。

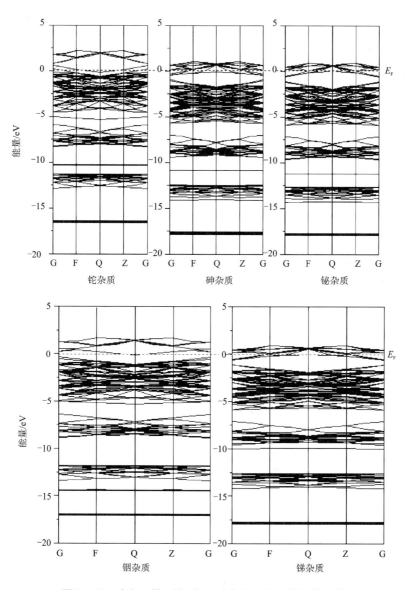

图3-15 含铟、锑、铊、铋和砷杂质方铅矿的能带结构

3.7.2.2 杂质对闪锌矿电子结构的影响

含第一过渡系锰、铁、钴、镍和铜杂质闪锌矿的电子能带结构如图 3 - 16 所

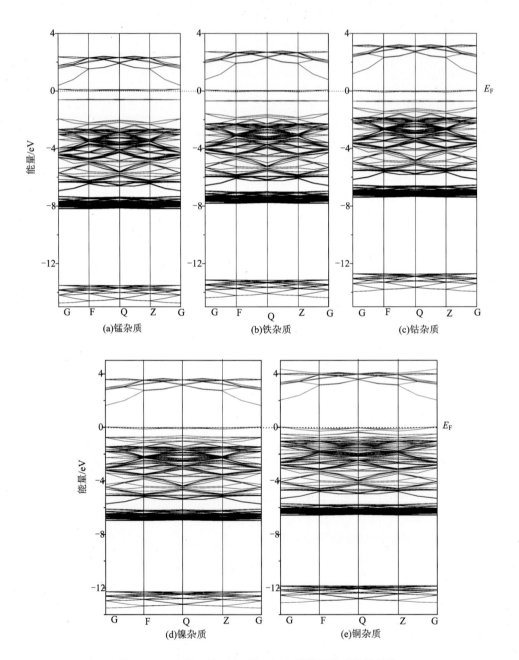

图 3 - 16 含锰、铁、钴、镍、铜杂质的闪锌矿能带结构

示。闪锌矿晶格中存在的锰、铁、钴、镍和铜杂质对能带结构影响较显著，费米能级均向高能方向移动，其中移动幅度最大的是锰杂质，其次是铁、钴、镍杂质，最小的是铜杂质。由图 3 - 17 的含锰、铁、钴、镍和铜杂质闪锌矿的态密度图可以看出，这 5 种杂质的存在都导致闪锌矿的费米能级处形成杂质能级，且该杂质能级主要由杂质原子中 3d 轨道组成。在晶体场的作用下，锰、铁、钴、镍、铜杂质的 3d 轨道产生了分裂，形成 t_{2g} 和 e_g 两个新的能级，其中 t_{2g} 能级构成了闪锌矿的价带顶，而 e_g 能级构成了导带底。锰、铁、钴、镍杂质形成的杂质能级局域性较强，而铜杂质形成的杂质能级局域性不强，分布较宽。含杂质缺陷的闪锌矿的

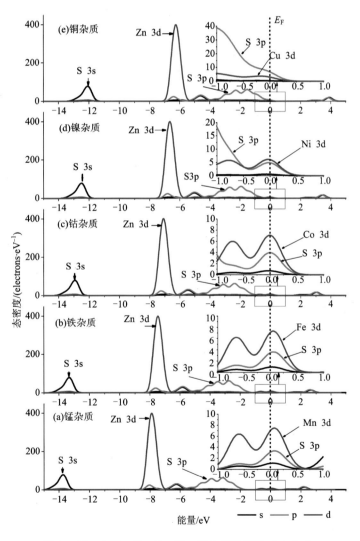

图 3 - 17　含锰、铁、钴、镍、铜杂质的闪锌矿态密度

态密度整体向低能方向移动,但态密度的形状基本不变,随着杂质元素的原子序数的增大,移动幅度逐渐减小。

含镉杂质和汞杂质的闪锌矿能带结构和态密度如图 3 - 18 所示。镉和汞杂质对闪锌矿的电子能带结构影响不显著。含镉杂质的闪锌矿在价带 - 7.38 eV 处形成了一个新的态密度峰,这主要是由镉的 4d 轨道组成。由于镉和锌的最外层电子构型相同,所以镉杂质对闪锌矿态密度的影响不明显,而汞和锌也是同族元

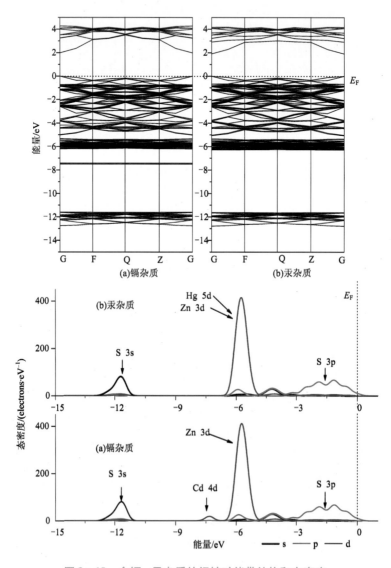

图 3 - 18 含镉、汞杂质的闪锌矿能带结构和态密度

素，且汞的5d轨道和锌的3d轨道能量相近，所以汞的5d轨道的态密度峰与锌的3d态密度峰重合，相当于弥补了被置换的锌原子3d轨道的贡献，因此含汞杂质闪锌矿的能带结构相比于理想闪锌矿没有明显的变化。

　　图3-19和图3-20分别是含镓、锗、铟和银杂质闪锌矿的能带结构图和态密度图。镓和铟杂质在导带底和价带都分别形成了杂质能级；锗杂质在禁带中和价带-8.0 eV处分别形成杂质能级，而银杂质则在价带顶形成杂质能级。另外，镓、锗和铟杂质导致费米能级向高能方向偏移，而银杂质则使费米能级向低能方

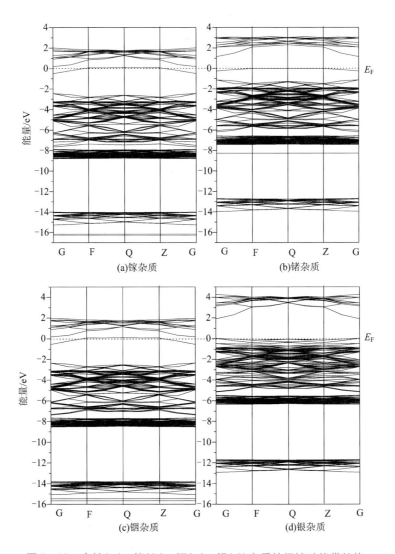

图3-19　含镓(a)、锗(b)、铟(c)、银(d)杂质的闪锌矿能带结构

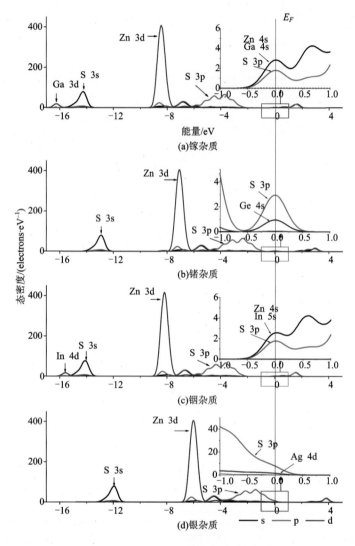

图 3-20　含镓、锗、铟、银杂质的闪锌矿态密度

向偏移，并且在价带出现微弱的简并态。镓和铟在导带底形成的杂质能级主要是由镓的 4s 轨道和铟的 5s 轨道分别与锌的 4s 轨道和硫的 3p 轨道共同作用形成，而在价带的杂质能级则分别是由镓的 3d 轨道和铟的 4d 轨道形成的；镓的 4p 轨道和铟的 5p 轨道分别与硫的 3p 轨道形成上价带、与锌的 4s 轨道形成上导带，而镓的 4s 轨道和铟的 5s 轨道分别与锌的 3d 轨道和硫的 3s 轨道形成下价带。对于含锗闪锌矿，禁带中的杂质能级主要是由锗的 4s 轨道和硫的 3p 轨道共同形成，

而锗的 4p 轨道则和硫的 3p 轨道共同形成上价带和上导带。对于含银闪锌矿,价带顶的杂质能级主要是由银的 4d 轨道和硫的 3p 轨道共同形成,另外,银的 4d 轨道其他部分和硫的 3p 轨道共同形成闪锌矿的价带。

　　图 3 – 21 和图 3 – 22 分别是含锡、铅和锑杂质闪锌矿的能带结构和态密度。锡杂质的存在使闪锌矿禁带中产生了杂质能级,铅杂质的存在使闪锌矿禁带和价带 – 7.7 eV 处分别产生了杂质能级,而在含锑杂质的闪锌矿中,在价带 – 10.4 eV 处、价带顶和导带底分别产生了杂质能级。含锡杂质的闪锌矿禁带中出现的杂质能级由锡的 5s 轨道和硫的 3p 轨道共同形成,而锡的 5p 轨道分别与硫的 3p 轨道和锌的 4s 轨道共同形成价带和导带,同时,闪锌矿的费米能级向高能方向偏移;含铅杂质的闪锌矿禁带中出现的杂质能级由铅的 6s 轨道和硫的 3p 轨道共同形成,其中价带 – 7.7 eV 处的杂质能级主要是由铅的 6s 轨道组成,而铅的 6p 轨道分别与硫的 3p 轨道和锌的 4s 轨道共同形成价带和导带,同时,闪锌矿的费米能级也向高能方向偏移;锑的 5s 轨道和硫的 3p 轨道共同形成了价带顶的杂质能级,锑的 5p 轨道和锌的 4s 轨道共同形成了导带底的杂质能级,同时,闪锌矿的费米能级进入导带,出现简并态,表现出金属性。

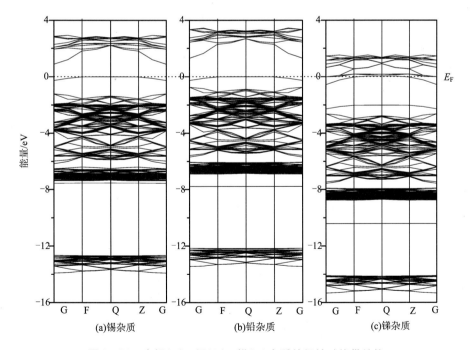

图 3 – 21　含锡(a)、铅(b)、锑(c)杂质的闪锌矿能带结构

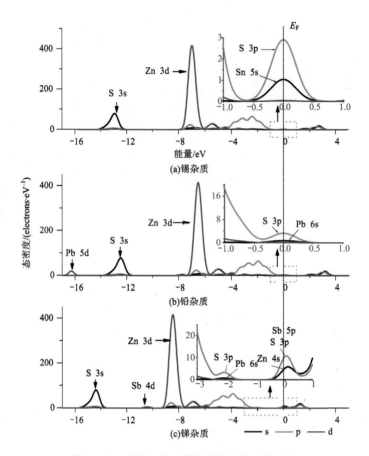

图 3 - 22　含锡、铅、锑杂质的闪锌矿态密度

3.7.2.3　杂质对黄铁矿电子结构的影响

图 3 - 23 至图 3 - 27 显示了含杂质缺陷黄铁矿的能带结构和态密度，能量零点设在费米能级处（E_F）。另外，能带结构图中对部分显示不够清晰的杂质能级进行了局部放大，以使其显示得更为清晰。

第一过渡系金属杂质中（图 3 - 23），Co、Ni 和 Cu 杂质取代使黄铁矿的电子能带在费米能级附近、以及 -2.5 ~ 3 eV 范围内出现了由它们的 3d 态贡献的杂质能级，而 Zn 杂质取代在 -7 eV 附近出现了由它的 3d 态贡献的杂质能级；Co、Ni 和 Cu 杂质还使黄铁矿的整体态密度向低能方向移动，说明黄铁矿的氧化性将增强，即得电子能力将增强。此外，Cu 杂质的存在使黄铁矿具有了磁性性质（能带结构图中的自旋向上 alpha 和自旋向下 beta），而 Ni 杂质使黄铁矿具有弱磁性性质（自旋极化态密度值较低，能带结构图中没有显示）。

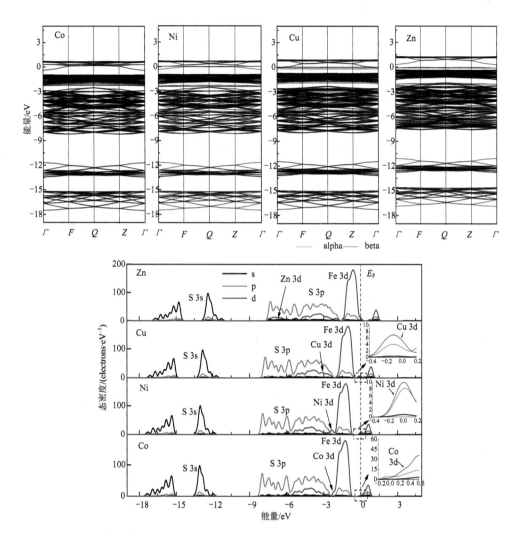

图 3 - 23　含第一过渡系金属杂质(钴、镍、铜和锌)黄铁矿的能带结构和态密度

　　铂族元素金属杂质使黄铁矿的电子能带在费米能级附近产生了由它们的 4d 态贡献的杂质能级(图 3 - 24)，Pt 和 Pd 的 4d 态还对 - 4 eV 附近的态密度产生了贡献。此外 Pt 和 Pd 使黄铁矿的整体态密度向低能方向移动，而 Ru 使黄铁矿的整体态密度向高能方向移动，说明 Pt 和 Pd 使黄铁矿的氧化能力增强，而 Ru 则使黄铁矿的还原能力增强。

　　第二、三过渡系金属杂质中，Mo、Au 和 Ag 杂质主要使黄铁矿的电子能带在费米能级附近产生了由它们的 d 态贡献的杂质能级(图 3 - 25)，而 Cd 和 Hg 杂质则在 - 8 ~ - 9 eV 的低能范围内产生了由它们的 d 态贡献的杂质能级；Cd、Hg、

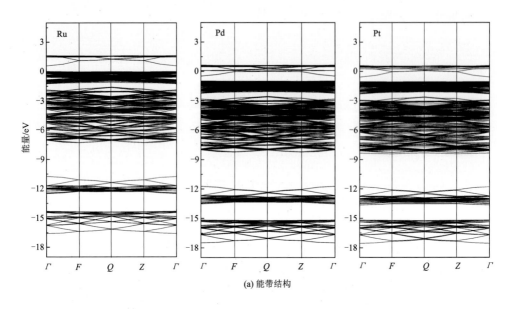

(a) 能带结构

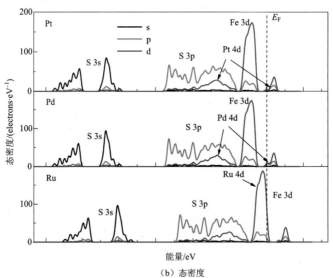

（b）态密度

图 3 - 24 含铂族金属杂质（铂、钯和钌）黄铁矿的能带结构（a）和态密度（b）

Au 和 Ag 杂质使黄铁矿的整体态密度向低能方向移动, 说明含这些杂质的黄铁矿的氧化能力将增强; Mo 杂质使黄铁矿具有了磁性性质(能带结构图中的自旋向上 alpha 和自旋向下 beta), 而 Au 和 Ag 使黄铁矿具有弱磁性(自旋极化态密度值较低, 能带结构图中没有显示)。

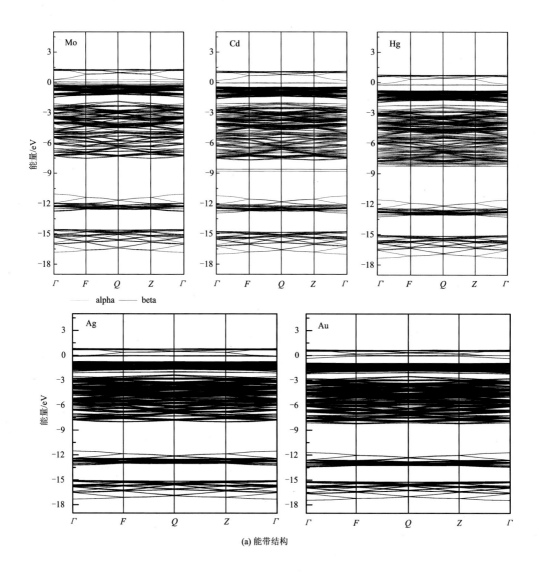

(a) 能带结构

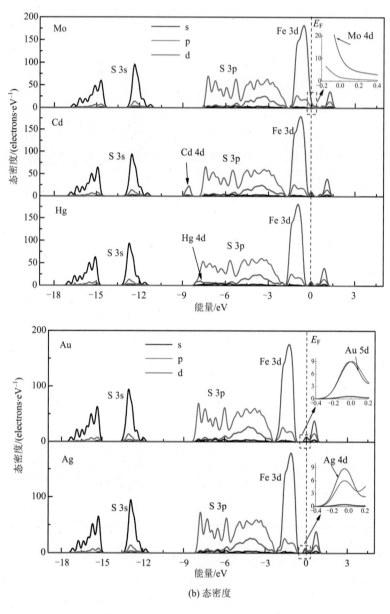

图 3 - 25　含第二和第三过渡系金属杂质(钼、镉、汞、金和银)
黄铁矿的能带结构(a)和态密度(b)

主族金属元素产生的杂质能级能量较低（图 3-26），在 -10 eV 附近产生了

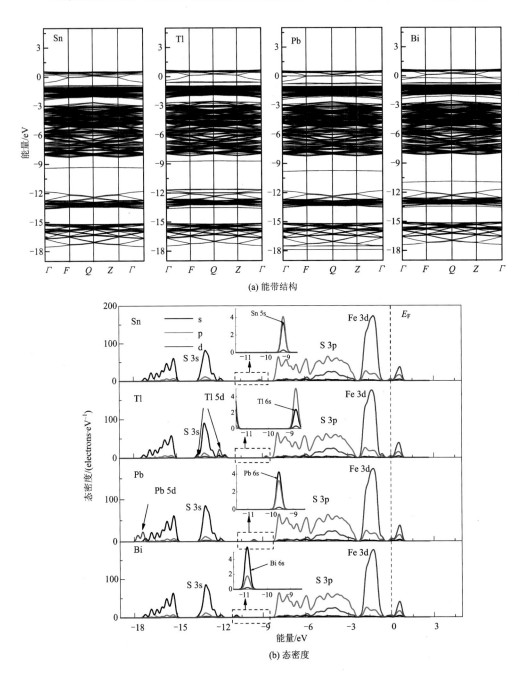

(a) 能带结构

(b) 态密度

图 3-26　含主族金属杂质（锡、铊、铅和铋）黄铁矿的能带结构（a）和态密度（b）

由它们的 s 态贡献的杂质能级，而 Tl 和 Pb 还在能量更低处产生了由它们的 d 态贡献的杂质能级；4 种杂质都使黄铁矿的整体态密度向低能方向移动，说明黄铁矿的氧化性将增强。

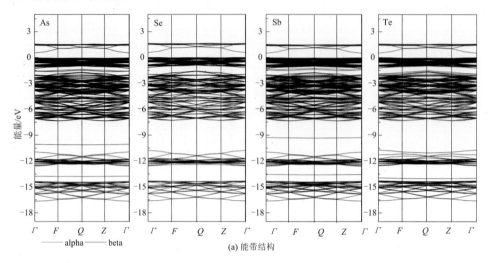

(a) 能带结构

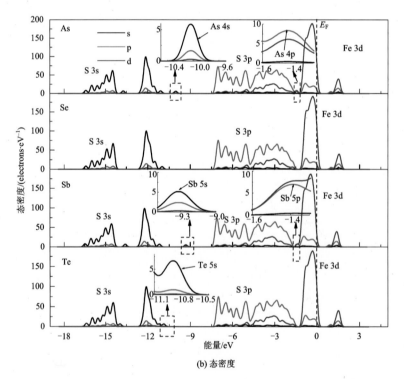

(b) 态密度

图 3-27 含砷、硒、锑和碲杂质黄铁矿的能带结构(a)和态密度(b)

对于取代硫原子的 As、Se、Sb 和 Te 杂质(图 3-27),Se 杂质因与 S 原子极为相似的性质而没有产生明显的杂质能级;As 和 Sb 使黄铁矿的电子能带在浅部价带产生了由它们的 p 态贡献的杂质能级,还在更低能量处产生了由它们的 s 态贡献的杂质能级;Te 杂质仅在低能处产生了由其 s 态贡献的杂质能级。此外,As 杂质使黄铁矿具有了磁性性质(能带结构图中的自旋向上 alpha 和自旋向下 beta)。

3.8　晶格缺陷对硫化矿物电荷和键极性的影响

对原子的 Mulliken 电荷布居分析可以清楚地知道原子电子得失情况,通过键的布居分析可以确定成键原子间的共价性强弱。

3.8.1　晶格缺陷对方铅矿的影响

表 3-20 列出了方铅矿中空位缺陷周围原子的 Mulliken 布居数。理想方铅矿的 5d 轨道全满,没有参与成键作用,铅原子为电子给体,主要失去 6p 轨道上的电子,6s 轨道也失去部分电子;而硫原子为电子受体,主要是 3p 轨道得到电子。方铅矿成键时,主要由铅的 6p 轨道和硫的 3p 轨道贡献。方铅矿含有硫空位时,导致与其相邻的四个铅原子的 6p 轨道得到电子,电荷下降,这主要是因为空位处缺少硫原子,减少了对铅原子电子的吸引作用;而铅空位的存在则导致相邻硫原子的 3p 轨道失去电子,硫原子电荷升高。

表 3-20　方铅矿中与空位缺陷相邻原子的 Mulliken 电荷布居分析

方铅矿缺陷	原子	s	p	d	电荷/e
完美晶体	S	1.93	4.74	0.00	-0.67
	Pb	1.90	1.43	10.00	0.67
硫空位	S	1.94	4.71	0.00	-0.65
	Pb	1.86	1.58	10.00	0.56
铅空位	S	1.93	4.71	0.00	-0.64
	Pb	1.87	1.43	10.00	0.69

空位存在使方铅矿晶体中的原子化合价和电荷失去平衡,并进行重新分布。硫空位使铅的正电荷数明显减少,从而降低方铅矿对黄药阴离子的吸附;而铅空位使铅的正电荷数升高,增强了方铅矿对黄药阴离子的吸附。

表 3 - 21 是杂质原子以及与杂质原子相邻原子的 Mulliken 布居。不同杂质的存在使相邻的硫原子的电荷发生不同变化，进一步影响铅原子的电荷布居，从而改变了方铅矿的电荷。当方铅矿中含有锌、锰、铟、锑、铊杂质时，铅原子的正电性降低，而含有银、铜、镉、铋、砷杂质的方铅矿则使铅原子形成了较高的正电荷。

表 3 - 21　方铅矿中与杂质缺陷相邻的原子的 Mulliken 电荷布居分析

矿　　物	原子	s	p	d	电荷/e
理想方铅矿	S	1.93	4.74	0.00	- 0.67
	Pb	1.90	1.43	10.00	0.67
含铜方铅矿	S	1.92	4.68	0.00	- 0.60
	Pb	1.89	1.42	10.00	0.69
	Cu	0.64	0.59	9.73	0.04
含锌方铅矿	S	1.92	4.71	0.00	- 0.63
	Pb	1.91	1.42	10.00	0.66
	Zn	0.94	0.84	10.00	0.22
含银方铅矿	S	1.93	4.70	0.00	- 0.63
	Pb	1.89	1.44	10.00	0.69
	Ag	0.55	0.48	9.94	0.03
含镉方铅矿	S	1.92	4.73	0.00	- 0.65
	Pb	1.91	1.41	10.00	0.68
	Cd	0.91	0.80	9.99	0.29
含锰方铅矿	S	1.91	4.66	0.00	- 0.56
	Pb	1.91	1.42	10.00	0.66
	Mn	0.45	0.53	5.96	0.06
含铟方铅矿	S	1.93	4.72	0.00	- 0.64
	Pb	1.91	1.45	10.00	0.64
	In	1.61	1.05	10.00	0.34
含锑方铅矿	S	1.93	4.71	0.00	- 0.64
	Pb	1.90	1.43	10.00	0.66
	Sb	1.98	2.35	0.00	0.67

矿　物	原子	s	p	d	电荷/e
含铊方铅矿	S	1.93	4.71	0.00	-0.64
	Pb	1.89	1.45	10.00	0.66
	Tl	1.67	0.92	10.00	0.41
含铋方铅矿	S	1.93	4.73	0.00	-0.66
	Pb	1.89	1.45	10.00	0.68
	Bi	1.96	2.23	0.00	0.81
含砷方铅矿	S	1.93	4.67	0.00	-0.60
	Pb	1.89	1.43	10.00	0.68
	As	1.98	2.58	0.00	0.44

　　方铅矿表面铅原子正电荷的下降,不利于捕收剂(阴离子)的吸附,可浮性降低,如含锌、锰杂质方铅矿可浮性变差;而方铅矿表面铅原子正电荷的升高,有利于捕收剂(阴离子)的吸附,可浮性升高,如含银、铜、铋等杂质方铅矿可浮性变好。

3.8.2　晶格缺陷对闪锌矿的影响

　　表 3 - 22 和表 3 - 23 分别是与空位缺陷相邻原子电荷和键的 Mulliken 布居。由于硫空位的影响,导致与硫空位相邻的 4 个锌原子的电荷为 0.32e,明显低于 0.48e,这主要是空位处缺少硫原子,减少了对锌原子的吸引作用,从而使锌原子失去的电子数减少;另外与硫空位相邻的 Zn—S 键的布居数减少,键的共价性减弱,键长变长。锌空位的存在则导致与锌空位相邻的 4 个硫原子的电荷下降为 -0.42e,这主要是缺少锌原子来贡献电子,导致硫原子所得电子数减少;另外,锌空位导致与其相邻的 Zn—S 键的布居数增大,键的共价性增强,键长变短。

表 3 - 22　闪锌矿中与空位缺陷相邻的原子的 Mulliken 电荷布居分析

矿　物	原子	s	p	d	电荷/e
理想方铅矿	S	1.82	4.66	0.00	-0.48
	Zn	0.55	0.99	9.98	0.48
硫空位方铅矿	S	1.82	4.65	0.00	-0.47
	Zn	0.63	1.07	9.98	0.32
锌空位方铅矿	S	1.84	4.57	0.00	-0.42
	Zn	0.58	0.99	9.98	0.45

表 3-23　与空位缺陷相邻的键的 Mulliken 布居分析

	键	布居	键长/nm
理想方铅矿	Zn—S	0.60	0.2350
硫空位方铅矿	Zn—S	0.59	0.2380
锌空位方铅矿	Zn—S	0.74	0.2289

　　表 3-24 是锰、铁、钴、镍、铜杂质原子以及与杂质原子相邻原子的 Mulliken 布居数。从表中数据可以看出，随着原子序数的增大，杂质元素的 4s 轨道失去的电子越来越少，3p 轨道电子的贡献越来越大，3d 轨道得到的电子越来越少，并且铜的 3d 轨道甚至失去电子；杂质原子所带电荷越来越小，这主要是因为它们的电负性越来越强。镍原子所带电荷为 0e，铜原子的电荷为 $-0.10e$，这主要是 Mulliken 布居理论自身的原因，它们的绝对值虽然没有太大的物理意义，但是它们的相对值却能反映出一些有用的信息。另外，还可以看出，这些杂质对相邻的锌原子影响不大，但是对与其成键的硫原子影响较大，硫原子所带电荷都低于 $-0.48e$，这主要是杂质原子的电负性强，更不容易失去电子。

表 3-24　与杂质原子相邻的原子的 Mulliken 布居

矿　物	原子	s	p	d	电荷/e
理想闪锌矿	S	1.82	4.66	0.00	-0.48
	Zn	0.55	0.99	9.98	0.48
含锰闪锌矿	S	1.82	4.58	0.00	-0.40
	Zn	0.55	0.99	9.98	0.48
	Mn	0.43	0.47	6.03	0.07
含铁闪锌矿	S	1.82	4.58	0.00	-0.40
	Zn	0.55	0.99	9.98	0.48
	Fe	0.47	0.60	6.91	0.02
含钴闪锌矿	S	1.82	4.59	0.00	-0.41
	Zn	0.55	0.99	9.98	0.48
	Co	0.52	0.62	7.83	0.03

矿　物	原子	s	p	d	电荷/e
含镍闪锌矿	S	1.82	4.59	0.00	- 0.41
	Zn	0.55	0.99	9.98	0.48
	Ni	0.56	0.69	8.75	0.00
含铜闪锌矿	S	1.82	4.61	0.00	- 0.43
	Zn	0.54	0.99	9.98	0.49
	Cu	0.69	0.76	9.65	- 0.10

　　表 3 - 25 是锰、铁、钴、镍、铜杂质原子与硫原子所成的键以及与杂质相邻的 Zn—S 键的 Mulliken 布居。从表中可以看出，锰、铁、钴、镍和铜杂质与硫原子形成的键，都表现出共价键的性质，并且键的共价性增强，键长变短。其中 Fe—S 键的布居数最大，Ni—S 键和 Cu—S 键的布居数最小。另外，这些杂质还对与其相邻的 Zn—S 键产生影响，随着杂质元素的原子序数的增大，Zn—S 键的布居数也增大，键的共价性增强，键长变短。

表 3 - 25　与杂质原子相邻的键的 Mulliken 布居

矿物	键	布居	键长/nm
理想闪锌矿	Zn—S	0.60	0.2350
含锰闪锌矿	Zn—S	0.57	0.2365
	Mn—S	0.53	0.2263
含铁闪锌矿	Zn—S	0.58	0.2365
	Fe—S	0.56	0.2223
含钴闪锌矿	Zn—S	0.59	0.2357
	Co—S	0.52	0.2254
含镍闪锌矿	Zn—S	0.61	0.2347
	Ni—S	0.51	0.2278
含铜闪锌矿	Zn—S	0.62	0.2341
	Cu—S	0.51	0.2311

　　表 3 - 26 是镉和汞杂质原子以及与其相邻的硫和锌原子的 Mulliken 布居。由于镉、汞和锌是同族元素，具有相似的外层电子构型，所以以镉和汞杂质表现出与

锌相似的 Mulliken 布居特征，d 轨道电子虽然局域性强，但是仍然有部分电子与硫原子的 3p 轨道电子成键。另外，由于汞的电负性比镉的电负性强，更不容易失去电子，所以导致汞所带的电荷要低于镉所带电荷，也导致与汞相连的硫原子所带电荷低于与镉相连的硫原子所带电荷。

表 3 - 26　与杂质原子相邻的原子的 Mulliken 布居分析

矿物	原子	s	p	d	电荷/e
理想闪锌矿	S	1.82	4.66	0.00	-0.48
	Zn	0.55	0.99	9.98	0.48
含镉闪锌矿	S	1.83	4.68	0.00	-0.50
	Zn	0.55	0.99	9.98	0.48
	Cd	0.60	0.88	9.98	0.54
含汞闪锌矿	S	1.83	4.63	0.00	-0.46
	Zn	0.55	0.99	9.98	0.48
	Hg	0.71	0.92	9.95	0.42
	Ni	0.56	0.69	8.75	0.00

表 3 - 27 是镉、汞杂质原子与硫原子所成的键以及与杂质相邻的 Zn—S 键的 Mulliken 布居。Cd—S 键和 Hg—S 键的布居值都变小，键的共价性减弱，键长变长。镉和汞杂质的存在，导致与杂质相邻的 Zn—S 键的布居数增大，键的共价性增强，但是键长略有增长，这主要是因为镉和汞原子的半径比锌原子的半径大，使杂质周围局部向外扩张，从而使 Zn—S 键的键长略有变长。

表 3 - 27　与杂质原子相邻的键的 Mulliken 布居

矿物	键	布居	键长/nm
理想闪锌矿	Zn—S	0.60	0.2350
含镉闪锌矿	Zn—S	0.61	0.2359
	Cd—S	0.52	0.2536
含汞闪锌矿	Zn—S	0.62	0.2358
	Hg—S	0.47	0.2558

表 3-28 是与镓、锗、铟、银、锡、铅、锑杂质缺陷相邻原子的 Mulliken 电荷布居以及与杂质相邻的键的 Mulliken 布居。从表中数据可以看出,镓和锗的 s 轨道都是失去电子,p 轨道得到电子,并且铟的 d 轨道部分失去电子;而锗的 4s 和 4p 轨道都失去电子;另外,还可以看出镓、锗和铟原子所带电荷都比锌的电荷高,而银则表现出与铜相似的 Mulliken 电荷特征,这是由于它们是同族元素;锡、铅和锑原子都是 s 和 p 轨道失去电子,铅原子的 d 轨道还获得一些电子。此外,还可以看出 3 种杂质原子所带的电荷都高于锌原子所带的电荷,而与其相连的硫原子所带电荷都高于或者等于 0.48e,锌原子所带的电荷却是低于 0.48e,这主要是因为杂质原子贡献大量的电子给硫原子,以致减弱了硫原子对锌原子的电子的吸引作用。

表 3-28　与杂质缺陷相邻的原子的 Mulliken 布居

矿物	原子	s	p	d	电荷/e
理想闪锌矿	S	1.82	4.66	0.00	-0.48
	Zn	0.55	0.99	9.98	0.48
含镓闪锌矿	S	1.83	4.63	0.00	-0.46
	Zn	0.55	0.99	9.98	0.48
	Ga	1.05	1.24	10.00	0.71
含锗闪锌矿	S	1.83	4.65	0.00	-0.48
	Zn	0.58	1.00	9.98	0.44
	Ge	1.33	1.68	0.00	0.98
含铟闪锌矿	S	1.84	4.65	0.00	-0.49
	Zn	0.55	0.98	9.98	0.49
	In	1.29	1.15	9.99	0.57
含银闪锌矿	S	1.82	4.63	0.00	-0.45
	Zn	0.54	0.99	9.98	0.49
	Ag	0.64	0.60	9.79	-0.03
含锡闪锌矿	S	1.84	4.67	0.00	-0.51
	Zn	0.57	0.98	9.98	0.47
	Sn	1.73	1.51	0.00	0.76

矿物	原子	s	p	d	电荷/e
含铅闪锌矿	S	1.83	4.68	0.00	-0.51
	Zn	0.59	0.99	9.98	0.44
	Pb	1.37	1.48	10.01	1.14
含锑闪锌矿	S	1.85	4.63	0.00	-0.48
	Zn	0.56	0.99	9.98	0.47
	Sb	1.76	2.52	0.00	0.72

表 3 - 29 是杂质原子与硫原子所成的键以及与杂质相邻的 Zn—S 键的 Mulliken 布居。Ga—S 键、Ge—S 键、In—S 键和 Ag—S 键的布居数都急剧变小，键的共价性减弱，表现出具有离子性的共价键的性质，键长明显变长。另外，镓、锗和银杂质导致相邻的 Zn—S 键的布居数增大，共价性增强，而铟杂质则使相邻的 Zn—S 键的布居数减小，共价性减弱。Sn—S 键、Pb—S 键和 Sb—S 键的布居数急剧变小，特别是 Pb—S 键的布居数几乎接近于零，所以键的共价性减弱，更多地表现出键的离子性，键长急剧变长。与杂质相邻的 Zn—S 键的布居数略有变化，而且键长变长。这主要是锡、铅和锑原子的半径比锌的大，导致杂质原子周围的原子向外扩展，以致 Zn—S 键键长变长。

表 3 - 29　与杂质缺陷相邻的键的 Mulliken 布居

矿物	键	布居	键长/nm
理想闪锌矿	Zn—S	0.60	0.2350
含镓闪锌矿	Zn—S	0.61	0.2356
	Ga—S	0.26	0.2471
含锗闪锌矿	Zn—S	0.62	0.2340
	Ge—S	0.21	0.2547
含铟闪锌矿	Zn—S	0.58	0.2377
	In—S	0.37	0.2629
含银闪锌矿	Zn—S	0.65	0.2336
	Ag—S	0.38	0.2505
含锡闪锌矿	Zn—S	0.61	0.2366
	Sn—S	0.22	0.2740

矿物	键	布居	键长/nm
含铅闪锌矿	Zn—S	0.64	0.2359
	Pb—S	0.03	0.2783
含锑闪锌矿	Zn—S	0.59	0.2380
	Sb—S	0.14	0.2716

3.9 晶格缺陷对硫化矿物电荷密度的影响

通过对原子之间电荷密度和差分电荷密度的分析，可以更直观地观察到原子之间的成键、相互作用和电子得失情况，其中电荷的密度分布能够表征原子间键合的情况：当成键的两个原子间最低电荷密度与背景电荷密度相等时，原子间主要是离子键作用，而当两个原子间最低电荷密度高于背景电荷密度时，则主要是共价键作用，而差分($\Delta\rho$)通过公式 $\Delta\rho = \rho_{\text{defect}} - \sum(\rho_i)$ 求得，其中 ρ_{defect} 为缺陷体系优化后的总电荷密度分布函数，ρ_i 为体系中优化前的某一个原子的电荷密度分布函数。差分电荷密度图中红色和蓝色区域分别代表电荷得与失的空间分布。

3.9.1 空位缺陷的影响

3.9.1.1 空位缺陷对方铅矿的影响

图 3 – 28 和图 3 – 29 显示了含有铅空位和硫空位方铅矿的电荷密度和差分电荷密度图，它们都是通过空位缺陷沿成键方向切出来的二维图。从电荷密度图上可以看出，与铅空位相邻的 Pb—S 键的电荷密度明显高于其他 Pb—S 键的电荷密度，存在较强的电荷密度重叠区，而与硫空位相邻的 Pb—S 键的电荷密度略小于其他 Pb—S 键的电荷密度。这表明，铅空位使周围的键的共价性增强，而硫空位则使键的共价性减弱。由差分电荷密度可见，铅空位明显带负电。由于铅空位的存在，相邻硫原子的外层电子被铅空位排斥，电子云形状已发生明显变化，进而又影响了其相邻铅原子的电荷密度。硫空位带弱正电性，相邻铅原子的外层电子受其吸引而偏向空位，电子云形状发生了变化。以上结果表明，由于铅空位带负电，当方铅矿表面存在铅空位时，有利于钙离子的吸附，含铅空位的方铅矿容易受到石灰抑制；而硫空位正电性比较弱，对方铅矿表面药剂吸附影响不明显。

3.9.1.2 空位缺陷对闪锌矿的影响

图 3 – 30 和图 3 – 31 分别显示了含硫空位和锌空位闪锌矿的电荷密度图和差分电荷密度图。从电荷密度图上可以看出，与锌空位相邻的 Zn—S 键的电荷明显

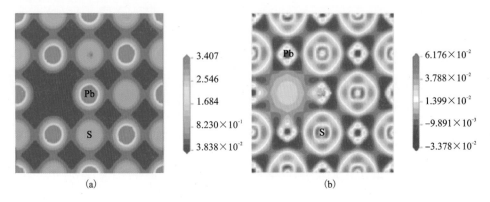

图 3 – 28　含硫空位方铅矿的电荷密度图(a)和差分电荷密度图(b)

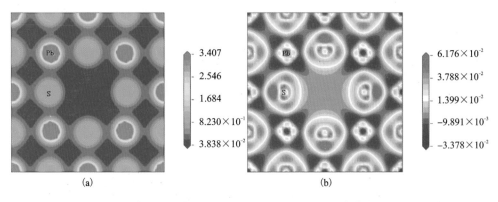

图 3 – 29　含铅空位方铅矿的电荷密度图(a)和差分电荷密度图(b)

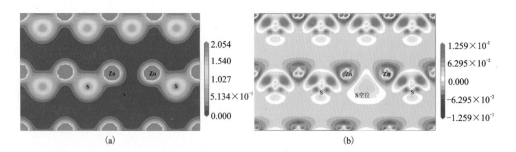

图 3 – 30　含硫空位闪锌矿的电荷密度图(a)和差分电荷密度图(b)

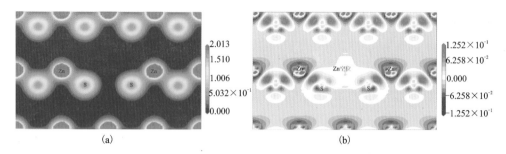

图 3-31　含锌空位闪锌矿的电荷密度图(a)和差分电荷密度图(b)

高于其他 Zn—S 键的电荷密度，存在较强的电荷密度重叠区，而与硫空位相邻的
Zn—S 键的电荷密度略小于其他 Zn—S 键的电荷密度。差分电荷密度图中红色和
蓝色区域分别代表电荷得与失的空间分布。从差分电荷密度图上可以看出：空位
周围的电荷分布发生了明显的变化，锌原子靠近硫空位处所失去的电荷数明显减
少，硫原子靠近锌空位处所得的电荷数也明显减少，这都证明了与硫空位相邻的
锌原子的电荷低于其他锌原子的电荷，与锌空位相邻的硫原子的电荷低于其他硫
原子的电荷。另外，还可以看出，与硫空位相邻的 Zn—S 键的键强减弱，而与锌
空位相邻的 Zn—S 键的键强增强，这些结果与布居分析的结果一致。

3.9.2　杂质缺陷的影响

3.9.2.1　杂质对方铅矿的影响

图 3-32 至图 3-36 分别是含铜、锌、银、镉和锰杂质方铅矿的电荷密度和
差分电荷密度图，它们是通过杂质原子沿成键方向切出来的二维图。从电荷密度
图上可以看出，除 Ag—S 键外，Cu—S 键、Zn—S 键、Cd—S 键和 Mn—S 键的电
荷密度都比周围的 Pb—S 键的电荷密度大，具有较强的电荷密度重叠区，表明除
Ag—S键外，其余杂质原子与硫原子之间的共价性强于 Pb—S 原子，特别是Mn—S
原子之间的电荷重叠程度最大，键的共价性最强。从差分电荷密度图上可以看
出，杂质原子周围的电荷密度分布发生了较大变化。除银杂质外，其余杂质原子
与硫原子之间的电子得失明显高于周围铅原子，表明这些杂质原子与硫原子之间
的电子共价相互作用比铅—硫之间更强，而铜和银与硫之间的电子得失较少，键
的共价相互作用变弱。

图 3-37 至图 3-41 分别是含铟、锑、铊、铋和砷杂质方铅矿的电荷密度图
和差分电荷密度图，它们是通过杂质原子沿成键方向切出来的二维图。从电荷图
上可以看出，除 Tl—S 键外，In—S 键、Sb—S 键、Bi—S 键和 As—S 键的电荷密度
都比周围其他的 Pb—S 键的电荷密度大，具有较强的电荷密度重叠区，表明除

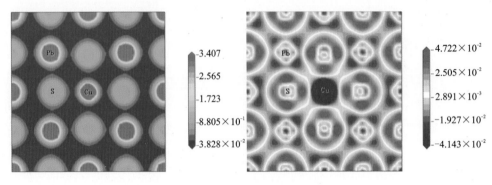

图 3 − 32　含铜杂质方铅矿的电荷密度图和差分电荷密度图

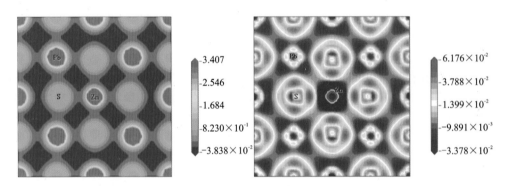

图 3 − 33　含锌杂质方铅矿的电荷密度图和差分电荷密度图

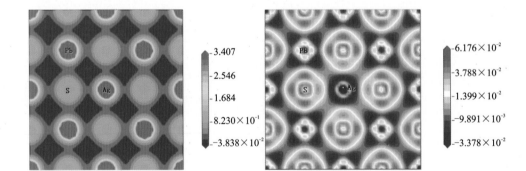

图 3 − 34　含银杂质方铅矿的电荷密度图和差分电荷密度图

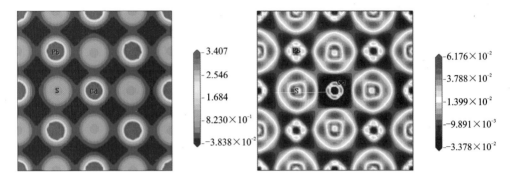

图 3 - 35   含镉杂质方铅矿的电荷密度图和差分电荷密度图

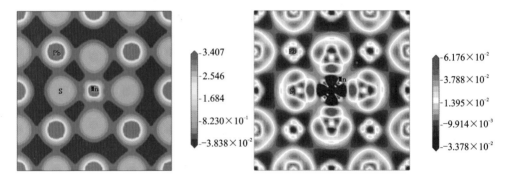

图 3 - 36   含锰杂质方铅矿的电荷密度图和差分电荷密度图

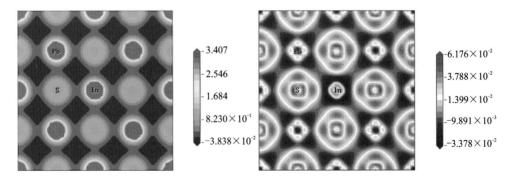

图 3 - 37   含铟杂质方铅矿的电荷密度图和差分电荷密度图

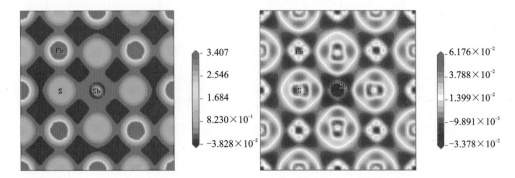

图 3 - 38   含锑杂质方铅矿的电荷密度图和差分电荷密度图

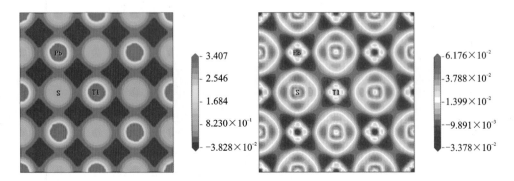

图 3 - 39   含铊杂质方铅矿的电荷密度图和差分电荷密度图

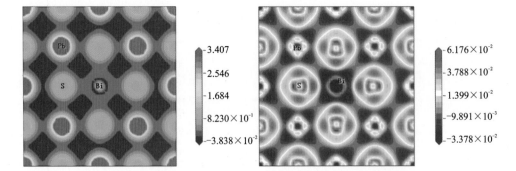

图 3 - 40   含铋杂质方铅矿的电荷密度图和差分电荷密度图

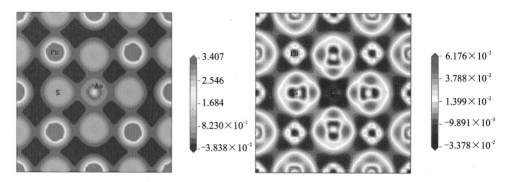

图 3 – 41　含砷杂质方铅矿的电荷密度图和差分电荷密度图

Tl—S 键外，其余键的共价性都大于 Pb—S 键。从差分电荷密度图上可以看出，杂质原子周围的电荷密度分布发生了较大变化。铟、锑、铋和砷杂质原子与硫原子之间的电子得失明显高于周围铅—硫原子之间，而铊—硫之间的电子缺失少于铅—硫原子之间，表明铟、锑、铋和砷杂质与硫原子之间的电子共价相互作用更强，而铊与硫之间的共价作用变弱。

3.9.2.2　杂质对闪锌矿的影响

图 3 – 42 至图 3 – 46 分别是含锰、铁、钴、镍和铜杂质闪锌矿的电荷密度图和差分电荷密度图。从电荷图上可以看出，Mn—S 键、Fe—S 键、Co—S 键、Ni—S 键和 Cu—S 键的电荷密度都比周围其他的 Zn—S 键的电荷密度大，具有较强的电荷密度重叠区，表现为共价键的性质，其中，Fe—S 键的电荷密度最强，这些结果与布居分析的结果一致。另外，从差分电荷密度图上也可以看出，杂质原子周围的电荷密度分布发生了较大变化，杂质在周围"p 轨道形状区域"聚集电荷，而在"d 轨道形状区域"损失电荷。

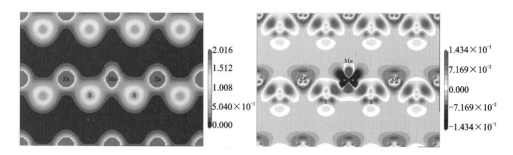

图 3 – 42　含锰杂质闪锌矿的电荷密度图和差分电荷密度图

图 3 – 47 至图 3 – 48 分别是含镉和汞杂质闪锌矿的电荷密度图和差分电荷密度

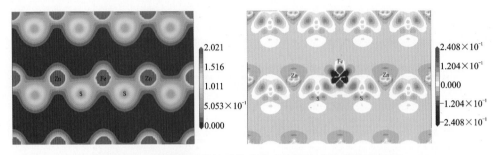

图 3 - 43　含铁杂质闪锌矿的电荷密度图和差分电荷密度图

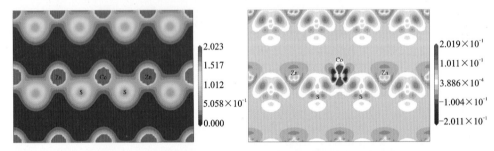

图 3 - 44　含钴杂质闪锌矿的电荷密度图和差分电荷密度图

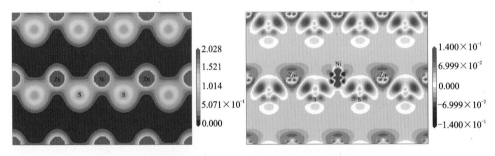

图 3 - 45　含镍杂质闪锌矿的电荷密度图和差分电荷密度图

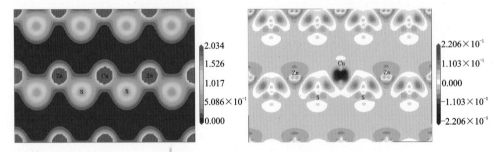

图 3 - 46　含铜杂质闪锌矿的电荷密度图和差分电荷密度图

图。从电荷密度图上可以看出，Cd—S 键和 Hg—S 键的电荷密度低于周围 Zn—S 键的电荷密度，即电荷密度重叠区减弱，说明 Cd—S 键和 Hg—S 键比 Zn—S 键弱。但是从 Cd—S 键和 Hg—S 键的电荷密度来看，它明显高于背景值，所以 Cd—S 键和 Hg—S 键仍然是共价键。镉和汞原子与锌原子具有相似的电荷分布特征，这主要是因为它们是同族元素，具有相似的电子构型。从差分电荷密度图中还可以看出，Cd—S 键和 Hg—S 键之间红色和蓝色明显弱于周围其他 Zn—S 键的红色和蓝色，这就表明 Cd—S 键和 Hg—S 键之间的电荷得失明显要低于周围其他的 Zn—S 键的电荷得失，显示出 Cd—S 键和 Hg—S 键的电荷密度重叠区弱于其他 Zn—S 键的电荷密度重叠区，说明 Cd—S 键和 Hg—S 键要比 Zn—S 键弱。

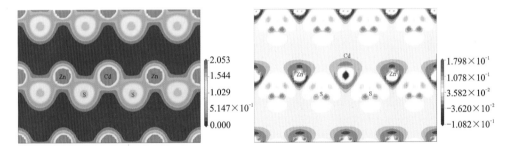

图 3 - 47　含镉杂质闪锌矿的电荷密度图和差分电荷密度图

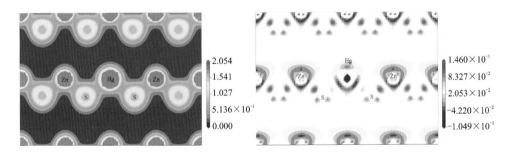

图 3 - 48　含汞杂质闪锌矿的电荷密度图和差分电荷密度图

　　图 3 - 49 至图 3 - 52 分别是含镓、锗、铟和银杂质闪锌矿的电荷密度图和差分电荷密度图。从图上可以看出，Ga—S 键、Ge—S 键、In—S 键和 Ag—S 键的电荷密度明显低于周围 Zn—S 键的电荷密度，表明它们的键强明显弱于 Zn—S 键的键强。另外，从差分电荷密度图上也可以看出，杂质原子的电荷分布发生了明显的变化，图上红蓝颜色的等高线明显显示出杂质原子与硫原子之间的电荷得与失比较弱，说明杂质原子与硫形成的键的键强要弱于其他 Zn—S 键的键强。

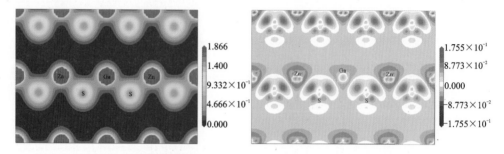

图 3 – 49　含镓杂质闪锌矿的电荷密度图和差分电荷密度图

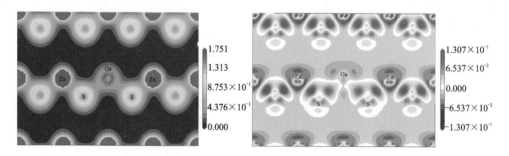

图 3 – 50　含锗杂质闪锌矿的电荷密度图和差分电荷密度图

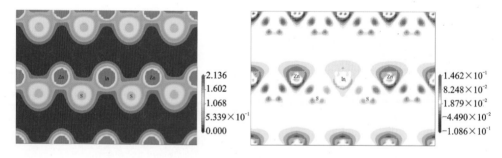

图 3 – 51　含铟杂质闪锌矿的电荷密度图和差分电荷密度图

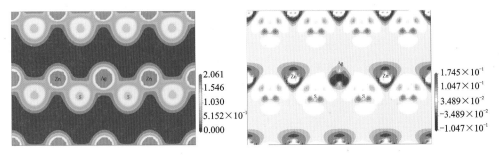

图 3 - 52　含银杂质闪锌矿的电荷密度图和差分电荷密度图

图 3 - 53 至图 3 - 55 分别为含锡、铅和锑杂质闪锌矿的电荷密度图和差分电荷密度图。从电荷密度图上可以看出，Sn—S 键、Pb—S 键和 Sb—S 键上的电荷密度明显低于其他 Zn—S 键上的电荷密度，表明它们的成键强度低于其他 Zn—S 键的强度。从差分电荷密度图上也可以看出，图中的红色和蓝色颜色区域的深浅以及形状明显反映出锡、铅和锑原子周围的电荷分布发生了明显的变化，也显示出它们与硫原子形成的键的键强要低于 Zn—S 键的强度。

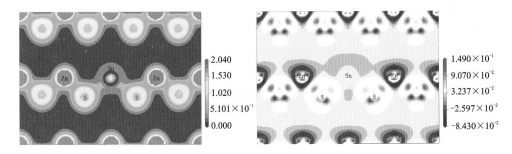

图 3 - 53　含锡杂质闪锌矿的电荷密度图和差分电荷密度图

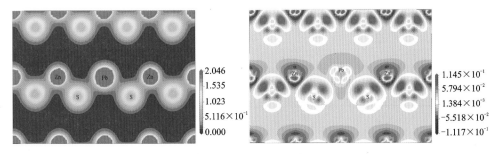

图 3 - 54　含铅杂质闪锌矿的电荷密度图和差分电荷密度图

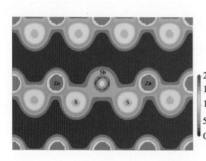

图3-55　含锑杂质闪锌矿的电荷密度图和差分电荷密度图

参考文献

[1] B Wasserstein. Precision lattice measurents of galena [J]. American Mineralogist, 1951, 36: 102 - 115

[2] K C Prince, M Matteucci, K Kuepper, S G Chiuzbaian, S Bartkowski, M Neumann. Core - level spectroscopic study of FeO and FeS_2 [J]. Physical Review B, 2005, 71(8): 085102 - 1 - 085102 - 9

[3] P Schegel, P Wachter. Optical properties, phonons and electronic structure of iron pyrite (FeS_2) [J]. Journal of Physics C: Solid State Physics, 1976, 9(17): 3363 - 3369

[4] H F Mcmurdie, M C Morris, E H Evans, et al. Methods of producing standard X - ray siffraction powder patterns from the JCPDS research associate ship [J]. Powder Diffraction, 1986, 4(1): 334 - 345

[5] P J Perdew, K Burke, M Emezerhof. Generalized gradient approximation made simple [J]. Physical Review Letters, 1996, 77(18): 3865 - 3868

[6] B Hammer, L B Hansen, J K Norskov. Improved adsorption energetics within density functional theory using revised PBE functionals [J]. Physical Review B, 1999, 59: 7413

[7] J P Perdew, J A Chevary, S H Vosko, K A Jackson, M R Pederson, D J Singh. C Fiolhais. Atoms, molecules, solids, and surfaces: Applications of the generalized gradient approximation for exchange and correlation [J]. Physical Review B, 1992, 46(11): 6671 - 6687

[8] Z Wu, R E Cohen. More accurate generalized gradient approximation for solids [J]. Physical Review B, 2006, 73(23): 235116 - 235121

[9] D M Ceperley, B J Alder. Ground state of the electron gas by a stochastic method [J]. Physical Review Letters, 1980, 45(7): 566 - 569

[10] J P Perdew, A Zunger. Self - interaction correction to density - functional approximations for many - electron systems [J]. Physical Review B, 1981, 23(10): 5048 - 5079

[11] F Iori, E Degoli, R Magri, I Marri, G Cantele, D Ninno, F Trani, O Pulci, S Ssicini.

Engineering silicon nanocrystals: Theoretical study of the effect of codoping with boron and phosphorus [J]. Physical Review B, 2007, 76: 085302 - 1—085032 - 14

[12] 陈建华. 电化学调控浮选半导体能带理论及其在有机抑制剂中的应用研究[D]. 中南大学博士论文, 1999

[13] 陈建华, 王櫑, 陈晔, 李玉琼, 郭进. 空位缺陷对方铅矿电子结构及浮选行为影响的密度泛函理论研究. 中国有色金属学报, 2010, 20(9): 1815 - 1821

[14] Ye Chen, Jianhua Chen, Lihong Lan, Meijing Yang. The influence of the impurities on the flotation behaviors of synthetic ZnS[J]. Minerals Engineering, 2012, (27 - 28): 65 - 71

[15] Jianhua Chen, Lei Wang, Ye Chen, Jin Guo. A DFT study on the effect of natural impurities on the electronic structures and flotation behavior of galena[J]. International Journal of Mineral Processing, 2011, 98: 132 - 136

[16] Ye Chen, Jianhua Chen, Jin Guo. A DFT study of the effect of lattice impurities on the electronic structures and floatability of sphalerite[J]. Minerals Engineering, 2010, 23: 1120 - 1130

[17] Yuqiong Li, Jianhua Chen, Ye Chen, Jin Guo. Density functional theory study of the influence of impurity on electronic properties and reactivity of pyrite[J]. Transactions of Nonferrous Metals Society of China, 2011, 21: 1887 - 1895

[18] M Birkholz, S Fiechter, A Hartmann, H Tributsch. Sulfur deficiency in iron pyrite (FeS$_{2-x}$) and its consequences for band - structure models [J]. Physical Review B, 1991, 43(14): 11926 - 11936

第4章 晶格缺陷对硫化矿物
表面结构和性质的影响

矿物浮选是一个界面过程，药剂分子的吸附和电子转移都是在矿物界面发生和完成，而矿物表面结构和性质是构成浮选界面的基础。不同的矿物表面具有不同吸附能力，从而形成矿物浮选行为的差异。另外，同一种矿物不同晶面也具有不同的吸附能力，如辉钼矿，层面疏水和棱面亲水性不同；又如黄铁矿，不同晶面，其表面暴露出的硫原子和铁原子完全不同。大量的研究表明晶格缺陷趋向于在表面最外层形成，具有缺陷的表面往往具有更强的活性，吸附能力更强，对浮选影响更加显著。

矿物晶体表面由于键的断裂，表面原子配位处于不平衡状态，导致矿物表面结构发生重构，即表面原子弛豫，弛豫后的表面原子结构会发生位移，形成所谓的表面结构。在电子性质方面，由于周期性 bloch 函数在表面的不连续，导致表面电子性质发生变化，而晶格缺陷的存在会加强这种函数的不连续性和突变性。Tamm 于 1932 年提出晶体存在自由表面时就会在能隙中产生表面电子态能级，即电子的 Tamm 表面态；Schockley 于 1939 年提出共价晶体表面的悬挂键在能隙中产生表面电子态，即 Schockley 表面态。数学证明表面能级对应的波矢是一个复数形式，因此该能级不可能在无限晶体的许可能带中，只能位于禁带(能隙)中。当晶体表面出现缺陷时，缺陷能级大部分位于禁带中，因此缺陷对矿物晶体表面能级贡献非常明显，从而显著改变表面性质，这也是表面缺陷能够作为吸附活性中心的原因之一。

4.1 硫化矿物表面结构模型

矿物表面解理后会出现不同的弛豫情况，甚至表面产生重构现象，本研究选取了自然界常见的方铅矿(100)解理面、闪锌矿(110)解理面以及黄铁矿(100)解理面作为研究对象，它们的 (4×2)、(2×2)、(2×2) 表面层晶模型如图 4 - 1 所示。

表 4 - 1 和表 4 - 2 分别列出了弛豫后方铅矿和黄铁矿表面几层原子的配位数及位移，其中负号表明原子沿轴的负方向弛豫，反之则沿轴正方向弛豫。对于方铅矿表面，第一层的硫原子和铅原子向表面内部弛豫，而第二层的原子都沿 z 轴

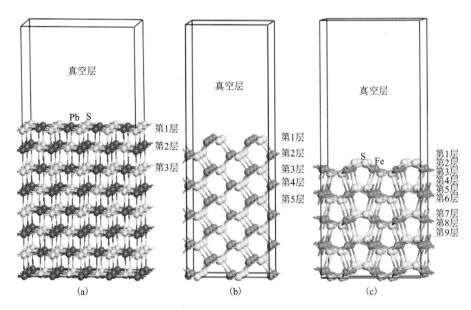

图 4 - 1　(4 × 2)方铅矿(100)面(a)、(2 × 2)闪锌矿(110)面(b)
及(2 × 2)黄铁矿(100)面(c)层晶模型

方向向表面外部弛豫，且这一层的硫原子和铅原子弛豫最为明显，第三层原子都向表面内部弛豫，且弛豫较小。在黄铁矿表面上，表面第一层 S 原子向表面内部弛豫；最明显的弛豫是第二层的表面 Fe 原子，向内部弛豫了大约 0.01 nm；第三层中的 S 原子则向表面弛豫。原子仅在顶部 3 层产生了明显的弛豫，第四至第六层原子经历了微小的位移，第七至第九层原子的弛豫可以忽略不计。

表 4 - 1　方铅矿表面原子配位及位移

原子	配位数	原子位移 /nm		
		Δx	Δy	Δz
第一层的铅原子	5	− 0.0001	− 0.0001	− 0.0082
第一层的硫原子	5	0	0	− 0.0101
第二层的铅原子	6	0	0	0.0102
第二层的硫原子	6	0.0001	− 0.0003	0.0128
第三层的铅原子	6	− 0.0001	− 0.0001	− 0.0040
第三层的硫原子	6	0	0	− 0.0060

表 4 – 2　黄铁矿表面原子配位及位移

原子	配位数	原子位移/ nm		
		Δx	Δy	Δz
第一层的硫原子	3	0.0060	– 0.0062	– 0.0035
第二层的铁原子	5	0.0065	0.0065	– 0.0090
第三层的硫原子	4	0.0021	0.0032	0.0093
第四层的硫原子	4	0.0008	0.0004	0.0003
第五层的铁原子	6	0.0005	– 0.0010	0.0014
第六层的硫原子	4	0.0003	– 0.0008	0.0003
第七层的硫原子	4	– 0.0002	0.0000	0.0004
第八层的铁原子	6	0	0.0001	0
第九层的硫原子	4	– 0.0002	0.0002	– 0.0003

　　表面弛豫计算表明，黄铁矿和方铅矿表面解理后都发生了不同程度的表面弛豫，但没有产生明显的表面重构作用，且仅有顶部 3 层原子的弛豫略微明显，更低层的原子的弛豫非常小。

　　计算得到的理想闪锌矿(110)面的结构参数以及低能电子衍射(LEED)的测试结果列于表 4 – 3。闪锌矿(110)表面单胞的侧视图见图 4 – 2，同时表 4 – 3 中的结构参数也示于图中。由表 4 – 3 可知，计算结果与实验值有较好的一致性，说明计算方法是可靠的。

表 4 –3　闪锌矿(110)表面弛豫结构参数

结构参数	$\Delta_{1,\perp}$/Å	$\Delta_{1,x}$/Å	$\Delta_{2,\perp}$/Å	$d_{12,\perp}$/Å	$d_{23,\perp}$/Å	$d_{12,x}$/Å
LEED	0.59	4.19	0.00	1.53	1.91	3.15
DFT – GGA	0.55	4.21	0.00	1.49	1.87	3.12

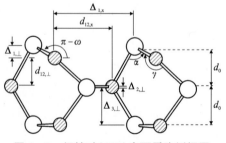

图 4 – 2　闪锌矿(110)表面原胞侧视图

4.2　空位缺陷对硫化矿物表面电子结构的影响

4.2.1　含空位缺陷闪锌矿表面的电子结构

　　图 4-3、图 4-4 和图 4-5 分别表示了理想的及含锌空位和含硫空位闪锌矿（100）表面的电子能带结构和态密度。含锌空位闪锌矿表面第一层的态密度在费米能级处出现了较明显的表面态，而第 2 层和第 3 层的态密度则没有。第 1 层态密度中出现的表面态由硫原子的 3p 态组成。含硫空位闪锌矿表面第 1 层的态密度在费米能级和导带底出现了分别由硫 3p 轨道和锌 4s 轨道组成的表面态。表面态的形成有利于电子的跃迁转移，增强电子催化活性。

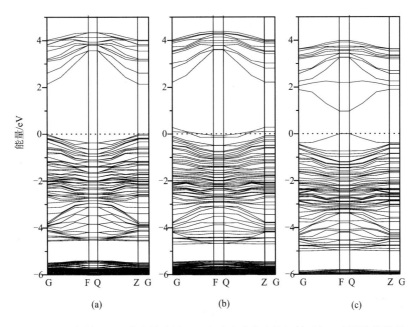

图 4-3　理想的(a)、含有锌空位(b)和硫空位(c)的闪锌矿(110)面能带结构

4.2.2　含空位缺陷黄铁矿表面的电子结构

　　图 4-6 和图 4-7 分别表示了含铁空位和硫空位缺陷黄铁矿的表面原子和表面的态密度，主要显示的是空位周围的硫和铁原子态密度，以及表面层态密度。由图可知，在含铁空位和硫空位的表面上，出现了明显的表面态，主要由 S 的 3p 态和 Fe 的 3d 态贡献。另外，表面层原子的总态密度峰由于原子数的减少而降

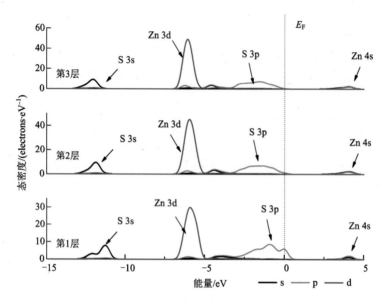

图 4-4　含锌空位闪锌矿(110)表面三层态密度

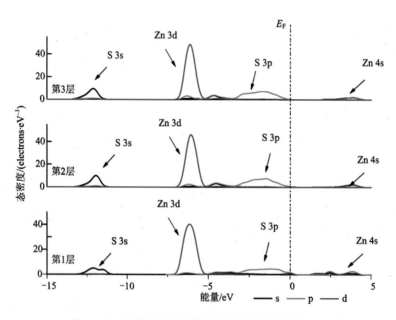

图 4-5　含硫空位闪锌矿(100)面表面三层态密度

低，并且带隙也明显减小，特别是含铁空位的表面，空位周围的 Fe 原子和 S 原子的态密度明显穿过了费米能级。这些都表明含有空位缺陷特别是铁空位缺陷的黄铁矿表面的导电性增强。

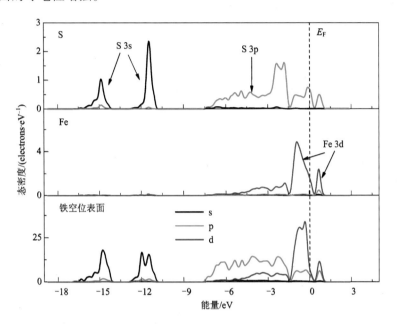

图 4-6　含铁空位缺陷黄铁矿表面原子和表面的态密度

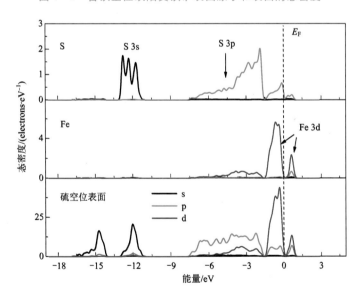

图 4-7　含硫空位缺陷黄铁矿表面原子和表面的态密度

4.2.3 含空位缺陷方铅矿表面的电子结构

图 4-8 显示了理想和含空位缺陷方铅矿表面态密度以及表面原子的态密度。由图可知，空位缺陷的存在使表面态密度发生了显著的变化。与理想方铅矿表面相比较，铅空位表面态密度向高能方向移动，在费米能级附近的态密度分布量明显增大；而硫空位表面态密度向低能量方向移动，在费米能级处出现一个新的态密度峰。比较空位表面与理想表面上的相同原子态密度变化，发现铅空位表面上的 S1 原子 3p 态在费米能级处的分布明显增多，硫原子活性增强，更容易失去 3p 轨道上的电子而与氧分子反应；在硫空位表面上，在费米能级处产生了由 Pb3 原子的 6p 态贡献的新态密度峰，铅原子活性增强，铅 6p 轨道上的电子更容易失去而与氧分子反应。

以上计算结果表明，空位缺陷的存在使表面铅和硫原子的活性增强，从而有利于浮选药剂分子与方铅矿表面的作用。

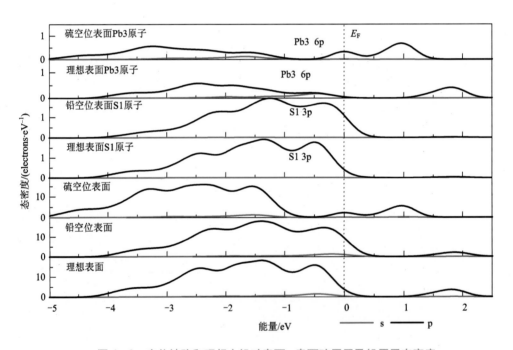

图 4-8 空位缺陷和理想方铅矿表面、表面硫原子及铅原子态密度

4.3　杂质对硫化矿物表面电子结构的影响

4.3.1　杂质对闪锌矿表面电子结构的影响

图 4-9 至图 4-11 分别显示了含铁、锰、镉闪锌矿(110)面的能带结构和态密度。闪锌矿表面含铁后费米能级向导带偏移，表面能级向深部移动，表明含铁闪锌矿较稳定，同时在禁带中靠近导带底和价带顶处出现了由 Fe 3d 轨道组成的杂质能级。锰杂质对闪锌矿表面电子结构的影响与铁杂质的影响极为相似，在禁带中靠近导带底和价带顶处出现了由 Mn 3d 轨道组成的杂质能级。镉杂质对闪锌矿能带结构的影响较小，仅在深部价带出现了由 Cd 4d 轨道组成的杂质能级。

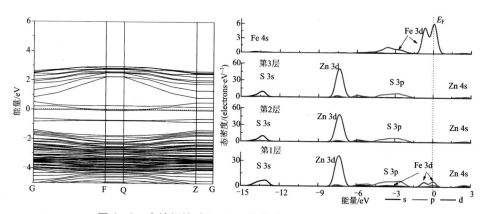

图 4-9　含铁闪锌矿(110)面能带结构和表面三层态密度

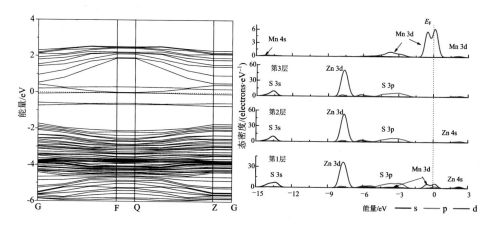

图 4-10　含锰闪锌矿(110)面能带结构和表面三层态密度

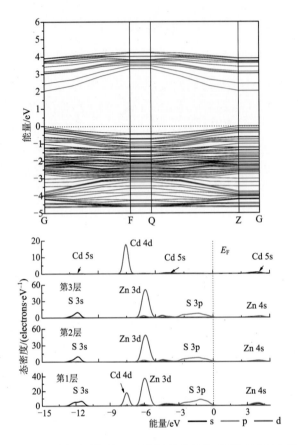

图 4-11　含镉闪锌矿(110)面能带结构和表面三层态密度

4.3.2　杂质对黄铁矿表面电子结构的影响

　　图 4-12 至图 4-15 所示为含钴、镍、铜、砷 4 种杂质的黄铁矿(100)表面态密度。表面态中出现了主要由钴、镍和铜的 3d 态以及砷的 4p 态贡献的杂质缺陷态。4 种杂质使表面层的总态密度明显穿过费米能级并且没有明显的带隙,黄铁矿表面具有似金属性质,导电性增强。

　　图 4-16 所示为杂质在黄铁矿表面上的自旋态密度,alpha 和 beta 分别表示自旋向上和自旋向下。在理想黄铁矿(100)表面上的五配位的 Fe 原子为低自旋态。Co 和 As 被预测为自旋极化态,这是因为它们的外层电子中有未成对电子,即外层电子构型分别为 $3d^7 4s^2$ 和 $4s^2 4p^3$。表面镍原子被预测为低自旋态,这与它的外层电子拥有偶数个电子的构型一致(外层电子构型为 $3d^8 4s^2$);铜的外层电子

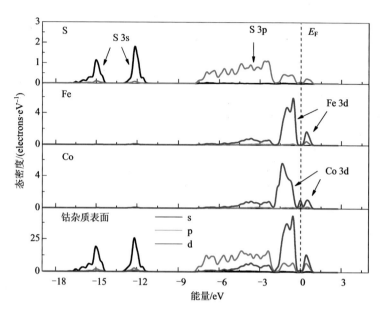

图 4 – 12　含钴杂质黄铁矿表面及原子态密度

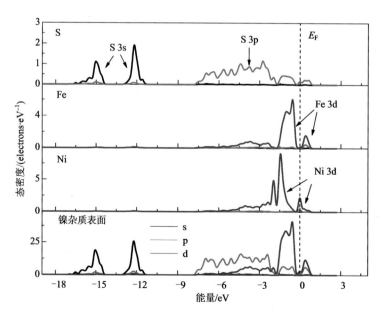

图 4 – 13　含镍杂质黄铁矿表面及原子态密度

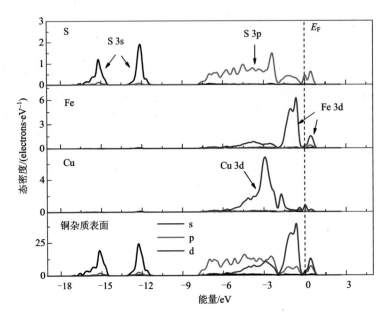

图 4-14 含铜杂质黄铁矿表面及原子态密度

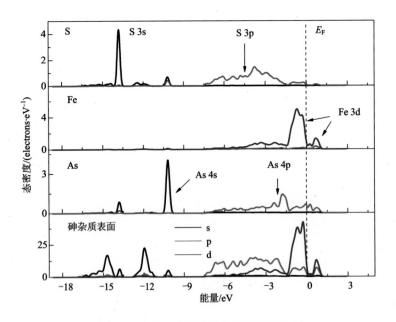

图 4-15 含砷杂质黄铁矿表面及原子态密度

构型为 $3d^{10}4s^1$，它的 d 电子为占满状态，虽然有一个单 s 电子，但它替换铁原子后失去了较多的电子并带正电荷 0.17e，比表面铁、钴和镍的电荷（分别为 +0.08、+0.08 和 +0.03）要高很多，它的价态为 Cu^{1+}，外层电子构型为 $3d^{10}4s^0$，因而呈现低自旋态。

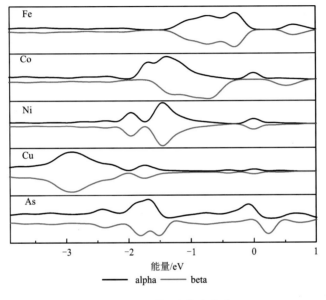

图 4-16　原子自旋态密度

4.3.3　杂质对方铅矿表面电子结构的影响

含 Cu、Zn、Ag、Bi、Mn、Sb 杂质方铅矿表面及理想表面的能带结构如图 4-17 所示。图 4-17 及图 4-18 显示了不同晶格缺陷方铅矿表面及理想表面的态密度。结合这 3 个图可以看到不同杂质存在时能带结构中的能带归属于哪个态密度峰。对比于理想的方铅矿表面，银、锌及铜杂质的存在对方铅矿的禁带宽度没有太大的影响，而且也没有改变方铅矿表面的半导体类型，能级移动的幅度很小，原有能带的位置没有发生改变。3 种杂质表面都出现了杂质级，银的杂质能级与费米能级重叠，主要由 Ag 的 4d 轨道电子提供。锌的杂质能级出现在中部价带处（-6～-7 eV），主要由 Zn 的 3d 轨道电子提供。铜的杂质能级出现在靠近费米能级的价带顶（-0.5 eV）。

而含有铋、锑及锰杂质的方铅矿表面与理想表面的能带结构相比，都出现了杂质能级。整体能级向低能方向移动，费米能级向高能方向移动，说明铋、锑及锰杂质存在时方铅矿表面的氧化性能增强，方铅矿表面半导体类型由直接带隙 p

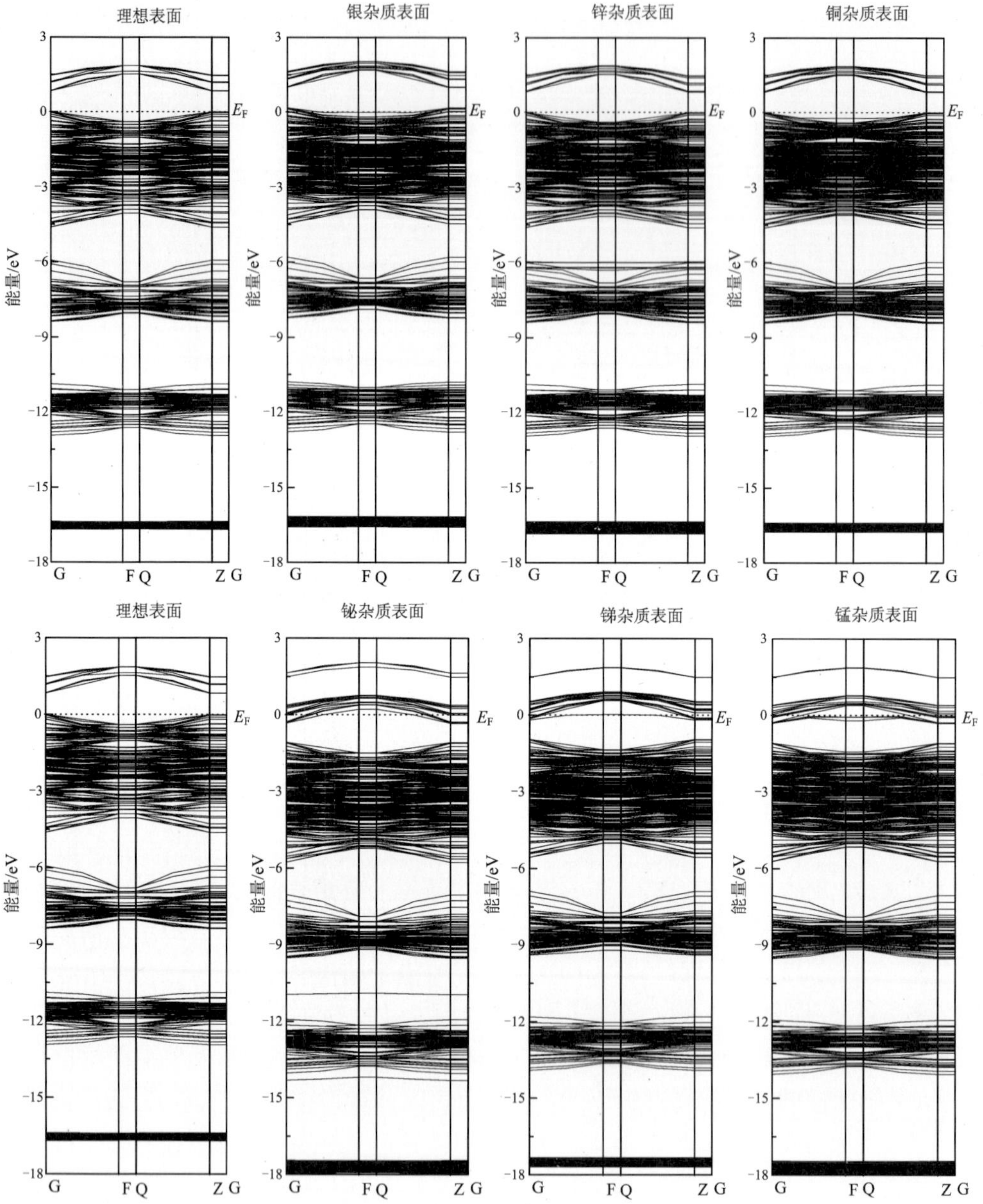

图 4 - 17　含杂质方铅矿表面与理想表面的能带结构

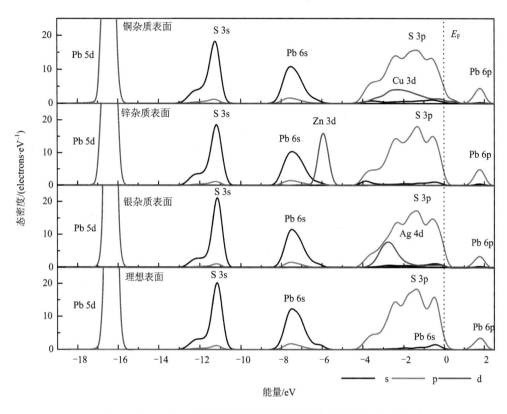

图 4 - 18　含银、锌及铜杂质方铅矿表面和理想表面的态密度

型变为直接带隙 n 型。表 4 - 4 中列出含不同杂质时方铅矿表面的半导体类型。含铋杂质的方铅矿表面能带中在导带(1 ~ 3 eV)处出现的杂质能级主要由 Bi 的 6p 轨道提供,下价带(- 12 ~ - 9 eV)及(- 15 ~ - 13 eV)处出现了杂质能级则由 Bi 的 6s 轨道提供。含锑杂质方铅矿表面的能带结构中在费米能级处及导带(1 ~ 3 eV)处出现了杂质能级主要由 Sb 的 5p 轨道提供,在中部价带(- 10 ~ - 9 eV)出现的杂质能级主要有 Sb 的 5s 轨道提供。含锰杂质方铅矿表面的能带结构中,费米能级处及导带(1 ~ 3 eV)处出现了杂质能级主要由 Mn 的 3d 轨道提供。

表 4 - 4　含不同杂质时方铅矿的半导体类型

表面结构	半导体类型
理想方铅矿表面	直接带隙 p 型
含银方铅矿表面	直接带隙 p 型

续表 4－4

表面结构	半导体类型
含铜方铅矿表面	直接带隙 p 型
含锌方铅矿表面	直接带隙 p 型
含铋方铅矿表面	直接带隙 n 型
含锑方铅矿表面	直接带隙 n 型
含锰方铅矿表面	直接带隙 n 型

由图 4－18 可知，与理想方铅矿表面相比，含银、锌及铜杂质方铅矿的态密度分布没有很大的变化，但是在含银和铜杂质方铅矿表面有 Ag 的 4d 及 Cu 的 3d 轨道都穿越了费米能级，这使得方铅矿表面的反应活性增强。而锌的 3d 轨道远离表面态，对方铅矿表面态的贡献不大，所以反应活性较含 Ag 及 Cu 杂质表面的差。

由图 4－19 可知，与理想方铅矿表面相比，含铋、锑及锰杂质方铅矿的态密

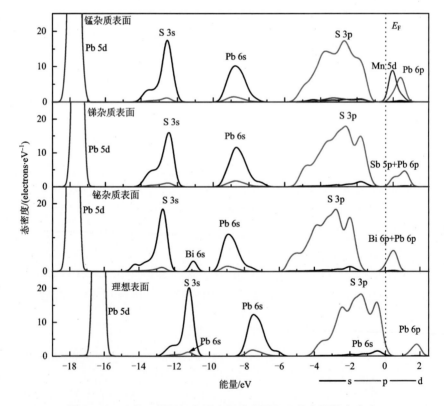

图 4－19　含铋、锑及锰杂质方铅矿表面和理想表面的态密度

度分布发生很大的变化,整体态密度向低能方向移动,表面氧化性能增强。在费米能级处出现了由杂质原子带来的态密度峰,使得这些含杂质表面反应活性比理想表面更高。在含铋杂质表面的态密度峰由 Bi 的 6p 态贡献,含锑杂质表面的态密度峰由 Sb 的 5p 态贡献,而对于含锰杂质表面的态密度峰则由其 5d 轨道贡献。

4.4　杂质对硫化矿表面电荷和键极性的影响

4.4.1　杂质对矿物表面电子分布的影响

跟浮选药剂作用密切相关的是矿物表面最外层的原子。理想闪锌矿和含铁闪锌矿(110)表面第一层的 sp 态和 d 态电子分布如表 4 – 5 所列。从表 4 – 5 中可知,对于理想闪锌矿,与闪锌矿体相的 sp 电子数(64)和 d 电子数(80)相比,表面顶层 d 电子数减少至 79.8,而 sp 电子数增加到 65.4。这是由于表面之外没有原子,从而引起电子分布适当调整,顶层电子数增加,在表面形成偶极层和相应的自洽表面势,使顶层的 d 电子略微减少,sp 电子数增多。

表 4 – 5　铁原子对闪锌矿(110)表面第一层原子的 sp 态和 d 态电子分布的影响

矿　　物	体相			(110)面第一层		
	sp	d	总电子	sp	d	总电子
理想闪锌矿	64	80	144	65.52	79.84	145.36
含铁闪锌矿	64	76	140	63.46	76.76	140.22

当闪锌矿表面含有铁杂质时,与理想闪锌矿表面电子分布变化相反,第一层 d 电子数增加 0.76,而 sp 电子则减少 0.54,表明表面铁杂质的存在能够补偿周期性势场截断而引起自洽表面势,从而改变了表面 d 态和 sp 态电子的分布。

4.4.2　杂质对矿物表面电荷的影响

含铁、锰、镉杂质的闪锌矿(110)表面第一层的原子 Mulliken 电荷如图 4 – 20 所示。闪锌矿(110)表面原子的位置有顶位和底位两种,由图可以看出,表面锌原子和硫原子在这两种位置上的 Mulliken 电荷数不同。顶位的锌原子和硫原子所带电荷分别为 0.35e 和 – 0.50e,底位的锌原子和硫原子所带电荷分别为 0.31e 和 – 0.49e。在含铁杂质的闪锌矿表面上,铁原子的电荷为 0.12e,而与铁原子相连的硫原子的电荷从 – 0.49e 变为 – 0.41e,说明硫原子得到的电子数减少了。这可以归因于铁原子的电负性(1.80)比锌原子的电负性(1.65)要大,所以铁原子吸引了更多的电子。在含锰杂质的表面上，锰原子的电荷为0.16e，而与锰原子相连的硫原子的电荷都减少了，说明硫原子得到的电子数减少了，这可能是因为锰的原子半径(1.24 Å)比锌原子小，对外层电子的束缚力更强，所以不容易失电子。镉原子的电荷为0.42e，与镉相连的硫原子的电荷增大，这是因为镉的电负性(1.69e)与锌的差不多，而镉的原子半径(1.71 Å)比锌原子的大很多，对外层电子的束缚力变弱，所以更容易失电子。

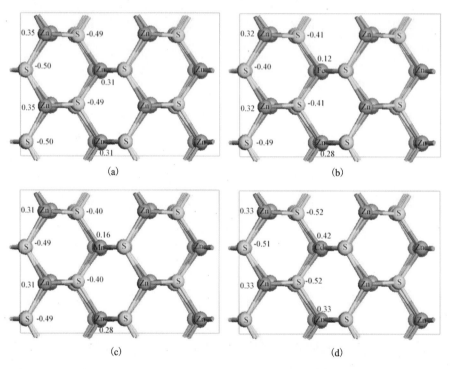

图4-20　理想(a)及含铁(b)、含锰(c)、含镉(d)闪锌矿(110)表面 Mulliken 电荷

图4-21显示了含杂质缺陷黄铁矿(100)表面的原子电荷和键的 Mulliken 布居，图中括号内的数字为原子所带电荷，键上的红色数字为键的布居。Co、Ni 和 Cu 杂质取代 Fe(图(a)中的 Fe1 位置)后，对周围 S 原子的 Mulliken 电荷没有产生明显影响，钴杂质所带的电荷与铁原子一样(0.08e)；镍杂质所带正电荷最少(0.03e)，而铜杂质所带的正电荷最大(0.17e)。As 杂质取代 S(图(a)中的 S3 位置)后，As 原子带正电荷(0.16e)，与 As 成键的 Fe 原子(Fe1 和 Fe2)所带的正电荷减少，Fe 原子得到电子，而与 As 成键的 S 原子(S5)所带的负电荷升高，S 原子也获得电子。

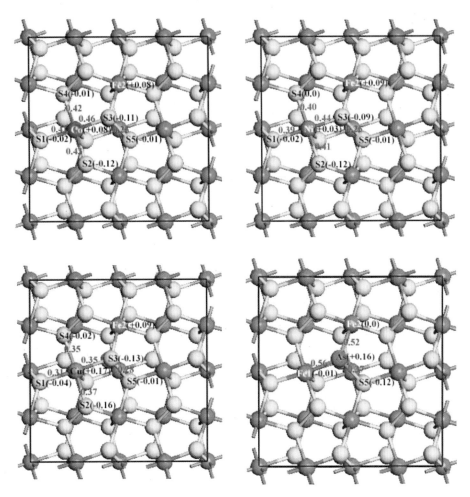

图4-21 含钴、镍、铜和砷杂质缺陷黄铁矿表面的原子电荷和键的 Mulliken 布居

图4-22显示了含杂质缺陷方铅矿表面的原子 Mulliken 电荷布居。Mn、Bi 和 Sb 杂质取代 Pb［图4-22（a）中的 Pb3 位置］后，对周围 S 和 Pb 原子的 Mulliken 电荷没有产生明显的影响，而 Ag、Zn 和 Cu 杂质的取代则使得周围 S 原子的 Mulliken 电荷明显降低，Pb1 原子的 Mulliken 电荷明显增大。所有杂质原子取代 Pb 原子后除 Bi 杂质所带的正电荷与 Pb 原子相近外，其余的都比 Pb 原子的少，其中 Ag 和 Cu 杂质所带的正电荷相近且为最小。

图 4 - 22　含杂质缺陷方铅矿表面的原子电荷 Mulliken 布居

(a)理想表面；(b)含 Mn 杂质表面；(c)含 Ag 杂质表面；(d)含 Cu 杂质表面；
(e)含 Zn 杂质表面；(f)含 Bi 杂质表面；(g)含 Sb 杂质表面

4.5　晶格缺陷对硫化矿表面电荷密度的影响

4.5.1　杂质对闪锌矿表面电荷密度的影响

图 4 - 23 和图 4 - 24 显示了含铁、锰、镉闪锌矿(110)表面的差分电荷密度。

由图可知，理想闪锌矿表面第一层原子电荷向真空区发散，且只有表面第一层和第二层的锌原子之间有电荷密度的叠加，闪锌矿表面原子间的电荷分布与体相不同。含铁、锰、镉杂质的闪锌矿表面第一层电荷都向真空区延伸，铁和锰杂质的电荷分布具有明显的方向性，而镉杂质的没有明显的方向性。铁、锰杂质的存在削弱了表面第一、二层原子间的相互作用，镉杂质的影响则较小。

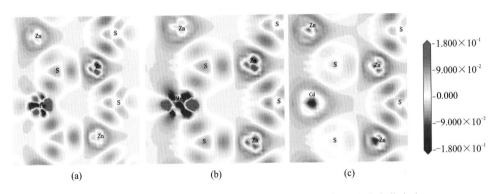

图 4 – 23　含铁(a)含锰(b)含镉(c)闪锌矿(110)表面差分电荷密度

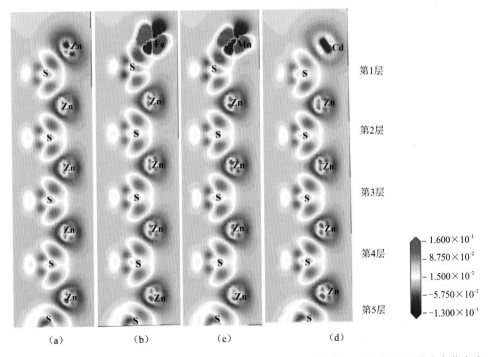

图 4 – 24　理想闪锌矿(a)及含铁(b)、含锰(c)、含镉(d)闪锌矿(110)表面五层差分电荷密度

4.5.2 杂质对黄铁矿表面电荷密度的影响

钴、镍、铜、砷杂质原子与周围原子的成键可以从电荷密度图清楚地看出来，如图 4 - 25 所示，其中背景色代表电荷密度为零，原子之间的电子密度越大键的共价性越强。由图可以看出，杂质原子与周围的硫原子之间的电子云相互重叠，表现出较强的共价相互作用。

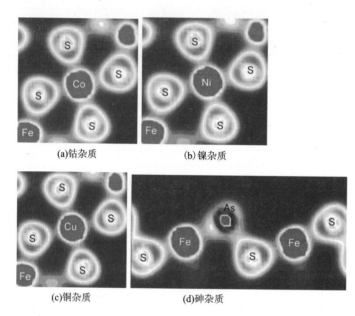

(a)钴杂质　　　　　　　　　(b)镍杂质

(c)铜杂质　　　　　　　　(d)砷杂质

图 4 - 25　含杂质缺陷黄铁矿的电荷密度图

4.5.3 杂质对方铅矿表面电荷密度的影响

含杂质缺陷方铅矿表面上不同杂质原子与其周围 S1 ~ S4 4 个硫原子的成键强弱程度很直观地从电荷密度图上反映出来。如图 4 - 26 所示，其中背景色表示电荷密度为零，两原子之间的电子密度重叠越多共价程度越强。由图可以看到杂质原子与周围硫原子的共价键均比理想方铅矿表面的 Pb 强。其中 Mn、Ag、Zn 和 Bi 均与周围的 4 个硫原子形成共价键，Cu 与 3 个硫原子成较强的共价键；而 Bi 只与表面的两个硫原子成键。电荷密度图只可以定性判断原子之间成键的强弱，表格 4 - 6 中列出了杂质原子与周围 S1 ~ S4 原子的键布居值，键的布居值越大，说明共价键越强。由表中数据比较可以获知各杂质原子与硫原子共价键强弱由大到小的顺序是：Cu > Mn > Zn > Sb > Ag > Bi。

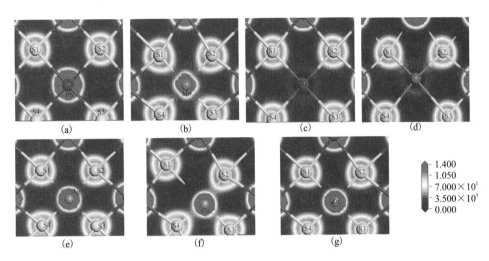

图 4 - 26　含杂质缺陷方铅矿的电荷密度图

(a)理想表面；(b)含 Mn 杂质表面；(c)含 Ag 杂质表面；(d)含 Cu 杂质表面；

(e)含 Zn 杂质表面；(f)含 Bi 杂质表面；(g)含 Sb 杂质表面

表 4 - 6　方铅矿表面杂质原子与周围 S1 ~ S4 原子之间的键布居值

杂质原子	键布居			
	S1	S2	S3	S4
Pb	0.09	0.09	0.09	0.09
Zn	0.33	0.42	0.42	0.44
Cu	—	0.54	0.39	0.52
Sb	0.35	0.33	—	—
Bi	0.16	0.18	0.12	0.11
Ag	0.22	0.22	0.22	0.22
Mn	0.44	0.44	0.44	0.44

参考文献

[1]　Chen Jianhua, Chen Ye, Li Yuqiong. Effect of vacancy defects on electronic properties and activation of sphalerite (110) surface by first - principles[J]. Transaction of Nonferrous Metals Society of China, 2010, 20(3): 502 - 506

[2] Chen Jianhua, Chen Ye, Li Yuqiong. Quantum – mechanical study of effect of lattice defects on surface properties and copper activation of sphalerite surface [J]. Transaction of Nonferrous Metals Society of China, 20(6): 1121 – 1130

[3] 陈建华，陈晔，曾小钦，李玉琼. 铁杂质对闪锌矿(110)表面电子结构及铜活化影响的第一性原理研究[J]. 中国有色金属学报, 2009, 19(8): 1517 – 1523

[4] 李玉琼，陈建华，陈晔，郭进. 黄铁矿(100)表面性质的密度泛函理论计算及其对浮选的影响[J]. 中国有色金属学报, 2011, 21(4): 919 – 926

[5] 蓝丽红. 晶格缺陷对方铅矿表面性质、药剂分子吸附及电化学行为影响的研究[D]. 广西大学博士论文, 2012

[6] 李玉琼. 晶格缺陷对黄铁矿晶体电子结构和浮选行为影响的第一性原理研究[D]. 广西大学博士论文, 2011

[7] 陈晔. 晶格缺陷对闪锌矿半导体性质及浮选行为影响的第一性原理研究[D]. 广西大学博士论文, 2009

第 5 章　晶格缺陷对硫化矿物
表面氧化的影响

　　硫化矿浮选是一个电化学过程,矿物表面的氧化对其浮选行为具有决定性的影响,硫化矿物的浮选行为与表面氧化之间存在密切的关系。已经证实捕收剂黄药在硫化矿物表面的吸附是一个电化学反应过程,黄药在硫化矿表面发生阳极氧化反应生成金属黄原酸盐或双黄药,氧分子在矿物表面发生阴极还原。因此氧分子和黄药分子在硫化矿表面形成一对共轭电化学反应。另外硫化矿无捕收剂浮选主要是通过氧化来控制矿物表面形成疏水元素硫和亲水硫酸盐,实现矿物的浮选和抑制。因而氧分子在硫化矿浮选中的作用一直是硫化矿浮选研究中最重要的理论问题之一。

　　矿物表面晶格缺陷可以作为氧分子的吸附活性中心,促进矿物表面与氧分子的作用,对硫化矿浮选具有重要的影响。如理想闪锌矿是绝缘体,不能与氧分子发生作用,也因此阻碍了黄药的电化学反应。当闪锌矿含有铜杂质时,闪锌矿表面铜杂质可作为氧分子的吸附活性中心,从而使黄药的电化学氧化反应能够顺利进行。本章主要介绍晶格缺陷对硫化矿物表面氧分子吸附方式、吸附构型、电子转移以及自旋等的影响。

5.1　氧分子在理想硫化矿物表面的吸附

5.1.1　氧分子的吸附构型

　　为了确定氧分子在黄铁矿和方铅矿表面的合理吸附方式,分别对氧分子在各个吸附位进行了优化(见图 5 - 1 和图 5 - 2)。表 5 - 1 和表 5 - 2 的吸附能结果表明,在黄铁矿表面上,氧分子在顶部硫位、平行于硫—硫键、垂直于穴位[分别见图 5 - 1(a)、(d)和(e)]吸附时的吸附能较大,而在顶部铁位、平行于铁—硫键和平躺在穴位[分别见图 5 - 1(b)、(c)、(f)和(g)]吸附时的吸附能较低,且以平躺在穴位上以一个氧原子对着顶部硫原子、另一个氧原子对着表面铁原子,图 5 - 1(g)时的吸附能最低,表明这种吸附方式最为稳定。在方铅矿表面,除氧分子以平躺于穴位且两个氧原子分别对着两个硫原子[见图 5 - 2(f)]吸附在表面时的吸附能最低,吸附最稳定,而其他吸附方式:顶部硫位、顶部铅位、平行于硫—铅键、平躺在穴位(处于铅原子之间)以及垂直于穴位[分别见图5-2(a)、(b)、(c)、(d)和(e)],氧分子吸附能都较大。

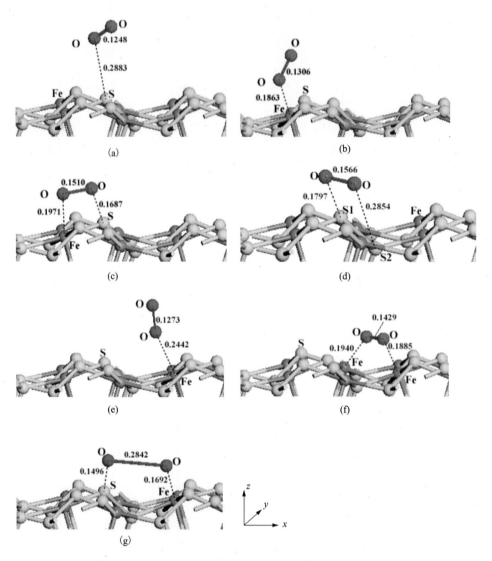

图5-1　氧分子在黄铁矿(100)面不同位置的平衡吸附构型

　　图5-1(g)和图5-2(f)分别是氧分子在黄铁矿表面和方铅矿表面吸附的稳定构型,下面以这两种稳定构型来讨论它们之间的区别。由图可见,在黄铁矿和方铅矿表面吸附后的氧分子都发生了解离,并分别与表面的原子成键。从氧分子在两种矿物表面上的最稳定吸附方式可以知道,在黄铁矿表面,氧原子分别与硫

和铁原子键合,而在方铅矿表面上,氧原子只与硫原子键合而未与铅原子键合。氧分子在黄铁矿和方铅矿表面的吸附能分别为 -2.522 eV[图 5-1(g)]和 -1.191 eV[图 5-2(f)],前者明显低于后者,表明其与黄铁矿表面的相互作用更强,在黄铁矿表面的反应活性更大,这也体现在不同表面吸附后的氧—氧键长和氧—硫键长的区别中。在黄铁矿和方铅矿表面上,氧—氧键长分别为 0.2842 nm 和 0.2698 nm,氧分子在黄铁矿表面的解离更彻底;氧—硫键长分别为 0.1496 nm 和 0.1644 nm,氧原子与黄铁矿表面的硫原子之间的键合更为紧密。从以上的分析可以知道,当氧分子吸附后,黄铁矿表面上的硫原子被氧化得更为彻底,即所带正价将更高,这与实际情况相符,即黄铁矿的阳极氧化产物主要硫组分为硫酸盐(SO_4^{2-}),而方铅矿的阳极氧化产物主要硫组分为元素硫(S^0)。这也表明黄铁矿具有较差的无捕收剂浮选特性,而方铅矿具有较好的无捕收剂浮选行为。

表 5-1　氧分子在黄铁矿(100)面的吸附能

吸附位	吸附能/eV
顶部硫位(a)	-0.311
顶部铁位(b)	-1.040
平行于铁—硫键(c)	-0.861
平行于硫—硫键(d)	-0.006
垂直于穴位(e)	-0.469
平躺在穴位 1(铁原子之间)(f)	-1.219
平躺在穴位 2(铁硫原子之间)(g)	-2.522

表 5-2　氧分子在方铅矿(100)面吸附时的吸附能

吸附位	吸附能/eV
顶部硫位(a)	-0.407
顶部铅位(b)	-0.107
平行于铅—硫键(c)	0.067
平躺在穴位 1(铅原子之间)(d)	-0.306
垂直于穴位(e)	-0.084
平躺在穴位 2(硫原子之间)(f)	-1.191

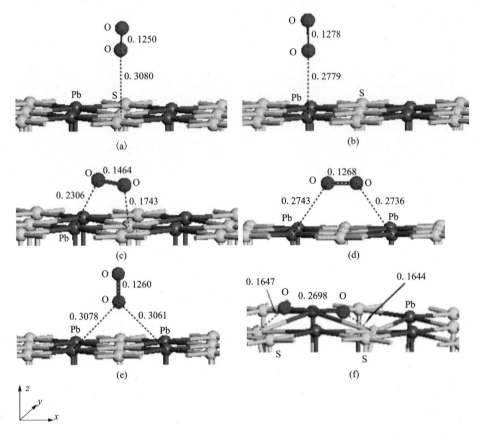

图 5-2　氧分子在方铅矿(100)面不同位置的平衡吸附构型

5.1.2　氧分子与矿物表面之间的电荷转移

图 5-3 所示为黄铁矿和方铅矿表面原子的 Mulliken 电荷,原子上的数字表示电荷值,单位为 e,显示的图为顶视图。黄铁矿(100)表面硫二聚体中的 S1 原子位于表面顶部,S2 原子位于表面底部[图 5-3(a)]。从图中可以看出,S1 原子带电荷 -0.10e,而 S2 原子带电荷 -0.02e。另外,与铁原子配位的不同方向上的硫原子所带电荷不同,处于表面底部的硫原子(S2 和 S3)所带负电荷少于表面顶部的硫原子(S4 和 S5)。表面铁原子带正电荷 0.08e。从氧分子吸附后的表面原子电荷[图 5-3(b)]可以看出,与氧成键的 S1 和 Fe1 原子失去了较多的电荷给氧原子而分别带正电荷 0.74 和 0.36e,而与 S1 成键的 O1 原子所带负电荷(-0.76e)远多于与 Fe1 原子成键的 O2 原子(-0.44e),表明氧原子从表面硫原子上获得的电荷多于从铁原子上获得的电荷。另外,除与表面顶部 S1 原子配位

的硫原子和其余铁原子(除 Fe1)得到少量电荷外，氧分子周围的其余硫原子则失
去少量电荷。氧分子吸附对更远处的表面原子的电荷影响较小。

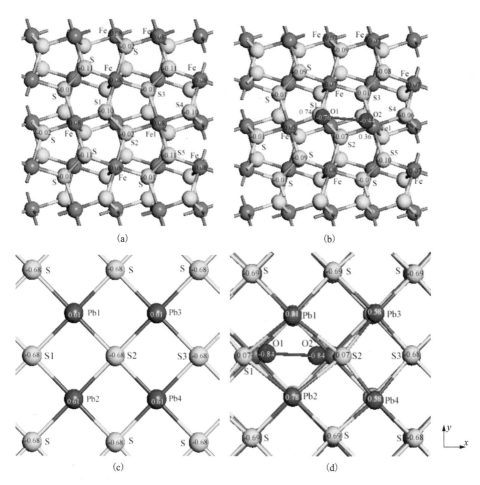

(a)　　　　　　　　　　　　　　　　(b)

(c)　　　　　　　　　　　　　　　　(d)

图 5-3　氧分子在黄铁矿(100)面和方铅矿(100)面吸附前后原子的 Mulliken 电荷

(a)黄铁矿表面；(b)吸附氧后的黄铁矿表面；

(c)方铅矿表面；(d)吸附氧后的方铅矿表面

在理想的方铅矿(100)表面上，铅原子带正电荷 0.61e 而硫原子带负电荷
-0.68e[图 5-3(c)]，氧分子吸附后对其周围原子的电荷影响较为明显。分别
与氧原子成键的 S1 和 S2 原子所带电荷已从原来的负电荷到吸附氧后略带正电荷
(0.07e)，氧对距离稍远的硫原子电荷影响很小，靠近氧原子的铅原子(Pb1 和
Pb2)失去电荷，而离氧较远的铅原子(Pb3 和 Pb4)则得到极少量的电荷，由原来
的 0.61e 变为 0.58e。另外，氧分子吸附对表面硫原子的构型产生了较为明显的

影响，与氧成键的 S1 和 S2 原子沿着 x 轴被排斥开来。

从更详细的原子电荷布居分析可以清楚地知道原子之间的电荷转移情况，表5-3和表5-4分别列出了氧分子在黄铁矿和方铅矿表面吸附前和吸附后的表面原子及氧原子的电荷布居值。由表5-3可以知道，氧分子在黄铁矿表面吸附后，与氧原子成键的 S1 原子(顶部硫)的 3s 轨道失去少量电子而 3p 轨道都失去较多电子，离氧原子稍远处的 S2 和 S3 原子的 3s 轨道电子基本没有变化但 3p 轨道失去非常少量的电子；铁原子(Fe1)的 4s 轨道电子不变，4p 轨道得到非常少量的电子，而 3d 轨道则失去了较多电子；氧原子的 2s 轨道电子没有产生变化，与 S1 成键的 O1 原子的 2p 轨道比与 Fe1 原子成键的 O2 原子的 2p 轨道得到了更多的电子。由此可知，氧分子与黄铁矿表面的反应，主要由硫原子的 3p 轨道、铁原子的 3d 轨道和氧原子的 2p 轨道参与。

表5-3　氧分子吸附前后黄铁矿表面原子及氧原子的 Mulliken 电荷布居

原子	状态	s	p	d	电荷/e
S1	吸附前	1.86	4.25	0.00	-0.01
	吸附后	1.70	3.56	0.00	0.74
S2	吸附前	1.82	4.20	0.00	-0.02
	吸附后	1.83	4.25	0.00	-0.07
S3	吸附前	1.82	4.20	0.00	-0.01
	吸附后	1.82	4.16	0.00	0.01
Fe1	吸附前	0.34	0.43	7.15	0.08
	吸附后	0.34	0.48	6.81	0.36
O1	吸附前	1.88	4.12	0.00	0.00
	吸附后	1.93	4.83	0.00	-0.76
O2	吸附前	1.88	4.12	0.00	0.00
	吸附后	1.93	4.51	0.00	-0.44

表5-4　氧分子吸附前后方铅矿表面原子及氧原子的 Mulliken 电荷布居

原子	状态	s	p	d	电荷/e
S2	吸附前	1.92	4.76	0.00	-0.68
	吸附后	1.84	4.09	0.00	0.07

原子	状态	s	p	d	电荷/e
Pb1	吸附前	1.99	1.40	10.00	0.61
	吸附后	2.00	1.19	10.00	0.81
Pb2	吸附前	1.99	1.40	10.00	0.61
	吸附后	2.00	1.22	10.00	0.78
Pb3	吸附前	1.99	1.40	10.00	0.61
	吸附后	1.98	1.44	10.00	0.58
O1	吸附前	1.88	4.12	0.00	0.00
	吸附后	1.92	4.92	0.00	– 0.84
O2	吸附前	1.88	4.12	0.00	0.00
	吸附后	1.92	4.92	0.00	– 0.84

由表 5 – 4 可以看出，氧分子在方铅矿表面吸附后，与氧原子成键的硫原子 (S2) 的 3s 轨道失去少量电子，而 3p 轨道则失去了大量的电子；氧分子周围的铅原子 (Pb1 和 Pb2) 的 6s 轨道电子基本没有变化，6p 轨道失去较多电子；离氧吸附位置稍远的铅原子 (Pb3) 的 6s 轨道电子基本没有变化，而 6p 轨道则得到少量电子。此外铅原子的 5d 轨道电子数没有变化，表明 5d 轨道电子没有参与氧气的反应。氧的 2s 轨道得到少量电子，而 2p 轨道得到较多的电子。由此可知，氧分子与方铅矿表面的反应，主要由硫原子的 3p 轨道、铅原子的 6p 轨道和氧原子的 2p 轨道参与。

从图 5 – 4 的电荷差分密度图（a）和（b）（黑色区域表示电子富集，白色区域表示电子缺失，背景色表示电子密度为零）和电荷密度图（c）和（d）可以清楚地看到，吸附后氧原子周围电子富集，而与之配位的铁原子和硫原子周围则呈电子缺失状态，氧与矿物表面的原子发生相互作用而成键，由于在表面解离成单氧状态，氧原子之间已经不成键。

5.1.3　氧分子吸附对硫化矿物表面态的影响

从前面的原子电荷布居分析可知氧分子在黄铁矿和方铅矿表面吸附的时候，主要是氧原子、硫原子和铅原子的 p 轨道以及铁原子的 d 轨道参与相互作用，因此图 5 – 5 和图 5 – 6 分别作出了氧分子吸附前后黄铁矿和方铅矿表面及表面主要参与反应的原子态密度，并考察主要参与反应的电子轨道态密度变化。氧的外层 p 轨道电子组态为：$(\sigma_{2p_z})^2 (\pi_{2p_x})^2 (\pi_{2p_y})^2 (\pi_{2p_x}^*)^1 (\pi_{2p_y}^*)^1 (\sigma_{2p_z}^*)^0$，计算结果与实际

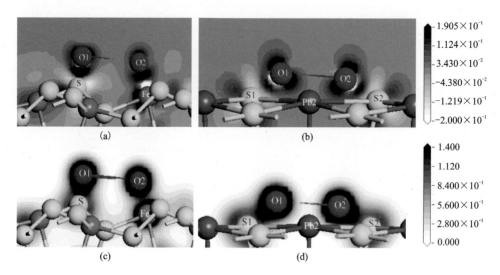

图 5-4　黄铁矿和方铅矿表面吸附氧分子后的电荷密度和差分电荷密度图

差分电荷密度：（a）黄铁矿；（b）方铅矿；电荷密度：（c）黄铁矿；（d）方铅矿

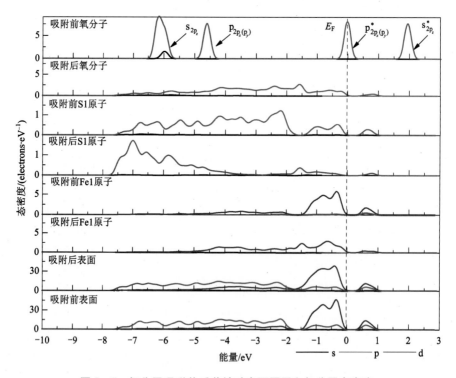

图 5-5　氧分子吸附前后黄铁矿表面原子和氧分子态密度

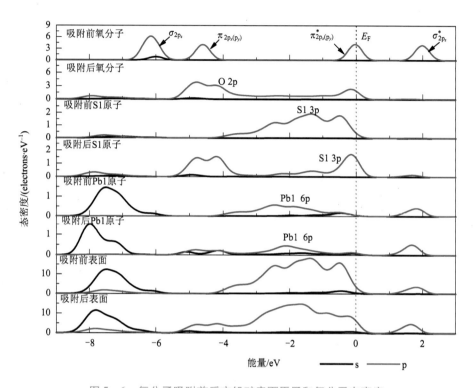

图 5 - 6   氧分子吸附前后方铅矿表面原子和氧分子态密度

一致。如图所示，在 -6 eV 和 -4.5 eV 处有一个分别由成键 σ_{2p_z} 态和 $\pi_{2p_x}(\pi_{2p_y})$ 组成的态密度峰（p_x 和 p_y 的原子轨道态密度曲线是重合的）；费米能级处的态密度则由半满的反键 $\pi^*_{2p_x}(\pi^*_{2p_y})$ 态组成；最后，在约 1.8 eV 处存在一个空反键 $\sigma^*_{2p_z}$ 态。

在黄铁矿表面，与氧成键的硫原子和铁原子的态密度发生了极为明显的变化，而氧分子本身的态密度也发生了变化，说明氧吸附对矿物表面态产生了明显的影响。下面主要通过讨论占据电子态来讨论氧分子与表面的相互作用。费米能级以下 -8 ~ 0 eV 能量范围内吸附氧的 2p 轨道电子态密度呈连续分布状态，电子非局域性增强；吸附氧后的 S1 原子在费米能级以下 -8 ~ -1.50 eV 的 3p 电子态密度峰向低能方向移动，而 -1.5 ~ 0 eV 的 3p 电子态密度明显降低；Fe1 原子的 3d 轨道电子对态密度的贡献占主要作用，吸附氧后在 -6 ~ 0 eV 形成连续分布，并且 -1.5 ~ 0 eV 的 3d 电子态密度明显降低。氧吸附对方铅矿表面也产生了明显影响。在费米能级以下 -6 ~ 0 eV 吸附后的氧 2p 轨道电子态密度呈连续分布状态，且主要集中在 -5.5 ~ 3.5 eV；S1 原子由于吸附氧导致原来处于 -4 ~ 0 eV 范围的连续 3p 电子态在 -6 ~ 0 eV 形成两个集中态，即集中在 -5 ~ -4 eV 和

−1 ~ 0 eV内；Pb1 原子的整体态密度向低能方向移动了较小距离且 6p 电子态密度明显降低(5d 轨道电子能量非常低，在氧吸附过程中没有参与反应)，−3 ~ −1 eV 的 6p 电子态由于氧吸附而几乎消失。

由态密度图可以看出，在黄铁矿表面上，氧与硫成键的时候，电子主要由硫的 3p 轨道向氧的 2p 轨道转移，与铁成键的时候，则主要由铁的 3d 轨道电子向氧的 2p 轨道转移，形成 d→p 反馈键；在方铅矿表面上，电子主要由硫和铅的 6p 轨道向氧的 2p 轨道转移，而铅的 5d 轨道由于没有参与反应，未能与氧的 2p 轨道形成 d→p 反馈键。因氧与铁之间 d→p 反馈键的形成，氧分子在黄铁矿表面的吸附将更为稳定，黄铁矿表面将被氧化得更为彻底，这与前面吸附能和键长的计算结果一致。

5.1.4　氧分子吸附对硫化矿物表面原子自旋的影响

由于矿物表面具有不饱和电子，特别是铁原子，表面原子自旋态对顺磁性氧分子的吸附具有重要的影响。矿物表面吸附氧前后的自旋结果见图 5 – 7 和图 5 – 8，图中仅显示了主要参与反应的轨道电子自旋，即 S 3p、O 2p、Fe 3d 和

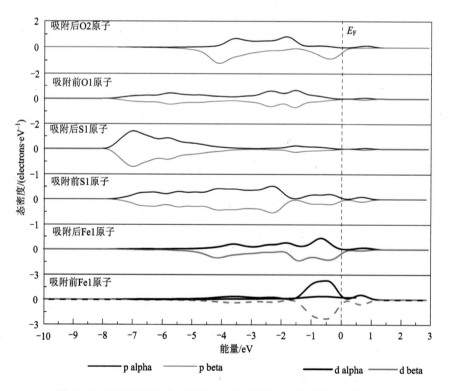

图 5 – 7　氧分子吸附前后黄铁矿表面原子和氧原子的自旋态密度

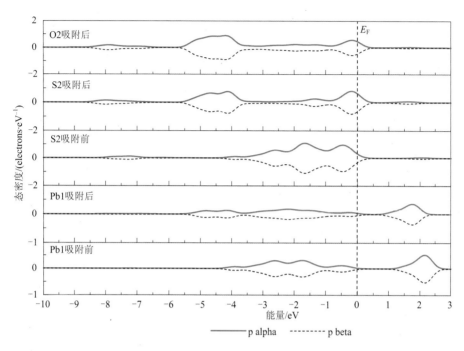

图 5 - 8　氧分子吸附前后方铅矿表面原子和氧原子的自旋态密度

Pb 6p 轨道电子，主要考察其在费米能级(E_F)附近的变化，alpha 和 beta 分别代表向上和向下自旋。由图 5 - 7 可以看出，氧分子吸附前的铁原子(Fe1)为低自旋态，吸附后产生了自旋，而与铁原子成键的氧原子(O2)也产生了自旋；吸附前后的硫原子(S1)都是低自旋态的，与硫原子成键的氧原子(O1)也为低自旋态。由图 5 - 8 可以看出，吸附前后的氧、硫和铅原子都是低自旋态的，没有产生自旋现象。从电子自旋分析可以看出，在黄铁矿表面上的氧和铁原子由于发生相互作用而产生了自旋现象，而在方铅矿表面的氧则没有发生自旋现象，具有磁性的物质之间更容易产生相互吸引，因此氧分子在黄铁矿表面的反应活性将比在方铅矿表面大。

从以上的研究可以看出，氧分子在黄铁矿和方铅矿表面具有明显不同的吸附方式：

（1）氧分子和黄铁矿作用产生了自旋，导致氧分子在黄铁矿表面的反应活性更大，而氧分子与方铅矿表面相互作用后没有产生自旋，削弱了氧分子在方铅矿表面的吸附。

（2）在黄铁矿表面上，氧与金属铁原子之间形成 d→p 反馈键，而在方铅矿表面没有反馈键形成，这也增强了氧在黄铁矿表面的吸附；黄铁矿表面氧化倾向于生成高价硫，氧化更为彻底，而方铅矿表面氧化后倾向于形成低价硫，从理论上解释了黄铁矿和方铅矿无捕收剂浮选差异的本质原因。

5.2 空位缺陷对氧分子吸附的影响

5.2.1 氧分子在含空位缺陷方铅矿表面的吸附

5.2.1.1 吸附能和吸附构型

由表5-5可知，硫空位和铅空位的形成能都大于0，说明这两种空位缺陷在常温常压下都不能自发形成，但是在成矿时往往会是高温高压的条件，所以自然界中在方铅矿表面会形成这两种空位缺陷。氧分子在含空位缺陷方铅矿表面的吸附能大小顺序为：理想表面（-114.84 kJ/mol）>铅空位（-175.63 kJ/mol）>硫空位（-303.01 kJ/mol），氧分子在空位缺陷表面的吸附能都低于在理想表面的吸附能，说明氧分子在空位缺陷方铅矿表面吸附更稳定，空位缺陷有利于方铅矿表面的氧化，其中硫空位比铅空位更有利于方铅矿表面吸附氧分子而被氧化。

表5-5 空位缺陷形成能及氧分子在含空位缺陷方铅矿(100)面的吸附能

表面结构	空位形成能/(kJ·mol⁻¹)	氧分子吸附能/(kJ·mol⁻¹)
理想方铅矿表面	—	-114.84
铅空位方铅矿表面	682.26	-175.63
硫空位方铅矿表面	627.25	-303.01

在图5-9中，标出的数字为相应两原子之间的键长。由图5-9可知，氧分子在理想方铅矿和铅空位表面吸附位置与构型相似，吸附后两个氧原子的键长分别为0.2698 nm和0.3055 nm，与自由氧分子的键长0.1241 nm相比较，氧分子都发生了解离，并与表面的硫原子成键。理想表面的氧—硫键长分别为0.1644 nm

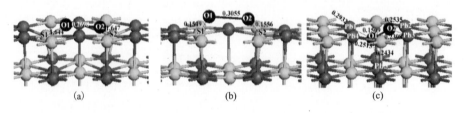

图5-9 氧分子在理想方铅矿及其空位表面(100)面的平衡吸附构型

(a)理想表面；(b)铅空位表面；(c)硫空位表面

和 0.1647 nm，铅空位表面的氧—硫键长分别为 0.1549 nm 和 0.1556 nm，表明氧原子与铅空位表面的硫原子之间的键合更为紧密，氧化更强。氧分子在硫空位表面吸附后没有发生解离，氧—氧键长为 0.1509 nm，氧原子只与铅原子键合，成键的铅原子中有表面第一层硫空位周围的 3 个铅原子（Pb2、Pb3、Pb4）和第二层硫空位对应位置下的一个铅原子（Pb5）。

从键的电荷密度图可以清楚地看到 O 原子与表面 S 和 Pb 原子之间的成键，如图 5 - 10 所示，白色表示电荷密度为零，另外图中的数字为键的 Mulliken 布居，布居值越大表明键的共价性越强，布居值越小说明键的离子性越强。从图 5 - 10（a）和（b）可以看出，在理想方铅矿和铅空位表面氧原子与硫原子之间的电子云重叠较大，表明它们之间形成较强的共价性，而铅空位表面的 O—S 键的共价性更强，键的布居值也比理想表面的大。而从图 5 - 10（c）与（d）可知，硫空位表面上的氧原子与其周围的铅原子电子云几乎没有重叠，键的布居值为零或是近似等于零，说明它们之间没有形成共价键，而是形成比较完美的离子键。

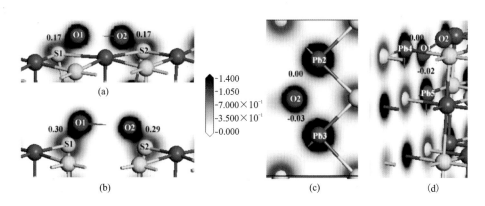

图 5 - 10　吸附氧分子后方铅矿表面的电荷密度
（a）理想表面；（b）铅空位表面；（c）硫空位表面顶位视图；（d）铅空位侧位视图

5.2.1.2　吸附的电荷分析

图 5 - 11 显示了方铅矿理想和空位表面吸附氧分子前后表面原子的 Mulliken 电荷，原子上的数字表示电荷值，单位为 e，显示图为顶视图。在理想的方铅矿（100）表面上，铅原子带正电荷 0.61e 而硫原子带负电荷 -0.68e［图 5 - 11（a）］。铅空位之后暴露出配位更低活性更高的硫原子，因此使氧分子的吸附增强。比较图 5 - 11（e）和（a）可知，硫空位的存在使得其周围的 4 个铅原子（Pb1 ~ Pb4）荷电量由 0.61e 降至 0.48e，其对周围硫原子的荷电量影响不大，说明硫空位存在使表面铅原子得到电子而使表面的正电荷值降低，表面累积的电子增多，氧分子更容易从硫空位表面获得电子，同时硫空位的产生使周围铅原子的配位降低，活性

增强，也有利于氧分子的吸附。

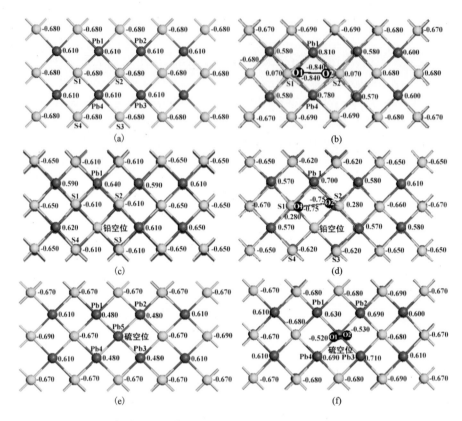

图 5 - 11　氧分子吸附前后氧原子及方铅矿表面原子的 Mulliken 电荷

(a) 理想方铅矿表面；(b) 吸附氧分子后理想方铅矿表面；(c) 铅空位方铅矿表面；(d) 吸附氧分子后铅空位方铅矿表面；(e) 硫空位方铅矿表面；(f) 吸附氧分子后的硫空位方铅矿表面

　　氧分子吸附后对其周围原子的电荷影响较为明显。由图 5 - 11(d) 可知，在铅空位表面与氧原子成键的 S1 和 S2 原子所带电荷已从原来的负电荷到吸附氧后带正电荷(0.28e)，这比起理想表面吸附氧分子后 S1 和 S2 原子所带正电荷量(0.07e)要大，说明在铅空位表面上氧与硫之间的结合更为紧密。氧对距离稍远的硫原子和铅原子电荷影响很小，靠近氧原子的铅原子 Pb1 失去少量电荷。另外，氧分子吸附对表面硫原子的构型产生了较为明显的影响，与氧成键的 S1 和 S2 原子沿着 x 轴被排斥开来。由图 5 - 11(f) 可知，氧分子在硫空位表面上吸附后与氧成键的铅原子失去较多电子，荷更高的正电荷(Pb2 和 Pb3 的荷电量由 0.48e 升至 0.69e，Pb4 由 0.48e 升至 0.71e)，而整个表面上的硫原子荷电量变化都不大。

　　从更详细的原子电荷布居分析可以清楚地知道原子之间的电荷转移情况，

表 5 - 6 至表 5 - 8 分别列出了氧分子在理想方铅矿及其空位表面吸附前和吸附后的表面原子及氧原子的电荷布居值。在理想及铅空位方铅矿表面上,氧分子吸附后,氧的 2p 轨道获得大量电子,与氧成键的硫原子(S2)的 3s 轨道失去少量电子,而 3p 轨道则失去了大量的电子;未参与成键的铅原子主要由 6p 轨道失去电子。在硫空位表面上,氧的 2p 轨道获得大量电子,与氧成键的铅原子(Pb2、Pb3、Pb4 和 Pb5)主要由 6p 轨道失去较多电子,而周围未与氧成键的铅原子(Pb1)的 6p 轨道也失去了一些电子。由此可知,氧分子与方铅矿表面的反应,主要由硫原子 3p、铅原子 6p 以及氧原子的 2p 轨道共同参与,并且电子由硫和铅 p 轨道向氧的 p 轨道转移,此外铅的 d 轨道电子没有参与反应。

表 5 - 6 理想方铅矿表面吸附氧分子前后原子的 Mulliken 电荷布居

原子	状态	s	p	d	电荷/e
O1/O2	吸附前	1.88	4.12	0.00	0.00
	吸附后	1.92	4.92	0.00	− 0.84
S1/S2	吸附前	1.93	4.75	0.00	− 0.68
	吸附后	1.84	4.10	0.00	0.07
Pb1/Pb4	吸附前	1.99	1.40	10.00	0.61
Pb1	吸附后	2.00	1.19	10.00	0.81
Pb4	吸附后	2.00	1.22	10.00	0.78

表 5 - 7 含空位缺陷方铅矿表面吸附氧分子前后原子的 Mulliken 电荷布居

原子	状态	s	p	d	电荷/e
O1/O2	吸附前	1.88	4.12	0.00	0.00
	吸附后	1.94	4.81	0.00	− 0.75
S1/S2	吸附前	1.93	4.68	0.00	− 0.61
	吸附后	1.82	3.90	0.00	0.28
S3/S4	吸附前	1.93	4.68	0.00	− 0.61
	吸附后	1.92	4.69	0.00	− 0.62
Pb1	吸附前	2.00	1.37	10.00	0.64
	吸附后	2.04	1.26	10.00	0.70

表 5 − 8　硫空位方铅矿表面吸附氧分子前后原子的 Mulliken 电荷布居

原子	状态	s	p	d	电荷/e
O1/O2	吸附前	1.88	4.12	0.00	0.00
	吸附后	1.91/1.92	4.61	0.00	− 0.52/ − 0.53
Pb1	吸附前	1.97	1.55	10.00	0.48
	吸附后	1.99	1.38	10.00	0.63
Pb2/Pb4/Pb3	吸附前	1.97	1.55	10.00	0.48
Pb2/Pb4	吸附后	1.99	1.32	10.00	0.69
Pb3	吸附后	1.98	1.30	10.00	0.71
Pb5	吸附前	1.85	1.74	10.00	0.41
	吸附后	1.88	1.32	10.00	0.80

图 5 − 12 显示了理想表面和空位表面吸附氧分子后的电荷差分密度，黑色区域表示电子富集，白色区域表示电子缺失，背景色表示电子密度为 0。由图 5 − 12 可以看到理想、铅空位及硫空位方铅矿 3 种表面吸附氧原子后，氧原子周围电子富集而与之配位的硫原子及铅原子周围则呈电子缺失状态。

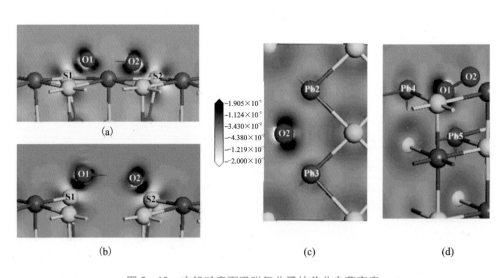

图 5 − 12　方铅矿表面吸附氧分子的差分电荷密度

(a)理想方铅矿表面；(b)含铅空位方铅矿表面；

(c)含硫空位方铅矿表面顶视图；(d)含硫空位方铅矿表面侧视图

5.2.1.3　氧分子吸附对方铅矿表面态的影响

从前面的原子电荷布居分析可知氧分子在方铅矿表面吸附的时候，主要由氧原子、硫原子和铅原子的 p 轨道参与相互作用，因此图 5 – 13 至图 5 – 15 分别作出了氧分子吸附前后理想方铅矿和空位表面态密度及主要参与反应原子的态密度。图中显示吸附前自由氧分子的态密度图在 – 6 eV 和 – 4.5 eV 处有一个分别由成键 σ_{2p_z} 态和 $\pi_{2p_x}(\pi_{2p_y})$ 组成的态密度峰，费米能级处的态密度则由半满的反键 $\pi_{2p_x}^*(\pi_{2p_y}^*)$ 态组成，约 1.8 eV 处存在一个空反键 $\sigma_{2p_z}^*$ 态，这与氧分子的外层 p 电子组态理论排布 $(\sigma_{2p_z})^2(\pi_{2p_x})^2(\pi_{2p_y})^2(\pi_{2p_x}^*)^1(\pi_{2p_y}^*)^1(\sigma_{2p_z}^*)^0$ 相一致。在理想及空位缺陷方铅矿表面上吸附后，氧分子及方铅矿表面的态密度均发生了显著的变化。氧分子的态密度整体向低能级移动，氧的 2p 轨道电子态密度在 – 6 ~ 1 eV 范围内呈连续分布状态，且主要集中在 – 5.5 ~ – 3.5 eV 和 – 1 ~ 0.5 eV 两个能量范围内。

在理想及铅空位方铅矿表面，与氧键合的 S1 和 S2 原子的态密度相同，因此在图 5 – 13 和图 5 – 14 中只显示 S1 原子的态密度。由图可知，氧分子吸附对理

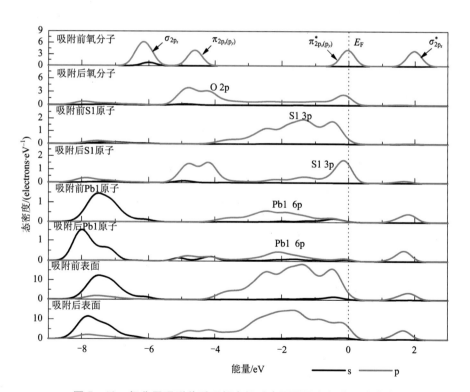

图 5 – 13　氧分子吸附前后理想方铅矿表面原子和氧分子态密度

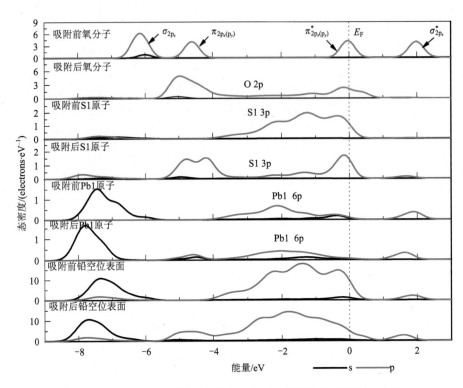

图 5-14 氧分子吸附前后铅空位方铅矿表面原子和氧分子态密度

想及铅空位方铅矿表面和表面原子的态密度影响相近, 原来处于 -4~0.5 eV 范围的连续硫(S1)3p 电子态由于氧分子吸附而在 -5 ~ -4 eV 和 -1~0 eV 能量范围内形成两个集中态, 并且硫的 3p 态与氧的 2p 态在 -0.2 eV 能量处发生较强的杂化作用。氧分子吸附后对周围铅原子的态密度也产生了一定的影响。Pb1 原子的整体态密度向低能方向移动了较小距离且 6p 电子态密度降低。

在硫空位表面上, 氧分子与表面第一层铅原子(Pb2、Pb3、Pb4)和第二层铅原子(Pb5)发生相互作用。氧分子吸附后 Pb2、Pb3、Pb4 的态密度变化非常相似, 因此在图 5-15 中只显示 Pb3 和 Pb5 原子的态密度。由图 5-15 可以看出, 由于氧分子的吸附, 表面态密度整体向高能方向移动, Pb3 和 Pb5 原子的态密度明显减少并向高能方向移动, 在费米能级处的 6p 态密度峰消失, 此外它们的 6p 态与氧的 2p 态在 -4.3 eV 能量处发生杂化。

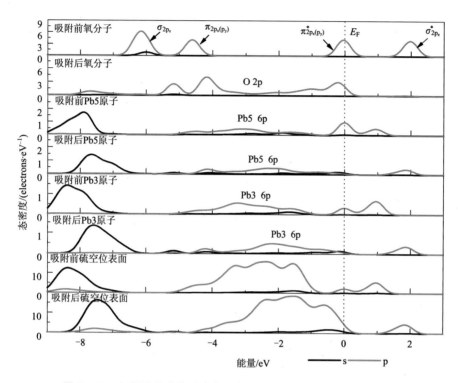

图 5 - 15　氧分子吸附前后硫空位方铅矿表面原子和氧分子态密度

5.2.2　氧分子在含空位缺陷的黄铁矿表面的吸附

5.2.2.1　吸附能和吸附构型

表 5 - 9 列出了氧分子(O_2)在含有空位缺陷黄铁矿(100)表面吸附的吸附能,并与在理想表面的吸附作了比较。由表可知,与在理想表面吸附相比(吸附能为 - 243.34 kJ/mol),铁空位缺陷的存在使氧分子在表面的吸附能升高(吸附能为 - 199.05 kJ/mol),而硫空位的存在使氧分子的吸附能降低(吸附能为 - 371.08 kJ/mol)。这表明铁空位的存在降低了黄铁矿表面对氧分子的吸附能力,铁空位减弱了氧对黄铁矿的氧化作用;而硫空位的存在增强了黄铁矿表面对氧分子的吸附能力,硫空位增强了氧对黄铁矿表面的氧化作用。这个现象可以根据硫铁比的变化来解释。铁空位的产生使表面硫铁比增大,表面硫原子密度增大,因而具有较大活性的铁位减少,所以表面对氧分子的吸附将减弱;而硫空位使表面硫铁比降低,具有较高活性的铁位密度增加,所以表面对氧的吸附增强。

表 5 - 9　空位缺陷对氧分子在黄铁矿表面吸附能的影响

表面结构	吸附能/(kJ·mol⁻¹)
理想黄铁矿表面	- 243.34
铁空位黄铁矿表面	- 199.05
硫空位黄铁矿表面	- 371.08

图 5 - 16 所示为氧分子在含有铁空位和硫空位缺陷黄铁矿表面吸附后的构型，图中的数字为键长，单位为 Å。由图可以看出，氧分子在两种空位缺陷表面吸附后完全解离了。在铁空位表面解离的两个氧原子分别与缺陷附近一个三配位的硫原子(S1)和一个二配位的硫原子(S2)成键，并且 S1—O1 和 S2—O2 原子键长分别为 1.523 Å 和 1.496 Å，接近硫酸根中的硫—氧键长。在硫空位表面解离的一个氧原子(O1)分别与空位缺陷附近的两个四配位的铁原子(Fe1 和 Fe2)成键，而另一个氧原子(O2)分别与缺陷附近的一个三配位的硫原子(S1)和一个离缺陷稍远的五配位的铁原子(Fe3)成键，Fe1—O1、Fe2—O1、Fe3—O2 和 S1—O2 的键长分别为 1.809 Å、1.815 Å、1.957 Å 和 1.614 Å。从计算结果可以看出，氧分子与硫空位缺陷表面的相互作用比在铁空位缺陷表面更大。

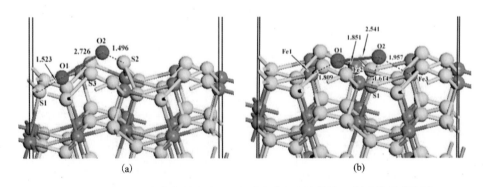

(a)　　　　　　　　　　　　　　　(b)

图 5 - 16　氧分子在含有铁空位(a)和硫空位(b)的黄铁矿表面的吸附构型

5.2.2.2　吸附的电子态密度分析

图 5 - 17 和 5 - 18 分别显示了氧分子(O₂)在铁空位和硫空位缺陷表面吸附前后表面原子的态密度，主要针对成键原子进行分析，能量零点设在费米能级处(E_F)。在空位缺陷表面吸附后的氧分子的态密度发生了明显的变化，且在两类空位缺陷表面的态密度相似，O 2p 态在 - 8 ~ 1 eV 范围内形成连续分布，电子的非局域性较未吸附前增强。表面原子的态密度受氧分子吸附影响也发生了变化。

在铁空位表面上，与氧原子成键的 S1 和 S2 原子的 3p 态变化非常明显，吸附氧分子后硫原子态密度整体向低能方向移动，表明硫原子被氧化，氧化态增强；铁空位周围未参与成键的 S3 原子在氧分子吸附前后的 3p 态密度略有减少，但不及与氧原子成键的 S1 和 S2 原子明显。O 的 2p 态和 S1 的 3p 态在 -1.4 eV 能量处发生杂化，出现了明显的杂化峰，与 S2 的 3p 态 -5.1 eV 能量处发生明显杂化。

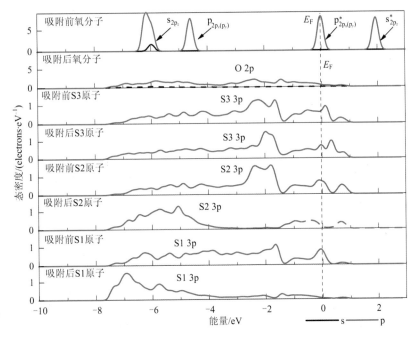

图 5-17　氧分子在含铁空位黄铁矿表面吸附前后的原子态密度

在硫空位表面上，成键的 O 的 2p 态与 S1 的 3p 态在 -1.7 eV 能量处发生了杂化，S1 原子的 3p 态整体向低能方向移动，硫原子被氧化，氧化态增强。与氧原子成键的 Fe1 和 Fe2 在氧分子吸附前后的态密度非常相似，因此只显示了其中一个原子的态密度。它的 3d 态密度减小，而另一个与氧原子成键的 Fe3 原子的 3d 态向低能方向移动，电子态密度减小，电子非局域性增强，3d 态与 O 的 2p 态在 -0.3 eV 能量处发生杂化。

对原子的 Mulliken 原子电荷布居分析可以清楚地知道氧分子和表面之间的电子转移情况。表 5-10 和表 5-11 分别显示了在铁空位和硫空位表面吸附前后氧分子与表面铁硫原子的电荷布居。

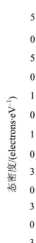

图 5 - 18　氧分子在含硫空位黄铁矿表面吸附前后的原子态密度

表 5 - 10　氧分子在铁空位黄铁矿表面吸附前后氧及表面原子的 Mulliken 电荷布居

原子	状态	s	p	d	电荷/e
S1	吸附前	1.85	4.21	0.00	- 0.06
	吸附后	1.73	3.59	0.00	0.68
S2	吸附前	1.89	4.28	0.00	- 0.17
	吸附后	1.77	3.53	0.00	0.70
S3	吸附前	1.90	4.23	0.00	- 0.13
	吸附后	1.91	4.08	0.00	0.01
Fe1	吸附前	0.35	0.44	7.10	0.11
	吸附后	0.35	0.43	7.10	0.12
O1/O2	吸附前	1.88	4.12	0.00	0.00
	吸附后	1.93	4.83	0.00	- 0.76

表 5－11　氧分子在硫空位黄铁矿表面吸附前后氧及表面原子的 Mulliken 电荷布居

原子	状态	s	p	d	电荷/e
Fe1/Fe2	吸附前	0.37	0.37	7.12	0.14
Fe1	吸附后	0.33	0.42	6.96	0.29
Fe2	吸附后	0.35	0.41	6.90	0.34
Fe3	吸附前	0.35	0.45	7.12	0.08
Fe3	吸附后	0.33	0.46	6.97	0.24
S1	吸附前	1.84	4.40	0.00	− 0.24
S1	吸附后	1.76	3.80	0.00	0.44
O1/O2	吸附前	1.88	4.12	0.00	0.00
O1	吸附后	1.89	4.70	0.00	− 0.59
O2	吸附后	1.92	4.73	0.00	− 0.65

在硫空位表面上，O 原子的 2s 态和 2p 态得到电子，且 2p 态得到较多电子；与氧原子成键的 S1 和 S2 原子的 3s 和 3p 态失去电子，并且 3p 态失去较多的电子，使得它们所带的电荷由原来的负电荷转为正电荷，且正电荷值很高（分别达 0.68e 和 0.70e）；另外，在空位缺陷周围的未参与成键的铁原子（Fe1）的 4s、4p 和 3d 态的电子在吸附前后没有发生转移，表明其未参与氧分子与表面之间的电子转移，而在空位缺陷周围的未参与成键的硫原子（S3）的 3p 态失去电子，S3 原子所带电荷由原来的 − 0.13e 变为 0.01e，参与了与表面氧分子之间的电子转移。

氧分子在硫空位缺陷表面吸附后的电子转移情况与在铁空位表面相似，即都是由 O 原子的 2s 态和 2p 态得到电子，且 2p 态得到较多电子，而与氧原子（O1）成键的铁原子（Fe1、Fe2 和 Fe3）主要由 3d 态失去电子，因此 O 与 Fe 原子之间形成 d→p 反馈键；与氧原子（O2）成键的 S1 原子的 3s 和 3p 轨道失去电子，特别是 3p 态失去了大量电子。

5.2.2.3　表面自旋分析

对空位缺陷黄铁矿表面吸附氧分子前后的成键原子的自旋态进行了分析，分别显示在图 5－19 中。由图可见，自由氧分子呈低自旋态。在铁空位表面上，与氧成键的三配位的 S1 原子在氧分子吸附前后都为低自旋态，而另一个与氧成键的二配位的 S2 原子在氧分子吸附后由弱自旋态变为低自旋态。氧分子在铁空位表面吸附前后都为低自旋态。在硫空位表面上，氧分子吸附后，与氧成键的铁原子（Fe1、Fe2 和 Fe3）都由低自旋态变为自旋极化态；与四配位的 Fe1 和 Fe2 成键的 O1 原子发生了明显的自旋极化现象，与五配位的 Fe3 成键的 O2 原子的自旋值较低，发生了较弱的自旋极化现象。铁的外层电子构型为 $3d^6 4s^2$，没有单电子存在，因而在氧吸附前没有发生自旋极化现象，而吸附氧后被氧化成氧化价态 Fe^{3+}，外层 d 电子变为单电子构型 $3d^5 4s^0$，因而呈现自旋极化态。

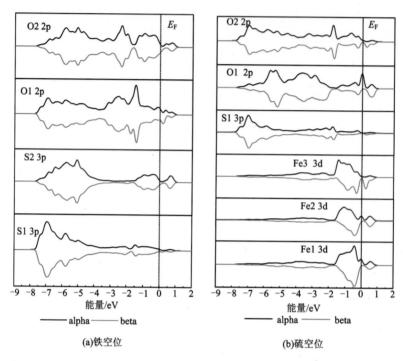

图 5 - 19　氧分子在含铁空位(a)和硫空位(b)黄铁矿表面吸附后原子的自旋态密度

5.2.3　氧分子在含空位缺陷闪锌矿表面的吸附

5.2.3.1　吸附能和吸附构型

对于理想闪锌矿，由于其禁带宽度达到 3.6 eV，是一种绝缘体，没有电化学活性，黄药和氧分子不能与其发生电化学反应，因此一般的选矿学者都认为理想闪锌矿是不能浮选。我们对理想闪锌矿(110)表面吸附氧分子的情况进行了计算模拟，吸附位置见图 5 - 20，吸附结果见表 5 - 12。结果表明氧分子在理想闪锌矿(110)表面六种不同吸附位置上的吸附能都为正值，说明理想闪锌矿表面不能与氧分子发生吸附作用，与其相匹配的黄药氧化为双黄药的阳极反应也不能发生。但天然闪锌矿都不是完美的，都存在缺陷，表面缺陷能够成为氧的吸附活性中心，从而促进氧分子的吸附。

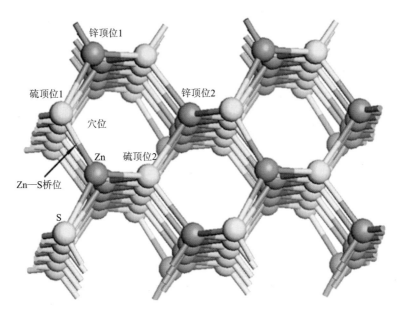

图 5 – 20　氧分子在理想闪锌矿(110)表面吸附位置示意图

表 5 – 12　氧分子在闪锌矿(110)表面的吸附能

吸附位	吸附能/(kJ·mol⁻¹)
锌顶位 1(Top Zn1)	136.05
锌顶位 2(Top Zn 2)	243.15
硫顶位 1(Top S1)	153.42
硫顶位 2(Top S2)	182.37
锌硫键桥位(Bridge Zn—S)	45.35
穴位(Hole)	76.23

氧分子在含有锌空位和硫空位的闪锌矿表面的吸附能及吸附构型参数列于表
5 – 13。吸附几何构型分别如图 5 – 21(a)和(b)所示。由表中结果可知，空位缺
陷的存在对闪锌矿表面吸附氧分子有显著促进作用，氧分子在表面的吸附能均为
负值，说明氧分子在含空位缺陷的闪锌矿表面发生了较强的化学吸附。含硫空位
表面与氧分子发生了强烈的化学吸附作用，吸附能达到了 – 408.25 kJ/mol，氧分
子与含锌空位表面的吸附作用也比较强，吸附能为 – 218.55 kJ/mol。O—O 键长
的计算结果表明，吸附后氧分子 O—O 键长相对于自由氧分子(1.224 Å)都变长

了,说明氧分子在含空位缺陷的闪锌矿表面发生了解离。由图 5 - 20 可知,氧分子在含空位缺陷的闪锌矿表面的最稳定吸附方式是在锌缺失空位和硫缺失空位吸附,氧分子中的两个氧原子分别与两端的锌原子或硫原子发生解离吸附。

表 5 - 13　氧分子在含有锌空位、硫空位的闪锌矿(110)面的吸附参数

吸附参数	锌空位表面	硫空位表面
$E_{ads}/(kJ \cdot mol^{-1})$	-218.55	-408.25
$R_{O-surface}/Å$	1.552	1.927
$R_{O—O}/Å$	1.538	1.544

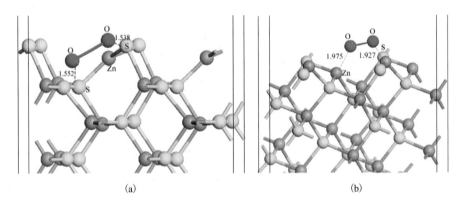

(a)　　　　　　　　　　　　(b)

图 5 - 21　氧分子在含锌空位(a)和含硫空位(b)闪锌矿(110)表面吸附后的构型

5.2.3.2　吸附的电子态密度分析

自由氧分子以及氧分子在含锌空位和硫空位缺陷的闪锌矿表面吸附前后的态密度如图 5 - 22 所示。由图可知,吸附后氧分子的态密度发生了较大改变,说明在吸附过程中氧分子与含有空位缺陷的闪锌矿(110)表面有相互作用。在含锌空位的表面吸附后,氧的 2p 轨道向低能级方向移动,其中 2p 轨道在导带中的那部分移动幅度较大,说明空轨道得到了电子。氧分子在含锌空位的闪锌矿表面吸附后,其 2p 轨道的形状变化较大,在 -5.45 eV 附近出现了一个新的峰值,且 2p 轨道整体向低能方向移动,说明氧分子参与了成键反应。

图 5 - 23 是含锌空位闪锌矿(110)表面第一层吸附前后以及氧分子吸附后的态密度。由图可知,含锌空位闪锌矿(110)表面的态密度在吸附氧分子后发生了明显变化。S 原子的 3p 轨道向价带顶发生了较大幅度的偏移,即向高能方向移动,且 3p 电子态的峰值也降低了,说明硫失去了电子。硫的 3p 态电子主要集中

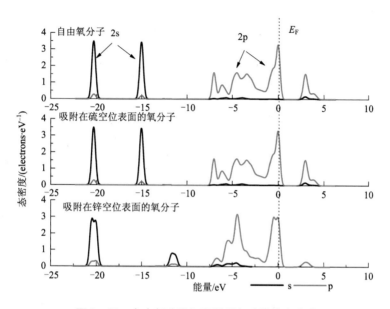

图 5 – 22　自由氧分子和吸附后氧分子的态密度

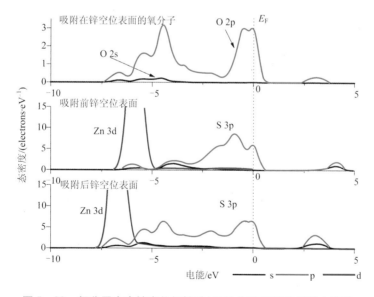

图 5 – 23　氧分子在含锌空位闪锌矿（110）表面吸附前后的态密度

在价带顶靠近费米能级处，这样将有利于电子的跃迁。吸附后，硫的 3p 轨道的态密度在 – 4.42 eV 和 – 5.42 eV 附近出现了两个新的峰值，这两个新态密度峰是由氧的 2p 轨道和硫的 3p 轨道相互作用形成的，说明氧原子与硫原子发生了较强的成键作用。同时，锌的 3d 轨道向低能方向有较大幅度偏移。可以推测，吸附键的形成主要是由于硫的 3p 轨道和氧原子的 2p 轨道之间发生的相互作用。

图 5-24 为氧分子在含硫空位闪锌矿 (110) 表面吸附前后的态密度。由图可知，氧分子吸附后锌原子的 3d 轨道分布变宽，局域性减弱。硫原子的 3p 态轨道整体向低能方向移动，且峰值降低。吸附后含硫空位的表面在导带中出现了新的态密度峰，这是由硫的 3p 轨道和氧的 2p 轨道相互作用形成的，且表面带隙明显减少，这样将有利于电子的跃迁。同时在价带部分 -7.05 eV 附近出现了由氧的 2p 轨道形成的新态密度峰，进一步说明氧原子与硫原子发生了强烈的作用。

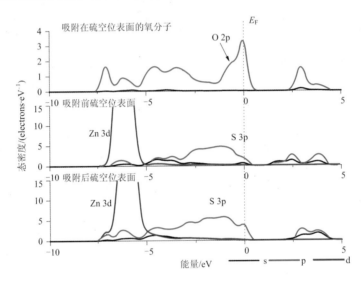

图 5-24　氧分子在含硫空位闪锌矿 (110) 表面吸附前后的态密度

5.2.3.3　吸附的 Mulliken 电荷分析

氧气在含锌空位闪锌矿表面吸附后的 Mulliken 电荷如图 5-25 所示。由图可见，吸附后两个氧原子均带负电，所带电荷分别为 -0.71e 和 -0.63e，说明氧原子得电子。同时与氧分子吸附的两个硫原子所带电荷分别由吸附前的 -0.35e 和 -0.34e 变为吸附后的 0.41e 和 0.31e，说明硫原子失电子被氧化，氧分子在含锌空位表面发生了解离吸附。

图 5-26 为氧分子在含硫空位表面吸附后的 Mulliken 电荷。由图可知，两个氧原子在含硫空位的闪锌矿表面吸附后也带负电荷，均带 -0.52e 电荷。与氧原子吸附的锌原子所带电荷分别由吸附前的 0.13e 和 0.18e 变为吸附后的 0.57e 和 0.64e。同时硫原子也失去了部分电子。闪锌矿表面主要是锌原子被氧化，两个氧原子分别从锌原子上得电子，它们之间发生了解离吸附。

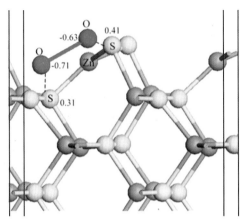

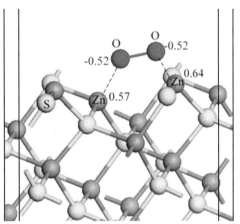

图 5 - 25　氧分子在含锌空位闪锌矿(110)
表面吸附后的 Mulliken 电荷(e)

图 5 - 26　氧分子在含硫空位闪锌矿(110)
表面吸附后的 Mulliken 电荷(e)

5.2.3.4　空位缺陷对差分电荷密度的影响

氧分子在含锌空位和硫空位的闪锌矿(110)表面吸附后的差分电荷密度分别如图 5 - 27 中(a)和(b)所示。差分电荷密度图中红色和蓝色区域分别代表电荷得与失的空间分布,红色表示得电子,蓝色表示失电子。从图上可以明显看出,氧原子在含空位缺陷的闪锌矿表面吸附后得到了电子,与氧原子作用的硫原子和锌原子都失去了电子。

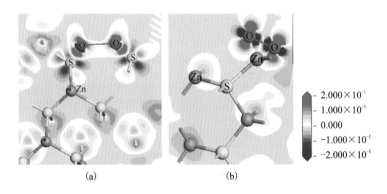

图 5 - 27　氧分子在含锌空位(a)和含硫空位(b)闪锌矿(110)表面吸附的差分电荷密度

由表 5 - 14 可以看出,与自由氧分子相比,氧分子在含锌空位闪锌矿表面吸附后,O—O 键的 Mulliken 布居数变小了,由 0.37 变为 0.02,键长由 1.24 Å 变为 2.39 Å,说明氧原子之间的电子云重叠降低,氧分子发生了解离。在含硫空位表面，O—O 键的 Mulliken 布居数由 0.37 降低到 0.16，O—O 键长增大到 1.54 Å，表明氧分子解离成了氧原子，与含硫空位表面发生了解离吸附。

表 5 – 14　氧分子在含空位缺陷的闪锌矿(110)表面吸附后的键布居分析

	键	布居值	键长/Å
自由氧分子	O—O	0.37	1.224
锌空位闪锌矿表面	O—O	0.02	2.386
	O—S1	0.40	1.538
	O—S2	0.38	1.552
硫空位闪锌矿表面	O—O	0.16	1.544
	O—Zn1	0.47	1.927
	O—Zn2	0.43	1.975

5.3　杂质原子对闪锌矿表面吸附氧分子的影响

5.3.1　氧分子吸附几何构型和吸附能

氧分子在含有杂质缺陷的闪锌矿表面的吸附能及吸附构型参数列于表 5 – 15。由表 5 – 15 可知，氧分子在含有铁、锰、铜、镉杂质的闪锌矿(110)表面的吸附能都为负值，说明杂质原子的存在导致氧分子与闪锌矿表面发生了吸附反应。其中含铁闪锌矿表面与氧分子的吸附作用最强，吸附能为 – 181.40 kJ/mol，其次是含锰和含铜闪锌矿表面，含镉闪锌矿表面与氧分子的作用最弱。O—O 键长的计算结果表明，吸附后氧分子 O—O 键长相对于自由氧分子(1.224 Å)都有不同程度的增加，O—O 键长变大说明吸附后氧分子的 O—O 键削弱程度大，有利于氧分子的进一步解离。其中氧分子在含铁杂质、锰杂质和镉杂质的闪锌矿表面都发生了解离吸附。

表 5 – 15　氧分子在含有铁、锰、铜、镉杂质的闪锌矿(110)表面的吸附能及结构参数

吸附参数	闪锌矿(110)面			
	铁杂质	锰杂质	铜杂质	镉杂质
$E_{ads}/(kJ \cdot mol^{-1})$	– 181.40	– 146.66	– 95.53	– 55.96
$R_{O-surface}/Å$	1.846	1.892	2.131	2.178
$R_{O-O}/Å$	1.516	1.535	1.228	1.491

　　氧分子在含铁、锰、铜、镉闪锌矿(110)表面吸附后的几何构型如图 5 – 28
(a)、(b)、(c)和(d)所示。由图可知,氧分子在含铁、锰、镉杂质的闪锌矿表面
的最稳定吸附方式是在 Fe—S 键,Mn—S 键,Cd—S 键上平行吸附,其中氧原子
和铁、锰原子间的吸附距离都小于 Fe—O,Mn—O 之间的共价半径之和,表明氧
分子与闪锌矿表面形成了稳定的化学键,且吸附能分别达到 – 181.40 kJ/mol 和
– 146.66 kJ/mol,同时 O—O 键长均超过了 1.490 Å,说明氧分子已经解离为过
氧根离子,氧分子在含铁和含锰的闪锌矿表面发生了较强的化学吸附作用。氧分
子在含镉闪锌矿表面吸附后,O—O 键长达到过氧根离子的键长(1.490 Å),但由
于 O 与表面的距离较远(2.178 Å),因此吸附能较小。氧分子在含铜闪锌矿表面
的最稳定吸附方式是在 Cu 的顶位垂直吸附。氧原子和铜原子间的吸附距离也小
于 Cu—O 之间的共价半径之和,O—O 键长变化不大仍然为双键,但吸附能也达
到了 – 95.53 kJ/mol,属于化学吸附。

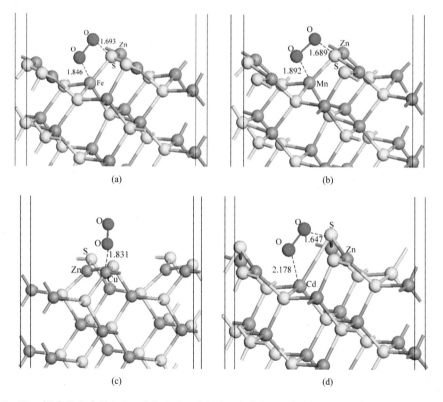

图 5 – 28　氧分子在含铁(a),含锰(b),含铜(c)和含镉(d)闪锌矿(110)表面吸附后的构型

5.3.2 氧分子与杂质原子的作用

氧分子在含杂质原子的闪锌矿表面吸附前后的态密度如图5-29所示。由图可知，吸附后氧分子的态密度发生了较大改变，说明在吸附过程中氧分子与含有晶格缺陷的闪锌矿(110)表面有相互作用。氧的2p轨道都向低能级方向移动，即氧的2p轨道得到电子，向占据态移动。其中氧分子在含铁和含锰杂质的闪锌矿表面吸附后其2p轨道局域性减弱了很多，分布变宽，说明参与了成键反应，发生了较强的化学吸附。而在含铜的闪锌矿表面吸附的氧分子的2p轨道变化不多。

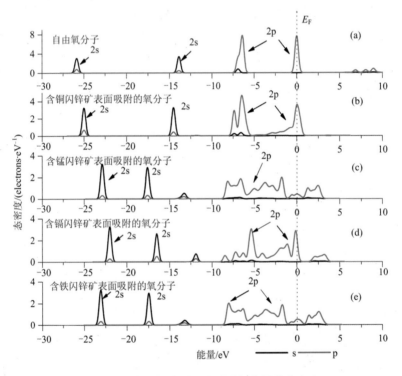

图5-29 自由氧分子和吸附后氧分子的态密度

图5-30是含铁闪锌矿(110)表面第一层吸附前后及氧分子吸附后的态密度。由图可知，含铁闪锌矿(110)表面的态密度在吸附氧分子后发生了较大改变。Fe原子的3d轨道在费米能级附近的t_g和e_{2g}两个峰值能量降低，局域性减小，尖峰变得不明显。对铁的d电子进行积分后发现，吸附后电子数从6.98减少到6.02，说明铁原子的d电子参与了反应。同时硫的3p电子态的峰值能量也降低了。铁的3d轨道和硫的3p轨道都与氧2p轨道发生了较强的作用。

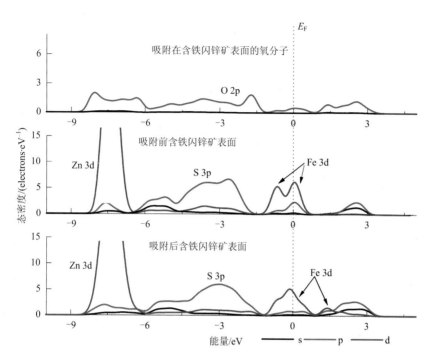

图 5-30　含铁闪锌矿(110)表面第一层吸附前后及氧分子吸附后的态密度

　　氧分子在含铁闪锌矿(110)表面吸附前后的电荷布居分析列于表 5-16。O_2 的价电子组态为 $KK(\sigma_{2s})^2(\sigma_{2s}^*)^2(\sigma_{2p})^2(\pi_{2p})^4(\pi_{2p}^*)^2(\sigma^*2p)^0$，其中反键 π^*2p 轨道只有 2 个电子，处于未占满状态，能够接受电子。吸附后氧分子中的两个氧原子的 s 轨道和 p 轨道均得到电子，其中 s 轨道得电子数较少，主要是 p 轨道得电子，说明氧主要是以 p 轨道参与反应。另外从 O_2 的价电子组态上也可以看出，氧原子只有 p 轨道上 π_{2p}^*、σ_{2p}^* 存在空轨道，可以接受电子。闪锌矿表面的铁原子主要是 d 轨道失去电子。闪锌矿表面与氧反应的硫原子主要是失去 p 电子，发生氧化。氧以反键 π_{2p}^* 轨道接受来自铁原子 d 轨道和表面硫原子的 sp 轨道提供的电子，从而形成吸附键。

　　含锰闪锌矿(110)表面第一层吸附前后及氧分子吸附后的态密度如图 5-31 所示。由图可知，含锰闪锌矿(110)表面的态密度在吸附氧分子后也发生了较大改变。Mn 原子的 3d 轨道在费米能级附近的 t_g 和 e_{2g} 两个峰值能量降低，局域性减小，尖峰变得不明显。同时，锰的部分 3d 轨道进入导带，对锰的 d 电子进行积分后发现，吸附后 d 电子数从 6.25 减少到 5.55，说明锰原子的 3d 轨道失去电子。硫的 3p 电子态的峰值能量也降低了，锰的 3d 轨道和硫的 3p 轨道都与氧 2p 轨道发生了较强的作用。

表 5-16　氧原子和含铁闪锌矿(110)面 Fe 和 S 原子吸附前后的 Mulliken 布居

原子	状态	s	p	d	总电子	电荷/e
O1	吸附前	1.88	4.12	0.00	6.00	0.00
	吸附后	1.93	4.44	0.00	6.37	−0.37
O2	吸附前	1.88	4.12	0.00	6.00	0.00
	吸附后	1.91	4.46	0.00	6.36	−0.36
Fe	吸附前	0.42	0.53	6.92	7.88	0.12
	吸附后	0.39	0.49	6.86	7.74	0.26
S	吸附前	1.85	4.55	0.00	6.40	−0.40
	吸附后	1.80	4.04	0.00	5.84	0.16

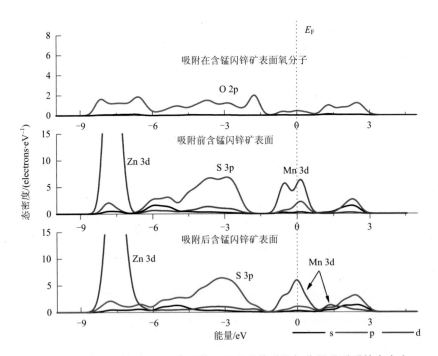

图 5-31　含锰闪锌矿(110)表面第一层吸附前后及氧分子吸附后的态密度

氧分子在含锰闪锌矿(110)表面吸附前后的电荷布居分析列于表 5 – 17。由表可知,吸附后氧分子中的两个氧原子的 s 轨道和 p 轨道均得到电子,且 p 轨道上得到的电子较多,说明氧主要是以 p 轨道参与反应。闪锌矿表面的锰原子 sp 轨道和 d 轨道均失去了电子,表面硫原子主要是 p 轨道失去较多的电子。吸附键的形成主要是由于锰原子的 d 轨道,闪锌矿表面与氧反应的硫原子主要是失去 p 电子,发生氧化。氧以反键 π_{2p}^* 轨道接受来自锰原子 sp 轨道和 d 轨道以及表面硫原子 sp 轨道提供的电子,从而形成吸附键。

表 5 – 17　氧原子和含锰闪锌矿(110)面 Mn 和 S 原子吸附前后的 Mulliken 布居

原子	状态	s	p	d	总电子	电荷/e
O1	吸附前	1.88	4.12	0.00	6.00	0.00
	吸附后	1.93	4.46	0.00	6.39	– 0.39
O2	吸附前	1.88	4.12	0.00	6.00	0.00
	吸附后	1.90	4.43	0.00	6.34	– 0.34
Mn	吸附前	0.40	0.41	6.03	6.84	0.16
	吸附后	0.36	0.38	5.97	6.71	0.29
S	吸附前	1.85	4.56	0.00	6.41	– 0.41
	吸附后	1.79	4.08	0.00	5.87	0.13

含铜闪锌矿(110)表面第一层吸附前后及氧分子吸附后的态密度如图 5 – 32 所示。由图可知,含铜闪锌矿(110)表面的态密度在吸附氧分子后发生了较大改变。Cu 原子的 3d 轨道向低能方向移动,峰值由 – 1.3 eV 偏移到 – 3 eV,对铜的 d 电子进行积分后发现,吸附后 d 电子数从 9.54 减少到 9.50,铜原子的 3d 轨道失去电子,参与成键反应。而表面硫原子的 3p 轨道则向高能方向移动了 0.25 eV。

氧分子在含铜闪锌矿(110)表面吸附前后的电荷布居分析列于表 5 – 18。由表可知,吸附后氧分子中的两个氧原子主要是 p 轨道得到电子,说明氧主要是以 p 轨道参与反应。闪锌矿表面的铜原子 sp 轨道和 d 轨道均失去了电子,表面硫原子主要是 p 轨道失去较多的电子。闪锌矿表面与氧反应的硫原子主要是失去 p 电子,发生氧化。铜原子 sp 轨道和 d 轨道以及表面硫原子 sp 轨道提供电子填入氧的反键 π_{2p}^* 轨道从而形成吸附键。

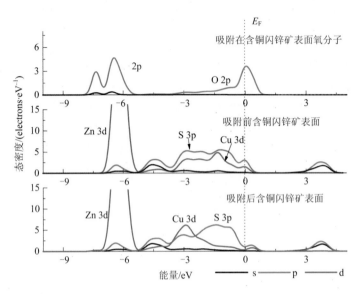

图 5 - 32　含铜闪锌矿(110)表面第一层吸附前后及氧分子吸附后的态密度

表 5 - 18　氧原子和含铜闪锌矿(110)面 Cu 和 S 原子吸附前后的 Mulliken 布居

原子	状态	s	p	d	总电子	电荷/e
O1	吸附前	1.88	4.12	0.00	6.00	0.00
	吸附后	1.90	4.22	0.00	6.12	-0.12
O2	吸附前	1.88	4.12	0.00	6.00	0.00
	吸附后	1.89	4.23	0.00	6.11	-0.11
Cu	吸附前	0.69	0.51	9.64	10.84	0.16
	吸附后	0.62	0.51	9.51	10.64	0.36
S	吸附前	1.85	4.58	0.00	6.43	-0.43
	吸附后	1.86	4.54	0.00	6.41	-0.41

　　含镉闪锌矿(110)表面第一层吸附前后及氧分子吸附后的态密度如图 5 - 33 所示。由图可知,含镉闪锌矿(110)表面吸附氧分子后,在 -5.3 eV 和 -7.0 eV 附近出现了新的态密度峰,这主要是由 O 2p 轨道组成的,说明 O 2p 轨道与硫 3p 轨道发生了相互作用。镉的 4d 轨道和硫的 3p 轨道都向低能方向移动。对镉的 d 电子进行积分后发现,吸附后 d 电子数从 9.99 减少到 9.97,说明锰原子失去部分 d 电子。

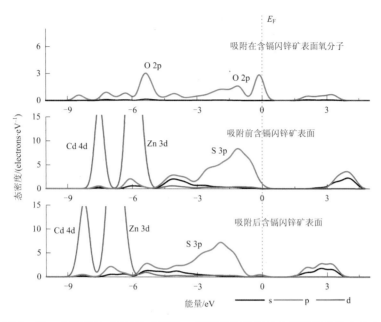

图 5 – 33　含镉闪锌矿(110)表面第一层吸附前后及氧分子吸附后的态密度

氧分子在含镉闪锌矿(110)表面吸附前后的电荷布居分析列于表 5 – 19。由表可知,吸附后氧分子中的两个氧原子的 p 轨道得到较多电子。闪锌矿表面的镉原子 sp 轨道和 d 轨道均失去了电子。闪锌矿表面与氧反应的硫原子主要是失去 p 电子,发生氧化。镉原子 sp 轨道和 d 轨道以及表面硫原子 sp 轨道提供电子填入氧的 π_{2p}^* 轨道从而形成吸附键。

表 5 – 19　氧原子和含镉闪锌矿(110)面 Cd 和 S 原子吸附前后的 Mulliken 布居

原子	状态	s	p	d	总电子	电荷/e
O1	吸附前	1.88	4.12	0.00	6.00	0.00
	吸附后	1.89	4.51	0.00	6.40	– 0.40
O2	吸附前	1.88	4.12	0.00	6.00	0.00
	吸附后	1.90	4.58	0.00	6.49	– 0.49
Cd	吸附前	0.82	0.79	9.98	11.58	0.42
	吸附后	0.79	0.74	9.97	11.49	0.51
S	吸附前	1.87	4.64	0.00	6.51	– 0.51
	吸附后	1.82	3.99	0.00	5.81	0.19

5.3.3 氧分子与矿物表面之间的电荷转移

图 5 - 34 为氧分子在含铁闪锌矿(110)表面吸附后的 Mulliken 电荷。由图可知,氧分子在含铁杂质的闪锌矿表面吸附后带负电荷,同时与氧原子作用的铁原子所带电荷由 0.12e 变为 0.26e,失去了 0.14 电荷;与氧原子吸附的硫原子的电荷由 −0.40e 变为 0.16e,说明硫原子失去电子被氧化,两个氧原子分别从铁原子和硫原子上得电子,它们之间发生了化学吸附。

图 5 - 35 为氧分子在含锰闪锌矿(110)面吸附后的 Mulliken 电荷。由图可知,氧分子在含锰杂质的闪锌矿表面吸附后也带负电荷,同时与氧原子吸附的锰原子所带电荷由 0.16e 变为 0.29e,失去了 0.13 个电子;与氧原子吸附的硫原子的电荷由 −0.41e 变为 0.13e,失去了 0.54 个电子。说明硫原子被氧化,两个氧原子分别从锰原子和硫原子上得电子,它们之间发生了化学吸附。

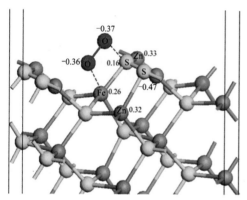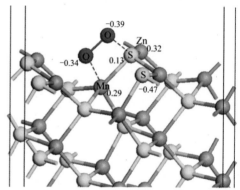

图 5 - 34　氧分子在含铁闪锌矿(110)面　　　　图 5 - 35　氧分子在含锰闪锌矿(110)面
　　　吸附后的 Mulliken 电荷　　　　　　　　　　　吸附后的 Mulliken 电荷

图 5 - 36 为氧分子在含铜闪锌矿(110)面吸附后的 Mulliken 电荷。由图可知,氧分子在含铜杂质的闪锌矿表面吸附后带负电荷,同时与氧原子作用的铜原子所带电荷由 0.16e 变为 0.36e,失去了 0.2 个电子;与氧原子吸附的硫原子的电荷由 −0.43e 变为 −0.41e,与含铁和锰的表面相比,硫原子失去的电子较少,这是因为氧原子与硫原子的距离较长,发生的吸附作用较弱。

图 5 - 37 为氧分子在含镉闪锌矿(110)面吸附后的 Mulliken 电荷。由图可知,吸附后,氧分子从含镉杂质的闪锌矿表面得电子,两个氧原子所带电荷分别为 −0.49e 和 −0.41e。同时,与氧原子吸附的镉原子所带电荷由 0.42e 变为 0.51e,失去了 0.09 电荷;与氧原子吸附的硫原子的电荷由 −0.51e 变为 0.19e,

说明硫原子失去电子，两个氧原子分别从铁原子和硫原子上得电子，它们之间发生了化学吸附。

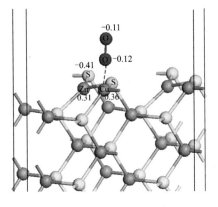

图 5-36　氧分子在含铜闪锌矿(110)面
吸附后的 Mulliken 电荷

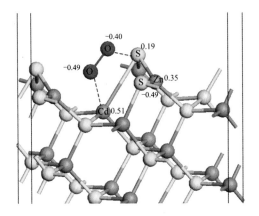

图 5-37　氧分子在含镉闪锌矿(110)面
吸附后的 Mulliken 电荷

　　氧分子在含铁、锰、铜、镉杂质的闪锌矿(110)面吸附后的差分电荷密度分别如图 5-38(a)、(b)、(c)和(d)所示。从图上可以明显看出，杂质原子铁、锰、铜、镉都失去了电子，而氧原子得到电子。

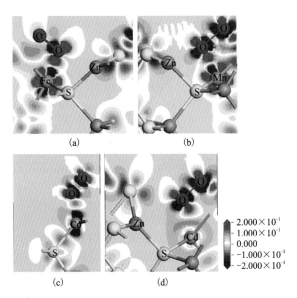

图 5-38　氧分子在含铁(a)、含锰(b)、含铜(a)
和含镉(b)闪锌矿(110)面吸附的差分电荷密度

由表 5-20 可以看出，与自由氧分子相比，氧分子在含铁、锰和镉杂质的闪锌矿表面吸附后，O—O 键的 Mulliken 布居数变小了，说明氧原子之间的电子云重叠变小，O—O 键的离子性增强。而氧分子在含铜闪锌矿表面吸附后的 O—O 键的 Mulliken 布居数略微增大，说明氧原子之间的电子云重叠变大，O—O 键的共价性增强。

表 5-20 氧分子吸附后的键布居分析

	键	布居	键长/Å
自由氧分子(O₂)	O—O	0.37	1.224
含铁闪锌矿表面	O—O	0.20	1.516
	O—S	0.23	1.692
	O—Fe	0.47	1.845
含锰闪锌矿表面	O—O	0.18	1.535
	O—S	0.22	1.689
	O—Mn	0.43	1.892
含铜闪锌矿表面	O—O	0.40	1.290
	O—S	0.16	1.913
	O—Cu	0.69	2.246
含镉闪锌矿表面	O—O	0.21	1.491
	O—S	0.33	1.646
	O—Cd	0.37	2.178

5.4 杂质原子对黄铁矿表面吸附氧分子的影响

5.4.1 氧分子吸附几何构型和吸附能

表 5-21 列出了含不同杂质黄铁矿表面吸附氧分子的吸附能数据。由表可见，氧分子在含钴、镍和铜杂质缺陷黄铁矿表面的吸附能越来越正，分别从理想黄铁矿表面的 -243.34 kJ/mol 升高到 -71.50 kJ/mol、-17.08 kJ/mol 和 8.88 kJ/mol，表明这 3 种杂质的存在大大降低了黄铁矿表面对氧分子的吸附能力，其中，含铜杂质黄铁矿表面的吸附能已经为正值，表明氧分子在其表面的吸附将非常弱。以上结果表明氧分子对含这 3 种杂质黄铁矿的氧化将减弱。另外砷杂质的存在使氧分子在表面的吸附能略微降低(-248.26 kJ/mol)，表明砷杂质的存在将会增强表面对氧的吸附能力，氧对含砷杂质的黄铁矿的氧化增强。

表 5 - 21　杂质缺陷对氧分子在黄铁矿表面吸附能的影响

表面结构	吸附能/$(kJ \cdot mol^{-1})$
理想黄铁矿表面	- 243.34
含钴黄铁矿表面	- 71.50
含镍黄铁矿表面	- 17.08
含铜黄铁矿表面	8.88
含砷黄铁矿表面	- 248.26

图 5 - 39 显示了氧分子在含有杂质缺陷表面的吸附构型。氧在钴、镍和铜缺陷表面后没有发生解离。比较理想黄铁矿和含有钴、镍和砷杂质缺陷表面上吸附氧分子后的氧—氧、硫—氧键长和金属—氧键长可以看出,氧分子在含有这 3 种杂质缺陷的黄铁矿表面的吸附减弱了,特别是氧在含有铜杂质表面的吸附最弱,吸附后的氧—氧键长最短,在钴杂质缺陷表面的氧—氧键长(1.551 Å)大于在镍杂质缺陷的表面上(1.511 Å),在铜杂质缺陷表面的氧—氧键长最短(1.492 Å),三者的值接近过氧化物中的氧—氧键长(1.49 Å)。氧分子在含有砷杂质缺陷的表面上完全解离了,氧原子分别与砷和铁原子成键,砷—氧键长为 1.657 Å,非常

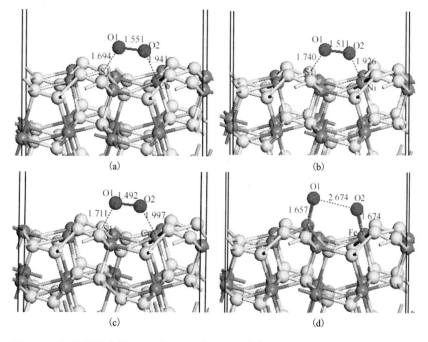

图 5 - 39 氧分子在含钴(a),镍(b),铜(c)和砷杂质(d)黄铁矿表面的吸附构型

接近砷酸中的砷—氧键长，表明砷被氧化成较高的氧化态 As^{5+}。

由以上的研究可知，氧分子对理想黄铁矿、含钴、镍、铜和砷杂质黄铁矿的氧化顺序为：砷杂质 > 理想黄铁矿 > 钴杂质 > 镍杂质 > 铜杂质。砷杂质的存在增强了氧对黄铁矿的氧化，钴、镍和铜杂质减弱了氧对黄铁矿的氧化。

5.4.2 杂质原子与吸附氧分子的相互作用

图 5 – 40 为在含钴杂质缺陷表面吸附前后的氧分子及与氧成键的钴杂质原子态密度。由 Co 的态密度可知，Co 的 3d 态与 O 的 2p 态在 −2 ~ 0 eV 能量范围内发生明显的杂化，出现了几个明显的杂化峰，导致 Co 原子的 3d 态向低能方向移动，并且电子的局域性增强，而 O 的 2p 态在 −8 ~ 0 eV 范围内形成连续分布，电子的非局域性增强。从表 5 – 22 中列出的吸附氧分子前后原子的 Mulliken 电荷布居的变化可知，反应中主要是 O 的 2p 态得到电子而 Co 的 3d 态失去电子。

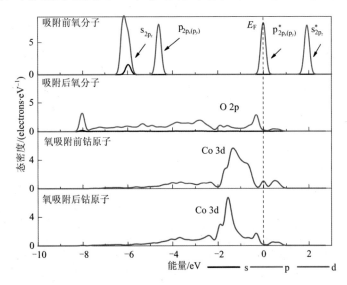

图 5 – 40　氧分子在含有钴杂质黄铁矿表面吸附前后的原子态密度

表 5 – 22　氧分子在钴杂质黄铁矿表面吸附前后原子的 Mulliken 电荷布居

原子	状态	s	p	d	电荷/e
Co	吸附前	0.42	0.51	7.99	0.08
	吸附后	0.40	0.50	7.87	0.23
O_2	吸附前	1.88	4.12	0.00	0.00
	吸附后	1.92	4.46	0.00	− 0.38

　　图 5 - 41 为在含镍杂质缺陷表面吸附前后的氧分子及镍杂质原子态密度。由镍的态密度可知，Ni 的 3d 态与 O 的 2p 态发生杂化作用，导致 Ni 原子的 3d 态向低能方向移动，并且电子的非局域性增强，而 O 的 2p 态在 - 8 ~ 0 eV 范围内形成连续分布，电子的非局域性增强。从表 5 - 23 列出的氧分子吸附前后原子的 Mulliken 电荷布居的变化可知，反应中主要是 O 的 2p 态得到电子而 Ni 的 3d 态失去电子。

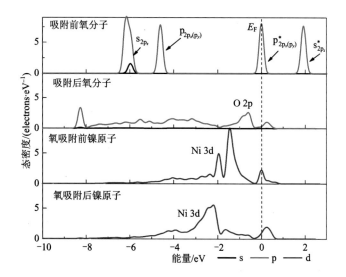

图 5 - 41　氧分子在含镍杂质黄铁矿表面吸附前后的原子态密度

表 5 - 23　氧分子在含镍杂质黄铁矿表面吸附前后原子的 Mulliken 电荷布居

原子	状态	s	p	d	电荷/e
Ni	吸附前	0.48	0.58	8.91	0.03
	吸附后	0.47	0.58	8.74	0.21
O2	吸附前	1.88	4.12	0.00	0.00
	吸附后	1.92	4.46	0.00	- 0.38

　　图 5 - 42 为在含铜杂质缺陷表面吸附前后的氧分子及铜杂质原子态密度。与 Co 和 Ni 杂质比较，氧分子吸附前后 Cu 原子的态密度变化最不明显，表明氧分子在铜杂质上的吸附不强。从表 5 - 24 中列出的吸附氧分子前后原子的 Mulliken 电荷布居的变化可知，反应中主要是 O 的 2p 态得到电子而 Cu 的 3d 态失去电子。另外，与 Co 和 Ni 杂质相比，Co 和 Ni 的 4s 轨道电子几乎没有参与反应（仅有非

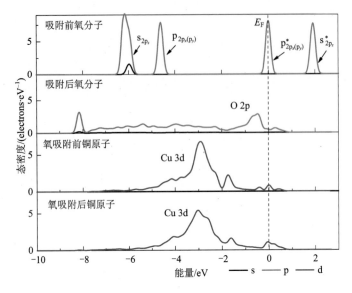

图 5–42　氧分子在含有铜杂质黄铁矿表面吸附前后的原子态密度

常少的电子失去)，而 Cu 的 4s 轨道失去了较多的电子，表明 Cu 的 4s 轨道电子也参与了氧分子的反应。这与它们的外层电子构型有关，即 Co、Ni 和 Cu 的外层电子构型分别为：$3d^7 4s^2$、$3d^8 4s^2$ 和 $3d^{10} 4s^1$，其中 Cu 的 3d 轨道被电子占满，而 Co 和 Ni 则为未满状态，表明 Co 和 Ni 的 3d 电子比 Cu 更为活跃，这可以从它们的 3d 态在费米能级附近处的差异看出来(吸附氧前的原子态密度)，即 Co 和 Ni 的 3d 态更靠近费米能级，而 Cu 的 3d 态的能量最低，离费米能级最远；另外 Cu 的 4s 轨道只有一个电子而 Co 和 Ni 为两个电子，Cu 的 4s 电子将比较活跃。这表明在反应过程中，Co 和 Ni 主要以 3d 轨道电子参与反应，而 Cu 除了 3d 轨道参与反应之外，4s 轨道的电子也将参与反应。

表 5–24　铜杂质黄铁矿表面吸附前后原子的 Mulliken 电荷布居

原子	状态	s	p	d	电荷/e
Cu	吸附前	0.61	0.55	9.67	0.17
	吸附后	0.57	0.54	9.57	0.32
O2	吸附前	1.88	4.12	0.00	0.00
	吸附后	1.91	4.51	0.00	-0.42

图 5 - 43 为在含砷杂质缺陷表面吸附前后的氧分子及砷杂质原子态密度。与 Co、Ni 和 Cu 杂质相比，As 杂质与氧作用后的 O 的 2p 电子态增多，表明 O 得电子；As 的 4p 态整体向低能方向移动，As 被氧化成高价态，氧化性增强；As 4p 态与 O 2p 态在 − 5 ~ 1eV 能量范围内发生杂化。对 Mulliken 电荷布居分析可知（表 5 - 25），O 的 2p 轨道得到大量电子，与其他 3 种杂质表面上的氧所带的负电荷相比，与 As 作用后的氧原子所带的负电荷最大，达到 − 0.72e；As 的 4s 态失去少量电子而 4p 态失去大量电子而带较高的正电(0.73e)。

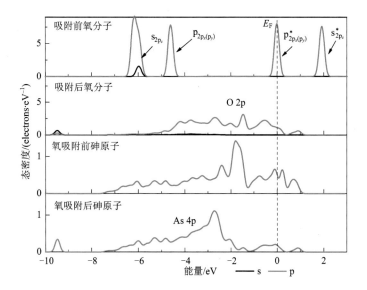

图 5 - 43　氧分子在含有砷杂质表面吸附前后的原子态密度

表 5 - 25　氧分子在砷杂质黄铁矿表面吸附前后原子的 Mulliken 电荷布居

原子	状态	s	p	d	电荷/e
As	吸附前	1.71	3.13	0.00	0.16
	吸附后	1.60	2.67	0.00	0.73
O1	吸附前	1.88	4.12	0.00	0.00
	吸附后	1.94	4.78	0.00	− 0.72

5.4.3　表面原子的自旋极化态

图 5 - 44 为含杂质黄铁矿表面吸附氧分子后的自旋极化态密度。由图可见，氧分子未吸附前，Co 和 As 原子表现出自旋极化态，这与它们的外层电子构型分

别为：$3d^7 4s^2$ 和 $4s^2 4p^3$，即都有单电子的现象一致。吸附氧后的 Co 和 As 都呈现出低自旋态，这是因为它们被氧化后分别形成的氧化价态为 Co^{3+} 和 As^{5+}，外层电子构型分别变为 $3d^6 4s^0$ 和 $4s^0 4p^0$，没有单电子存在。吸附前 Ni 的外层电子为 $3d^8 4s^2$，没有单电子存在，因而呈现低自旋态，氧分子在含有 Ni 杂质的表面吸附不强，因而对 Ni 的氧化不强，被氧化后的价态为 Ni^{2+}，外层电子构型为 $3d^8 4s^0$，也没有单电子存在，因而呈现低自旋态。另外，铜被氧化后的价态为 Cu^{2+}，外层电子构型为 $3d^{10} 4s^0$，因而呈现低自旋态。

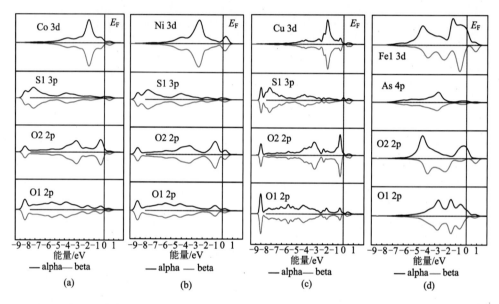

图 5-44　氧分子在含钴（a）、镍（b）、铜（c）和铁（d）杂质黄铁矿表面吸附后原子的自旋态密度

5.5　杂质原子对方铅矿表面吸附氧分子的影响

5.5.1　吸附能和吸附构型

表 5-26 列出了天然方铅矿中 6 种常见杂质方铅矿表面对氧分子的吸附能。由表 5-26 可知，氧分子在锰、银、铋、锑、铜及锌杂质缺陷方铅矿表面的吸附能依次降低，与氧在理想方铅矿表面吸附能 -114.82 kJ/mol 相比，锰杂质方铅矿表面吸附能 -80.08 kJ/mol 高于理想表面，表明锰杂质的存在削弱了氧分子在方铅矿表面的吸附能力，其余 5 种杂质表面对氧的吸附能均低于理想表面的，说明这5 种杂质的存在将会使方铅矿表面更易吸附氧分子，从而更易被氧化。

表5-26　氧分子在含杂质缺陷方铅矿表面的吸附能

表面结构	吸附能/(kJ·mol^{-1})
理想方铅矿表面	-114.82
含锰方铅矿表面	-80.08
含银方铅矿表面	-129.29
含铋方铅矿表面	-158.24
含锑方铅矿表面	-159.20
含铜方铅矿表面	-175.60
含锌方铅矿表面	-195.87

　　氧分子在含有杂质缺陷方铅矿表面的吸附构型见图5-44，图中标出的数字表示两原子之间的距离。当O—O键长值大于0.170 nm时就会发生解离。由图5-45可以看出氧分子在六种杂质缺陷方铅矿表面吸附后发生了解离。氧分子在理想方铅矿表面吸附后两氧原子之间的距离为0.2698 nm，氧原子只与表面的硫原子成键。在含有锑和铋方铅矿表面吸附后，两氧原子之间的距离稍大于理想表面，且氧原子与Sb、Bi杂质原子成键。由图5-45(e)可知，含锑方铅矿表面氧化后吸只有O1原子与Sb成键，Sb—O1键长值为0.2260 nm，而Sb$_2$O$_3$中的Sb—O键长值为0.220±0.01 nm，表明Sb已经被氧化成三氧化二锑。由图5-45(d)可知含Bi杂质缺陷方铅矿表面吸附氧分子后，两个氧原子都与Bi原子成键，Bi—O1和Bi—O2的键长值分别为0.2308 nm和0.2355 nm，Bi$_2$O$_3$分子中Bi—O键长值为：0.2~0.22 nm(短键)和2.5~2.8 nm(长键)，表明Bi杂质也被氧化为Bi$_2$O$_3$。而氧分子在银、铜、锌与锰杂质方铅矿表面上吸附后氧原子并没有与金属杂质原子成键，在锌与锰杂质表面两个氧原子距离被拉长至理想表面的两倍。

　　图5-46显示了氧分子在含杂质缺陷方铅矿表面吸附的电荷密度图，图中背景色电荷密度为零。由图可以看到各成键原子之间的电子云重叠情况。从图5-45可以看到，氧分子中O1、O2原子与所有含杂质缺陷方铅矿表面的S1、S2原子都成较强的共价键。由图5-46(a)可知，银原子与O1原子及Pb1原子与O2电子云有轻微重叠，成微弱共价键。由图5-46(b)中可知，铜原子没有与O原子成键，但Pb1原子同时与O1、O2原子成键。由图5-46(c)可知，Bi原子同时与O1、O2成明显的共价键。由图5-46(d)可知，Sb与O1原子成键，而O2除了与S2成键外，还同时与Pb1、Pb6两原子成键。由图5-46(e)可知，锰没有与O原子成键，而O1除了与S1成键，还与其周围的Pb4和Pb5电子云有轻微重叠，成微弱共价键，而O2除了与S2成键，还与其周围的Pb2和Pb6电子云有轻

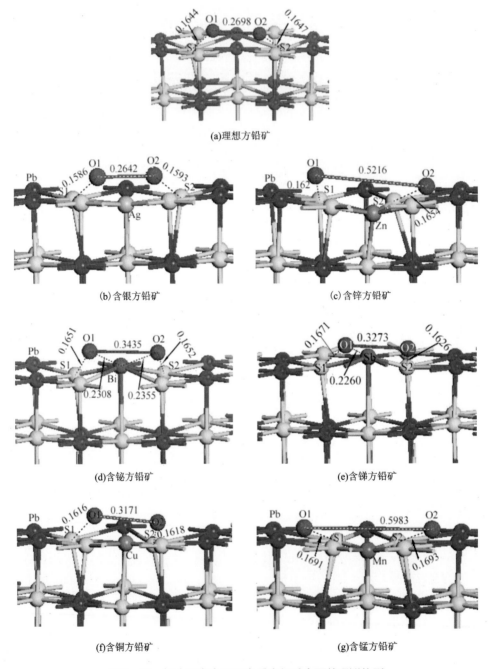

(a)理想方铅矿

(b) 含银方铅矿　　　　　　　　　　(c) 含锌方铅矿

(d)含铋方铅矿　　　　　　　　　　(e)含锑方铅矿

(f)含铜方铅矿　　　　　　　　　　(g)含锰方铅矿

图 5-45　氧分子在含不同杂质方铅矿表面的吸附构型

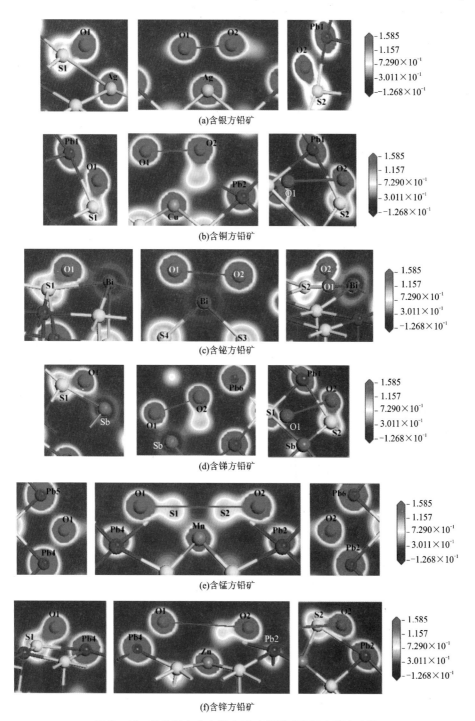

图 5 −46   氧分子在含杂质方铅矿表面的吸附电荷密度图

微重叠,成微弱共价键。由图 5 -46(f)可知, Zn 原子没有与氧成键,而 O1 除了与 S1 成键,还与其周围的 Pb4 成键,而 O2 除了与 S2 成键,还与其周围的 Pb2 成键。

表 5 - 27 列出了 O_2 分子在方铅矿表面吸附后与 O 原子成键的 Mulliken 布居值。由表可见,氧分子在含杂质表面的吸附能大小主要取决于 O—S 键 Mulliken 布居值的大小, O—S 键布居值越大,吸附能越大。其次还与氧分子吸附后与表面的铅原子构成 O—Pb 健的多少, O—Pb 键个数越多,绝对值越大,吸附力也越大。另外,氧原子与杂质金属原子成键与否以及其布居值的大小也直接影响到方铅矿对氧的吸附能,氧分子与杂质原子成键,且键值越大,就会削弱氧分子在方铅矿表面的吸附能。

表 5 -27　氧分子在含杂质方铅矿表面吸附后的 Mulliken 键布居值

吸附模型	键	布居
O_2/理想方铅矿表面	O1—S1	0.17
	O2—S2	0.17
O_2/含锰方铅矿表面	O1—S1	0.11
	O2—S2	0.10
	O2—Pb2	- 0.06
O_2/含银方铅矿表面	O1—S1	0.25
	O2—S2	0.24
	O1—Ag	0.12
	O2—Pb1	0.00
O_2/含铋方铅矿表面	O1—S1	0.19
	O2—S2	0.19
	O1—Bi	0.11
	O2—Bi	0.10
O_2/含锑方铅矿表面	O1—S1	0.18
	O2—S2	0.20
	O1—Sb	0.09
	O2—Pb1	- 0.03
	O2—Pb6	- 0.02

吸附模型	键	布居
O₂/含铜方铅矿表面	O1—S1	0.21
	O2—S2	0.23
	O1—Pb1	0.03
	O2—Pb1	0.03
O₂/含锌方铅矿表面	O1—S1	0.20
	O2—S2	0.21
	O1—Pb4	− 0.03
	O1—Pb6	0.03
	O2—Pb2	− 0.03

　　由以上分析可知,氧分子在含锰杂质方铅矿表面的吸附能之所以比理想方铅矿表面还要小,主要是因为它的 O—S 键值 0.11 nm 小于理想的 0.17 nm。而氧分子在含锌和铜杂质方铅矿表面的吸附能之所以最大,主要是因为它们的 O—S 键 Mulliken 布居值较大,而且氧原子的电子云还与方铅矿表面多个 Pb 原子的电子云有轻微重叠。氧分子在含银杂质方铅矿表面吸附时 O—S 键 Mulliken 布居值最大,可是它的吸附量却不是最大,这主要是因为形成了 O—Ag,而且 O—Ag 键 Mulliken 布居值比 O—Bi、O—Sb 都要大,因此氧分子在它上面的吸附能不是最大,比含铋和锑杂质方铅矿小。

5.5.2　吸附的电子态密度分析

　　图 5 - 47 为氧在含银和锰杂质方铅矿表面吸附前后的氧原子与银、锰杂质原子态密度,表 5 - 28 中列出了它们的 Mulliken 电荷布居。由图可以看到吸附后 Ag 的态密度向低能方向移动,其态密度峰稍有下降,结合表 5 - 29 中的布居值可知态密度峰下降的主要原因是 Ag 原子与 O 成键,由其 5s、4d、4p 轨道失去了少量电子。氧分子吸附后,锰原子态密度在费米能级处能量增大由 3d 态形成一个很大的态密度峰,主要是因为它从方铅矿表面得到了电子,由表 5 - 28 也可以看到,吸附后锰的荷正电量值减少。而氧分子吸附后,无论是在含银还是含锰杂质表面,O 原子的 2p 态都由未吸附前 4 个单独的 2p 态密度峰变为在 −6 ~ 1 eV 内连续分布的平缓而宽大态密度峰,增强了电子的非局域性。

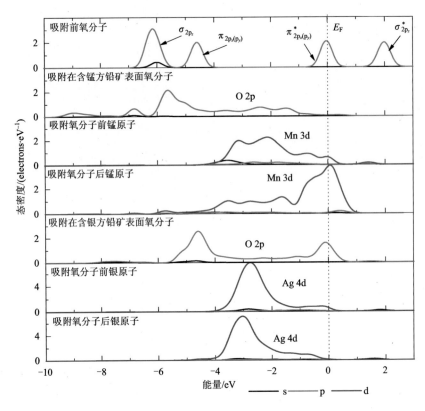

图 5-47　氧分子在含银、锰杂质方铅矿表面吸附前后的杂质原子态密度

表 5-28　氧分子在含银和含锰杂质方铅矿表面吸附前后原子的 Mulliken 电荷布居

原子	状态	s	p	d	电荷/e
Ag	吸附前	0.53	0.41	9.94	0.13
	吸附后	0.51	0.37	9.93	0.19
O2	吸附前	1.88	4.12	0.00	0.00
	吸附在含银表面	1.94	4.48	0.00	-0.77
	吸附在含锰表面	1.92	4.91	0.00	-0.83
Mn	吸附前	0.53	0.58	5.43	0.46
	吸附后	0.39	0.46	6.07	0.08

表 5－29 中列出氧分子在含铋和锑杂质方铅矿表面吸附前后的氧原子、铋及锑杂质原子 Mulliken 电荷布居，图 5－48 显示了它们的态密度。由图可以看到，氧分子吸附在含锑和含铋杂质方铅矿表面后 O 原子的态密态变化形状非常相似，O 原子的 2p 态都由未吸附前 4 个单独的 2p 态密度峰变为在 −6 ~ 1 eV 范围内连续分布的平缓而宽大态密度峰，增强了电子的非局域性。由铋和锑的态密度可看到，氧分子吸附后对它们在费米能级处的 p 态密度没有明显影响，而 −6 ~ −1eV 分布的 p 态能量却下降了，结合表 5－29 可知，主要是因为它们的 p 轨道失去电子造成的。在 −6 ~ −4 eV，Bi 的 6p 态和 Sb 的 5p 态都和 S 的 2p 态发生杂化。

表 5－29　氧分子在含铋和含锑杂质方铅矿表面吸附前后原子的 Mulliken 电荷布居

原子	状态	s	p	d	电荷/e
Bi	吸附前	2.00	2.40	0.00	0.32
	吸附后	2.01	2.15	0.00	0.84
O2	吸附前	1.88	4.12	0.00	0.00
	吸附在含铋表面	1.92	4.95	0.00	− 0.87
	吸附在含锑表面	1.92	4.91	0.00	− 0.83
Sb	吸附前	1.97	2.57	0.00	0.38
	吸附后	1.98	2.45	0.00	0.57

表 5－30 中列出氧分子在含锌和含铜杂质缺陷方铅矿表面吸附前后的氧原子、铜及锌杂质原子 Mulliken 电荷布居，图 5－49 显示了它们的态密度。由图可以看到，氧分子吸附在含锌和含铜杂质方铅矿表面后 O 原子的态密度变化形状非常相似，O 原子的 2p 态都由未吸附前 4 个单独的 2p 态密度峰变为在 −6 ~ 1 eV 连续分布的平缓而宽大态密度峰，增强了电子的非局域性。由铜的态密度可看到，氧分子吸附后对它的态密度没有明显影响，而由表 5－30 可以看到氧分子吸附后 Cu 的 3d 轨道是得电子，最后使得荷正电荷数下降，因此铜杂质原子没有与氧原子相互作用。由锌的态密度可以看到，其态密度向低能方向移动，Zn 的 4s 态由吸附前主要分布在 −5 ~ −3eV 一个单峰变为分布在 −6 ~ −1eV 的宽峰了，使 4s 态电子非局域性增强，且没有发现其与 O 的 2p 态有杂化峰。由表 5－30 可知，Zn 的 4s 和 3p 轨道得到电子，使得 Zn 的荷正电荷量下降。由此可以看出 Zn 原子不与 O 原子发生相互作用。

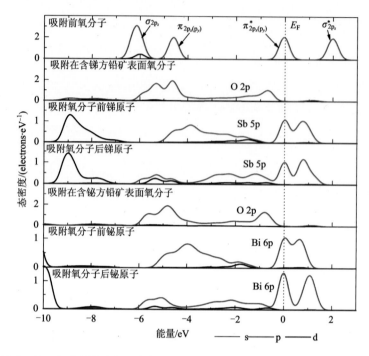

图 5-48   氧分子在含铋、锑杂质方铅矿表面吸附前后的杂质原子态密度

表 5-30   氧分子在含铜和含锌杂质方铅矿表面吸附前后原子的 Mulliken 电荷布居

原子	状态	s	p	d	电荷/e
Cu	吸附前	0.68	0.59	9.60	0.12
	吸附后	0.68	0.53	9.69	0.09
O2	吸附前	1.88	4.12	0.00	0.00
	吸附在含铜表面	1.93	4.91	0.00	-0.84
	吸附在含锌表面	1.93	4.92	0.00	-0.85
Zn	吸附前	0.94	0.81	9.99	0.25
	吸附后	1.00	0.85	9.98	0.16

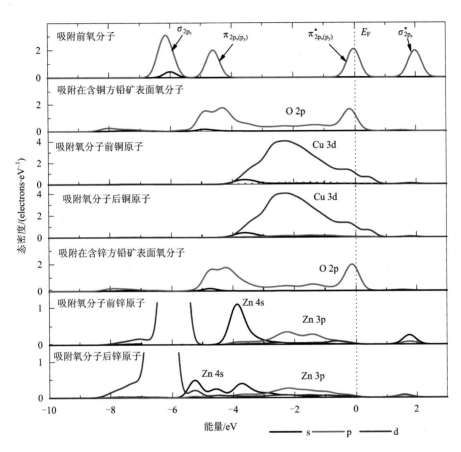

图 5-49　氧分子在含锌、铜杂质方铅矿表面吸附前后的杂质原子态密度

参考文献

[1] Chen Jianhua, Ye Chen. A first - principle study of the effect of vacancy defects and impurities on adsorption of O₂ on sphalerite surface [J]. Colloids and Surface A: Physiochemical and Engineering Aspects, 2010, 363(1-3): 56-63

[2] Yuqiong Li, Jianhua Chen, Ye Chen, Jin Guo. DFT study of influences of As, Co and Ni impurities on pyrite (100) surface oxidation by O₂ molecule [J]. Chemical Physics Letters, 2011, 511(4-6): 389-392

[3] 李玉琼,陈建华,蓝丽红,郭进. 氧分子在黄铁矿和方铅矿表面的吸附 [J]. 中国有色金属学报, 2012, 22(4): 1184-1194

[4] 蓝丽红,陈建华,李玉琼,陈晔,郭进.空位缺陷对氧分子在方铅矿(100)表面的吸附的影

响[J]. 中国有色金属学报, 2012, 22(9): 2628 - 2635

[5] 蓝丽红. 晶格缺陷对方铅矿表面性质、药剂分子吸附及电化学行为影响的研究[D]. 广西大学博士论文, 2012

[6] 李玉琼. 晶格缺陷对黄铁矿晶体电子结构和浮选行为影响的第一性原理研究[D]. 广西大学博士论文, 2011

[7] 陈晔. 晶格缺陷对闪锌矿半导体性质及浮选行为影响的第一性原理研究[D]. 广西大学博士论文, 2009

第 6 章 晶格缺陷对硫化矿物活化的影响

在硫化矿浮选实践中,闪锌矿和黄铁矿的可浮性较差,需要铜活化才能达到浮选目的。国内外对闪锌矿的活化进行了很多研究,但是在铜活化的过程、作用机理以及表面反应产物等方面仍然存在争议。另外,晶体中各种杂质缺陷的存在使得这一过程更为复杂。例如铁闪锌矿是一种常见的硫化锌矿物,铁杂质对闪锌矿的铜活化及其随后的浮选行为有明显影响,Solecki 的研究表明[1],在人工合成的闪锌矿中,随着闪锌矿中铁含量的增加铜离子吸附量减少。Szczypa 等人进一步证实了对于人工合成的闪锌矿,铁含量的增加会导致黄药在铜活化后的闪锌矿表面吸附减小,这主要是因为闪锌矿表面铜原子的减少[2]。Boulton 等人也认同这种观点[3]。然而 Harmer 等人的研究却表明闪锌矿中的铁含量增加了铜在表面的吸附量,与低铁含量的闪锌矿相比,铁含量的提高,增加了表面缺陷位置,使得更多的铜离子吸附到表面[4]。对于黄铁矿,早期 Bushell 和 Krauss[5] 提出黄铁矿能被铜活化的原因是铜取代铁生成了 CuS,而 Weisener、Gerson 和 Wang 等的研究发现铜吸附在黄铁矿表面后没有铁从表面解离出来,因而铜是吸附在黄铁矿表面上进行活化[6,7]。

为了进一步查清硫化矿的铜活化行为以及晶格缺陷对硫化矿铜活化的影响,本章重点考察了空位以及几种典型杂质缺陷对硫化矿物表面铜活化的影响。

6.1 硫化矿物表面铜活化模型

6.1.1 闪锌矿的铜活化模型

首先对理想闪锌矿表面、次表面和第三层的不同位置的锌和铜交换进行了优化计算。铜与闪锌矿表面锌原子的置换反应可以由下式表示:

$$Zn_{40}S_{40} + Cu \longrightarrow CuZn_{39}S_{40} + Zn \qquad (6-1)$$

图 6-1 是闪锌矿(110)面的模型,从图可见铜原子可以和闪锌矿表面两个位置的锌原子进行替换,即顶位和底位。

通过计算得到的铜原子与理想闪锌矿表面不同位置锌原子的替换能:顶位为 -82.09 kJ/mol,底位为 -66.81 kJ/mol。说明在活化时,铜原子优先与理想闪锌

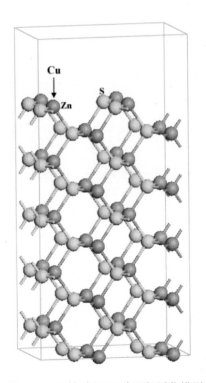

图 6 - 1　闪锌矿(110)表面铜活化模型

矿表面最外层的锌原子发生替换反应。铜活化后的闪锌矿表面的能带结构如图 6 - 2所示。与理想闪锌矿表面能带结构相比，铜活化后，闪锌矿的能带结构变化不大，导带和价带的位置基本不变，仅在禁带中出现了一条杂质能级。

　　铜活化后的闪锌矿表面三层的态密度如图 6 - 3 所示。铜活化对闪锌矿表面态密度的影响主要集中在表面第一层价带上部。铜原子的 3d 轨道产生了分裂，表面第一层费米能级处出现新的表面能级是由铜原子的 3d 轨道和硫原子的 3p 轨道组成。与理想闪锌矿表面态密度相比，铜活化后的闪锌矿表面锌原子的 3d 轨道从 -5.82 eV 迁移至 -6.17 eV，硫原子 3p 轨道向高能级方向移动。

　　铜活化后的闪锌矿表面第一层的 Mulliken 电荷和差分电荷密度如图 6 - 4 所示。铜与闪锌矿表面的锌原子发生替换后，所带 Mulliken 电荷为 0.16e，与铜原子相连的硫原子的电荷减少了，说明硫原子得到的电子数减少了。这可能是因为铜的电负性(1.90)比锌原子(1.65)大，所以对电子的吸引力比锌原子大，导致电子向铜原子偏移。从差分电荷密度中也可以看出，Cu—S 键之间存在较强的电荷密度重叠区。

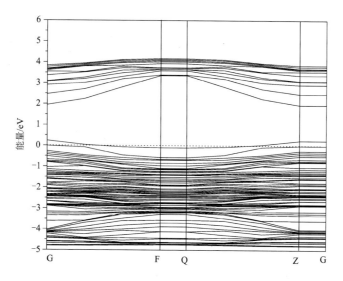

图 6 - 2　铜活化后闪锌矿(110)面能带结构

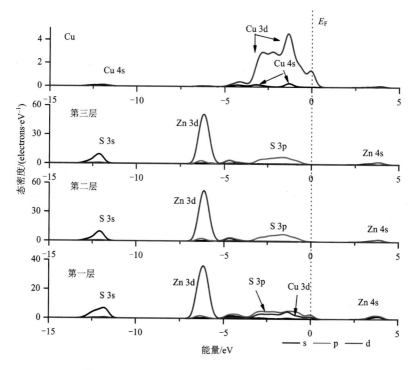

图 6 - 3　铜活化后闪锌矿(110)表面三层态密度

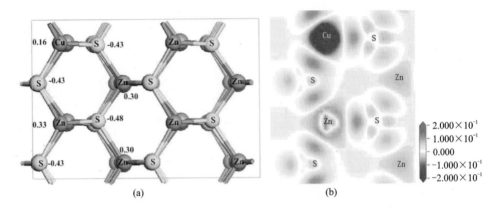

图 6-4 铜活化后闪锌矿(110)表面 Mulliken 电荷(a)和差分电荷密度(b)

6.1.2 黄铁矿的铜活化模型

考察了铜在铁位取代，以及铜在硫位吸附两种活化方式，图 6-5 显示了铜在黄铁矿(100)表面的两种活化方式，图(a)为铜取代铁模型，图(b)为铜吸附在表面硫上的模型。计算结果表明，铜取代铁的取代能为正值，并且高达 665.42 kJ/mol，这表明铜很难取代铁，因而不可能通过取代铁的方式活化黄铁矿；铜吸附在表面硫位的吸附能为 −119.61 kJ/mol，铜与硫成键，明显的化学吸附。因此，铜是以吸附在表面硫位的方式活化黄铁矿的。

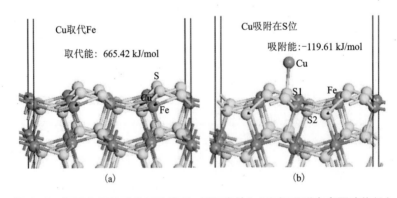

图 6-5 铜活化黄铁矿的两种模型：铜取代铁(a)和铜吸附在表面硫位(b)

图 6-6 显示了铜在表面的吸附构型、原子所带电荷和电荷密度图，图中原子标签括号里的数字为原子所带电荷，单位为 e，键上的数字为键长，单位为 Å，电荷密度图中的背景色表示电荷密度为零区域，成键原子之间电子密度越大键的共

价性越强。由图 6 - 6(b)可知,铜吸附在表面的硫原子上(S1),Cu—S1 键长为 2.109 Å,从图 6 - 6(c)可以看出 Cu 和 S1 原子之间电子密度较大,为共价成键。在黄铁矿中实际是两个硫原子形成的硫二聚体与铁原子成键,因而在考虑铜吸附的时候应该分析硫二聚体与铜之间的相互作用。在图 6 - 6(a)和(b)中的表面硫二聚体为(S1—S2),从电荷转移的情况可以看出,铜吸附后,(S1—S2)的整体电荷发生了变化,负电荷值降低,从原来的 - 0.12e 降到 - 0.09e,计算结果与 von Oertzen 等对 SXPS S 2p 谱的观察一致[9],即在铜吸附后,表面硫二聚体的结合能升高,负电荷密度降低,也与他们的计算结果一致。此外,铜带正电荷,而表面铁原子的正电荷值降低,说明表面获得了来自于铜的电子。

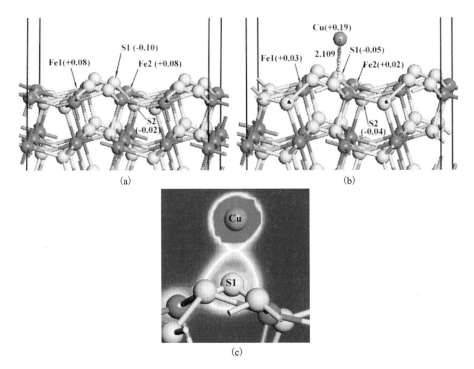

图 6 - 6　铜在黄铁矿(100)表面的吸附构型

(a)理想表面;(b)铜吸附后表面;(c)电荷密度图

图 6 - 7 显示了铜吸附前后的表面及铜的态密度。未吸附前的 Cu(自由铜)的态密度主要由它的 3d 态贡献,并且 3d 态位于费米能级附近,态密度峰尖而细,此外 4s 态在费米能级附近也有少量贡献。吸附在表面后,费米能级附近的 3d 和 4s 态密度明显减少,说明 3d 和 4s 态失去电子,而 3d 态还大幅向低能方向移动,3d 态主峰由 - 0.2 eV 降至 - 2.5 eV 处,此外费米能级附近有少量的 4p 出现(图

中放大处）。吸附铜后黄铁矿表面的态密度整体向低能方向移动。对吸附前后铜原子的 Mulliken 电荷布居分析可知（表 6 – 1），吸附后铜带正电荷，黄铁矿表面获得电子；除了黄铁矿表面从铜的 3d 轨道和 4s 轨道获得电子外，铜自身的 4p 轨道也获得电子。

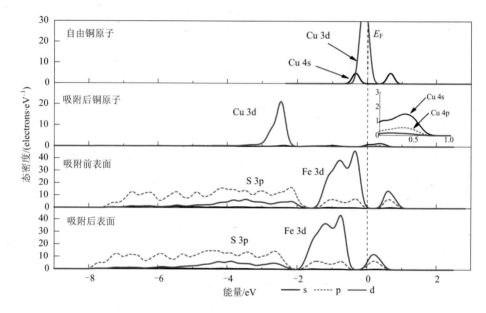

图 6 – 7　在理想黄铁矿表面吸附前后铜和表面的态密度

表 6 – 1　铜在理想黄铁矿表面吸附前后的 Mulliken 电荷布居

铜原子	s	p	d	电荷/e
自由铜原子	1.00	0.00	10.00	0.00
吸附铜原子	0.88	0.10	9.83	0.19

6.2　空位缺陷对硫化矿物表面铜活化的影响

6.2.1　锌、硫空位缺陷对闪锌矿铜活化的影响

对于锌空位：

$$Zn_{39}S_{40} + Cu \longrightarrow CuZn_{39}S_{40} \qquad (6-2)$$

对于硫空位：

$$Zn_{40}S_{39} + Cu \longrightarrow CuZn_{39}S_{39} + Zn \qquad (6-3)$$

对于含锌空位的闪锌矿(110)表面，计算得到的铜原子与锌原子的替换能为 −594.22 kJ/mol，比铜原子在理想闪锌矿(110)表面的替换能(−82.09 kJ/mol)要负得多，说明铜原子更容易与含锌空位的闪锌矿表面发生反应。这主要是因为当闪锌矿表面的锌空位被铜原子替换后，闪锌矿表面的结构变得更稳定。

对于含硫空位的闪锌矿(110)表面，铜活化的影响更复杂，因为发生铜锌置换反应后，闪锌矿表面仍然存在一个硫空位。计算得到的铜原子与闪锌矿表面第一层顶位的锌原子的替换能为 −168.14 kJ/mol，也比铜原子在理想闪锌矿(110)表面的替换能(−82.09 kJ/mol)要负，但比铜原子在含锌空位闪锌矿(110)表面的替换能(−594.22 kJ/mol)要正。这可能是因为闪锌矿表面由于缺少了一个硫原子，表面对锌原子的束缚比理想闪锌矿的要小，所以含硫空位的闪锌矿(110)表面上的锌原子更容易被铜原子替代。但是含锌空位的闪锌矿由于表面的空位被铜原子占据，所以表面结构更稳定。因此含锌空位的闪锌矿表面比硫空位的表面更容易被铜活化。

6.2.2　铁、硫空位缺陷对黄铁矿铜活化的影响

表 6-2 列出了铜在含铁和硫空位缺陷表面的吸附能，并与在理想表面的吸附进行比较。两种空位缺陷的存在都使铜的吸附能降低，表明空位缺陷存在有利于铜的吸附。其中，铁空位缺陷存在的吸附能值最低(−465.29 kJ/mol)，这是因为铁空位的存在导致表面硫铁比增大，硫原子密度增大，暴露出更多的与铜反应的活性硫原子位，从而有利于铜吸附并活化黄铁矿。另一方面，由于表面硫原子除了与铁配位之外还与硫原子配位，因而在硫空位产生之后暴露出活性更大的更低配位的硫原子，从而使硫空位也有利于吸附和活化黄铁矿。

表 6-2　铜在含空位缺陷黄铁矿表面的吸附能

吸附模型	吸附能/(kJ·mol^{-1})
Cu/理想黄铁矿表面	−119.61
Cu/铁空位黄铁矿表面	−465.29
Cu/硫空位黄铁矿表面	−303.26

图 6-8 为铜在含铁空位和硫空位缺陷表面的吸附构型，图中的数字为键长，单位为 Å。在含铁空位表面上，吸附后的铜与空位周围的五个硫原子成键，构型与表面铁原子极为相似[见图 6-8(a)]，相当于一个铜原子替换一个表面铁原

子，因而铜被牢牢地吸附在表面上，而从铜在铁空位表面上的吸附能也可以看出其吸附的稳定性。从表6-3列出的铜—硫键之间的Mulliken布居可以知道(布居值越大共价性越强)，铜与硫之间以较强的共价键相结合。在硫空位表面上，从铜吸附后的构型看，它在表面的配位与硫空位产生之前的硫原子非常相似，即铜与硫空位周围的两个铁原子和一个硫原子成键，根据表6-3列出的键的Mulliken布居可知，铜与铁之间形成弱共价键，表现出离子性，而与硫之间形成较强的共价键。

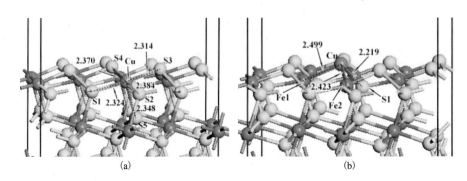

图6-8　铜在含空位黄铁矿表面的吸附构型：铁空位(a)和硫空位(b)

表6-3　铜在含空位缺陷黄铁矿表面吸附后Mulliken键的布居

吸附模型	键	布居
Cu/铁空位黄铁矿表面	Cu—S1	0.35
	Cu—S2	0.31
	Cu—S3	0.37
	Cu—S4	0.35
	Cu—S5	0.30
Cu/硫空位黄铁矿表面	Cu—Fe1	0.14
	Cu—Fe2	0.12
	Cu—S1	0.31

6.3　杂质对硫化矿物表面铜活化的影响

6.3.1　杂质对闪锌矿铜活化的影响

当闪锌矿表面存在杂质的时候，需要考虑表面的杂质原子能否被铜替换。采用密度泛函理论模拟计算了闪锌矿表面第一层顶位和底位的铁、锰、镉杂质与铜原子的替换反应，反应如下式所示，计算得到的替换能列于表 6 - 4。

$$Zn_{40}S_{39}X + Cu \longrightarrow CuZn_{39}S_{39} + X \quad (X = Fe、Mn、Cd) \tag{6-4}$$

表 6 - 4　铜与闪锌矿表面第一层不同位置铁、锰和镉杂质原子的替换能

杂质原子	$\Delta E_{sub}/(kJ \cdot mol^{-1})$	
	顶位	底位
Fe	391.21	380.35
Mn	309.21	375.55
Cd	- 217.82	- 200.10

由表 6 - 4 可知，铜替代闪锌矿第一层铁原子的替换能均大于零，说明闪锌矿表面的铁原子不能被铜原子替换，因此对于含铁闪锌矿，由于其表面铁原子不能与铜发生替换反应，降低了铁闪锌矿的活化效果和可浮性，并且闪锌矿中铁含量越大，越不利于铜对闪锌矿表面的活化。铜替代闪锌矿第一层锰原子的情况与含铁闪锌矿类似，即铜与锰不能发生替换反应，锰杂质的存在不利于铜活化闪锌矿表面。与含铁和含锰的闪锌矿不同，铜替代闪锌矿第一层的镉的替换能均为负值，且铜替换镉的能量比铜替换锌的能量(- 82.09 kJ/mol)更低，说明镉原子更容易被铜原子替换，因此含有镉杂质的闪锌矿比理想闪锌矿更容易被铜活化。

6.3.2　杂质对黄铁矿铜活化的影响

表 6 - 5 列出了铜在含钴、镍、铜和砷杂质表面的吸附能，并与在理想表面的吸附进行了比较。铜在含钴、镍和砷杂质黄铁矿表面的吸附能都比在理想表面的吸附能低，并且吸附能值较为接近，表明这 3 种杂质缺陷的存在有利于铜在黄铁矿表面的吸附和对黄铁矿的活化，并且对铜活化黄铁矿的影响相似。铜在含有镍杂质缺陷表面的吸附能与在理想表面的吸附能非常接近，说明镍杂质的存在对铜吸附和活化黄铁矿没有影响。

表6-5　铜在含杂质黄铁矿表面的吸附能

表面结构	吸附能/(kJ·mol^{-1})
理想黄铁矿表面	-119.61
含钴黄铁矿表面	-194.18
含镍黄铁矿表面	-120.61
含铜黄铁矿表面	-211.45
含砷黄铁矿表面	-209.30

　　图6-9显示了铜在含Co、Ni、Cu和As杂质缺陷黄铁矿表面的吸附构型,表6-6列出了铜与表面原子成键后Mulliken键的布居。在含有Co和Cu杂质的表面上,铜吸附在穴位上,铜除了与表面S原子成键,还与表面Fe原子成键。其中,在含Co杂质缺陷的表面上,铜与周围两个硫原子(S1和S2)和一个铁原子(Fe)成键,铜—硫之间形成弱共价键(两个Mulliken键的布居值分别为0.20和0.17),而铜—铁之间的共价性非常弱(0.05),表现出较强的离子键特征;在含

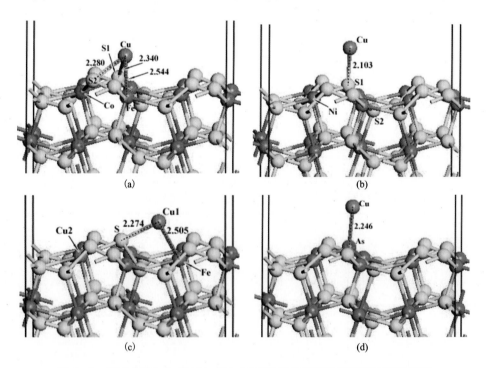

(a)　　　　　　　　　　　　　　　(b)

(c)　　　　　　　　　　　　　　　(d)

图6-9　铜在含钴(a)、镍(b)、铜(c)和砷(d)杂质黄铁矿表面的吸附构型

Cu 杂质缺陷表面上，铜分别与一个铁原子和一个硫原子成键，铜—硫之间共价成键（布居值为 0.29），铜—铁之间形成的共价作用非常弱，表现出离子键特征（布居值为 0.07）。在含 Ni 杂质缺陷表面上，铜吸附在表面硫位上，铜—硫之间形成较强的共价键（Mulliken 键的布居值为 0.43）；在含 As 杂质表面上，铜吸附在 As 位，与 As 形成较强的共价键（Mulliken 键的布居值为 0.45）。

表 6-6　铜在含杂质黄铁矿表面吸附后 Mulliken 键的布居

吸附模型	键	布居
Cu/含钴黄铁矿表面	Cu—S1	0.20
	Cu—S2	0.17
	Cu—Fe	0.05
Cu/含镍黄铁矿表面	Cu—S1	0.43
Cu/含铜黄铁矿表面	Cu1—S	0.29
	Cu1—Fe	0.07
Cu/含砷黄铁矿表面	Cu—As	0.45

6.4　含缺陷黄铁矿表面吸附铜原子的电子态密度

图 6-10 显示了铜在含空位和杂质缺陷表面吸附前后的态密度。未吸附前铜的电子态密度主要由它的 3d 态组成，并且位于费米能级附近，另外还有少量的 4s 态。在含缺陷表面吸附后，铜的 3d 态向低能方向移动，并且 3d 态密度降低，这说明铜的 3d 轨道失去电子，铜呈现出氧化态。其中，在铁空位表面吸附的铜的 3d 态减少得最多（铜在表面的吸附也最强）；在含 Co 和 Cu 表面吸附后 Cu 的态密度较为近似（铜在这两种表面的吸附能也接近）；在含 Ni 杂质表面吸附的铜的态密度与在理想表面非常相似，3d 态密度峰所处的位置一样（铜在两种表面吸附的吸附能也非常接近），铜在含 As 杂质表面吸附后的态密度形状也与在含 Ni 杂质以及理想表面相似，但它的 3d 态密度峰处在更高的能量处。另外，铜的 4s 态密度在吸附后变得很少，在图中已几乎看不出来，4s 轨道失去电子（4p 态电子也参与了反应，但是量非常少，因而在图中显示不出来）。

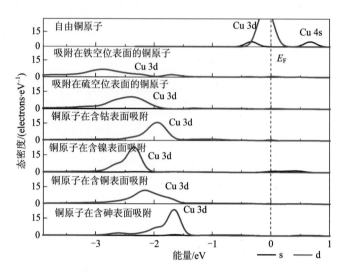

图 6 - 10   铜在含空位和杂质黄铁矿表面吸附前后的态密度

对铜在理想及含缺陷表面吸附前后原子的 Mulliken 电荷布居变化的分析可以获得详细的电子得失信息(见表 6 - 7)。在含空位缺陷和含 Co、Ni 及 Cu 杂质的表面上,铜都带正电荷,它的 3d 和 4s 态失去大量电子,而 4p 态获得大量电子,这说明铜在失去电子给含这些缺陷黄铁矿表面的同时,电子还在铜自身发生了转移,铜自身发生了轨道杂化现象;而在含 As 杂质的表面上,仅有铜的 3d 轨道失去电子,4s 轨道电子几乎没有变化,而 4p 轨道获得的电子也非常少,说明 4s 和 4p 轨道电子没有参与反应。

表 6 - 7   铜在含空位和杂质黄铁矿表面吸附前后的 Mulliken 电荷布居

吸附模型	s	p	d	电荷/e
自由铜原子	1.00	0.00	10.00	0.00
Cu/铁空位黄铁矿表面	0.61	0.54	9.67	0.18
Cu/硫空位黄铁矿表面	0.91	0.32	9.72	0.05
Cu/含钴黄铁矿表面	0.85	0.17	9.79	0.19
Cu/ 含镍黄铁矿表面	0.84	0.11	9.83	0.22
Cu/含铜黄铁矿表面	0.86	0.17	9.78	0.19
Cu/含砷黄铁矿表面	1.01	0.04	9.85	0.10

参考文献

［1］ J Solecki, A Komosa, J Szczypa. Copper ion activation of synthetic sphalerites with various iron contents［J］. International Journal of Mineral Processing, 1979, (6): 221 – 228

［2］ J Szczypa, J Solecki, A Komosa. Effect of surface oxidation and iron contents on xanthate ions adsorption of synthetic sphalerites［J］. International Journal of Mineral Processing, 1980, 7: 151 – 157

［3］ A Boulton, D Fornasiero, Ralston J. Effect of iron content in sphalerite on flotation［J］. Mineral Engineering, 2005, 18(9): 1120 – 1122

［4］ S L Harmer, A Mierczynska Vasilev, D A Beattie. The effect of bulk iron concentration and heterogeneities on the copper activation of sphalerite［J］. Mineral Engineering, 2008, 21(11): 1005 – 1012

［5］ C H G Bushell, C J Krauss. Copper activation of pyrite［J］. Canadian Mining and Metallurgical Bulletin, 1962, 55(601): 314 – 318

［6］ C Weisener, A Gerson. Cu(II) adsorption mechanism on pyrite: an XAFS and XPS study［J］. Surface and Interface Analysis, 2000, 30(1): 454 – 458

［7］ C Weisener, A Gerson. An investigation of the Cu (II) adsorption mechanism on pyrite by ARXPS and SIMS［J］. Minerals Engineering, 2000, 13(13): 1329 – 1340

［8］ X H Wang, E Forssberg, N J Bolin. Adsorption of copper(II) by pyrite in acidic to neutral pH media［J］. Scandinavian Journal of Metallurgy, 1989, 18: 262 – 270

［9］ G U von Oertzen, W M Skinner, H W Nesbitt, A R Pratt, A N Buckley. Cu adsorption on pyrite (100): Ab initio and spectroscopic studies［J］. Surface Science, 2007, 601: 5794 – 5799

第7章 晶格缺陷对捕收剂分子在硫化矿物表面吸附的影响

浮选电化学研究表明，硫化矿物与捕收剂分子之间的反应是一个电化学过程。矿物的半导体性质影响捕收剂的吸附，如有研究表明 n 型半导体不利于黄药吸附，p 型半导体有利于黄药吸附，矿物表面电子和空穴密度决定了捕收剂在硫化矿物表面的吸附量。矿物性质还决定了捕收剂分子在矿物表面的产物类型，如当硫化矿物静电位高于捕收剂分子平衡电位时，捕收剂分子在矿物表面形成二聚物，如黄药在黄铁矿表面形成双黄药；而当硫化矿物静电位低于捕收剂分子平衡电位时，捕收剂分子在矿物表面形成金属盐，如黄药在方铅矿表面形成黄原酸铅。

晶格缺陷对硫化矿物半导体具有显著影响，不仅可以改变硫化矿物的导电类型，还可以影响硫化矿物的能带结构和电子结构，从而影响捕收剂分子在硫化矿物表面的吸附方式、吸附能以及吸附构型等吸附参数。本章以方铅矿、黄铁矿和闪锌矿为研究对象，考察空位缺陷和杂质对黄药、黑药和乙硫氮三种常见捕收剂在硫化矿物表面吸附构型、吸附能、成键方式以及吸附产物的影响。

模拟捕收剂分子结构在矿物表面吸附时，发现影响捕收剂分子吸附关键因素是官能团，碳链长度影响很小，因此为了计算方便，将烃基长度定为甲基，即甲基黄药（CH_3OCS_2），二甲基二硫代磷酸盐 [$(CH_3)_2O_2PS_2$，简称甲黑药] 和二甲基二硫代甲酸盐 [$(CH_3)_2NCS_2$，简称甲硫氮]。矿物表面模型采用层晶模型，方铅矿（100）面为 8 层原子厚度，真空层为 10 Å；黄铁矿（100）面为 15 层原子厚度，真空层为 10 Å。

7.1 矿物表面空位缺陷对捕收剂分子吸附的影响

空位缺陷是指矿物表面阳离子或阴量子缺失造成表面局部结构和配位不平衡。空位缺陷对硫化矿物表面性质具有重要的影响，从施主和受主角度来看，阳离子空位对于硫化矿物表面是施主，导致矿物表面电子密度增大，矿物表面倾向于形成 n 型半导体，矿物表面负电性增强，不利于捕收剂分子吸附；而阴离子空位（即硫空位）则是受主，导致矿物表面空穴密度增大，矿物表面倾向于形成 p 型半导体，矿物表面正电性增强，有利于捕收剂分子吸附。硫化矿物表面电子密度及半导体类型的变化决定了捕收剂分子的吸附构型和强弱，另外从化学作用的角度来看，硫空位意味着表面阳离子过剩，有利于捕收剂分子的吸附，而金属离子空位则意味着表面硫离子过剩，不利于捕收剂分子的吸附。

7.1.1　吸附能

甲黄药分子、甲黑药及甲硫氮分子在含有空位的方铅矿表面吸附能见表 7－1。由表可知，三种捕收剂在理想方铅矿表面吸附顺序大小为：黑药 > 黄药 > 硫氮，硫空位促进了捕收剂分子在方铅矿表面的吸附，这与前面的分析是一致的；而铅空位对方铅矿表面吸附三种捕收剂分子的影响则比较复杂，其中铅空位促进了黄药分子的吸附，黑药分子吸附不受铅空位的影响，铅空位则阻碍了硫氮分子的吸附。

表 7－1　三种捕收剂在含空位缺陷方铅矿表面的吸附能

捕收剂	方铅矿表面	吸附能/$(kJ \cdot mol^{-1})$
甲基黄药 CH_3OCS_2	理想表面$(Pb_{64}S_{64})$	－71.33
	铅空位$(Pb_{63}S_{64})$	－113.85
	硫空位$(Pb_{64}S_{63})$	－167.88
甲基黑药 $(CH_3)_2O_2PS_2$	理想表面$(Pb_{64}S_{64})$	－93.98
	铅空位$(Pb_{63}S_{64})$	－93.59
	硫空位$(Pb_{64}S_{63})$	－188.15
甲基硫氮 $(CH_3)_2NCS_2$	理想表面$(Pb_{64}S_{64})$	－52.66
	铅空位$(Pb_{63}S_{64})$	2.89
	硫空位$(Pb_{64}S_{63})$	－154.38

7.1.2　吸附构型及成键分析

为了进一步讨论空位缺陷对捕收剂分子的吸附，图 7－1 至图 7－3 所示为三种捕收剂在含铅、硫空位缺陷方铅矿表面的吸附构型，图中的数字表示键长值，单位为 Å。对于铅空位，由图 7－1(a)可见黄药分子在理想方铅矿表面的吸附主要是单键硫原子(S1)与铅成键，双键硫原子(S2)成键很弱。对于铅空位，从图 7－1(b)可见，黄药分子主要是靠单键(S1)原子与铅空位周围的 S3 原子成键，双键硫原子(S2)没有成键，从电荷密度图也可看出，黄药分子中的单键硫原子与方铅矿表面硫原子的电子云发生强烈重叠(超过理想方铅矿)，而双键硫原子没有发生任何电子云的重叠，因此即使是只有单键硫原子成键，黄药分子在方铅矿表面铅空位的

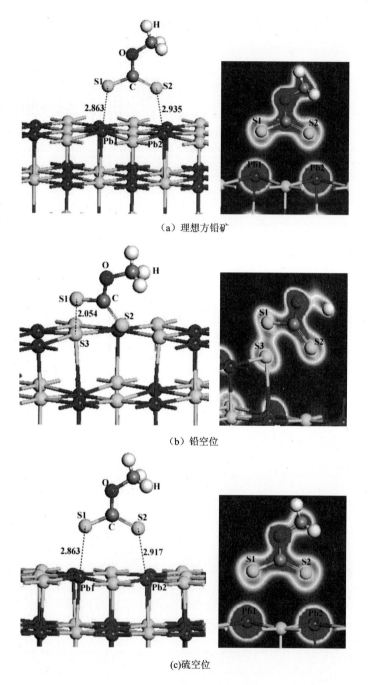

（a）理想方铅矿

（b）铅空位

(c)硫空位

图 7-1　甲黄药在硫空位和铅空位方铅矿表面吸附构型和成键的电荷密度图

吸附能仍然大于理想方铅矿；对于硫空位［见图 7-1(c)］，黄药分子两个硫原子都与硫空位处的两个铅原子成键，其中单键硫原子成键较强，双键硫原子与铅的成键强度稍强于理想方铅矿，因此硫空位显著提高了黄药在方铅矿表面的吸附能。

对于黑药分子，从图 7-2(a)可见，黑药分子也是通过两个硫原子与方铅矿表面的铅原子成键，其中单键硫原子(S1)成键强于双键硫原子(S2)。铅空位的存在虽然显著改变了黑药分子的吸附构型［图 7-2(b)］，但由于只有一个硫原子

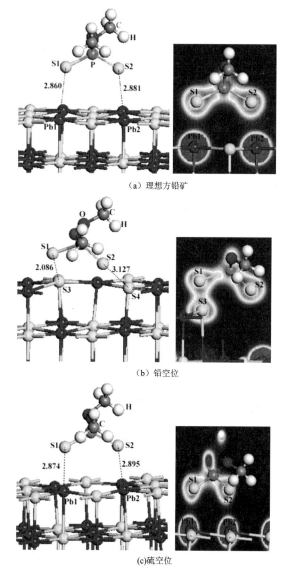

(a) 理想方铅矿

(b) 铅空位

(c) 硫空位

图 7-2　甲黑药在硫空位和铅空位方铅矿表面吸附构型和成键电荷密度图

成键，因此最终的吸附能和理想方铅矿一样（见表 7 - 1）。硫空位能够降低相邻铅原子的配位数，从而增强铅的吸附活性，从图 7 - 2(c)可见，黑药分子中的两个硫原子均与空位处的铅原子成键，从而增大了黑药的吸附能。

从图 7 - 3 可见，硫氮分子的两个硫原子都与方铅矿表面的作用，而铅空位中

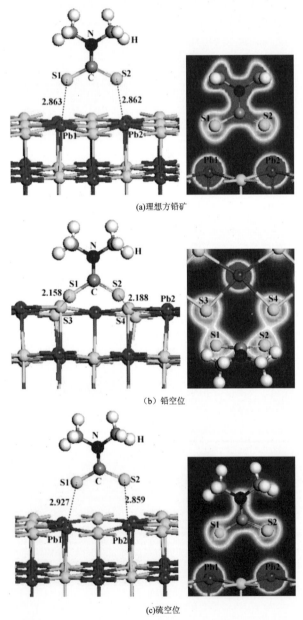

(a)理想方铅矿

（b）铅空位

(c)硫空位

图 7 - 3　甲硫氮分子在硫空位和铅空位方铅矿表面吸附构型和成键电荷密度图

的两个硫原子与硫氮中的两个硫原子的键长都在 2.15 Å 以上[见图 7-3(b)]，超过了硫—硫成键范围的键长(硫—硫原子半径之和为 2.08 Å)，说明硫氮分子在铅空位处不吸附，从电荷密度图也可看出，二者之间没有任何电子云重叠。因此硫氮分子中两个硫原子都没有在方铅矿表面铅空位成键，不发生吸附，这与吸附能数据是一致的。同样对于硫空位，由于铅原子配位数的减少，导致铅原子活性增强，促进了硫氮分子的吸附。

7.1.3 吸附作用的电子态密度分析

图 7-4 显示了甲黄药分子在含铅空位表面吸附前后原子的态密度分布曲线，费米能级处 E_F 的能量设为零点(图中竖直虚线表示)。其中 S1 和 S2 分别为黄药分子中的单键硫和双键硫原子，S3 是铅空位表面的原子与 S1 成键。由图可以看到，3 个硫原子在费米能级附近的态密度均由硫的 3p 态贡献，而且吸附后 3 个硫原子的态密度整体向低能方向移动。S1 和 S2 原子在吸附前它们的 3p 态的局域性很强，吸附后非局域性增加，而 S3 的 3p 态非局域性较强，在黄药吸附前后局域性变化不大。S1 与 S3 原子在多个地方发生了杂化。其中在 -9.1 eV 和 1.7 eV

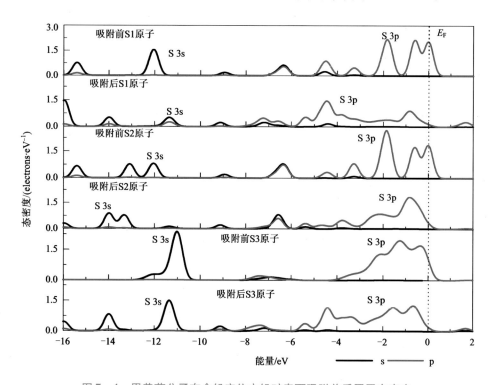

图 7-4 甲黄药分子在含铅空位方铅矿表面吸附前后原子态密度

处分别发生了较弱的 3s 态和 3p 态杂化，出现两个较小的态密度峰。而在 −5.4 eV 和 −4.4 eV 处发生了较强的 3p 态杂化，在 −14 eV 和 −11.4 eV 处它们的 3s 态发生了较弱的杂化。

图 7−5 显示了甲黄药分子在含硫空位方铅矿表面吸附前后原子的态密度分布，费米能级处 E_F 的能量设为零点（图中竖直虚线表示）。由图可见，黄药分子中的单键硫（S1）和双键硫（S2）原子，分别与含硫空位表面上的 Pb1 和 Pb2 原子成键，S1 和 S2 原子在费米能级附近的态密度均由 S 的 3p 态贡献，Pb 原子的则由 6p 和 6s 态贡献，而且吸附后铅硫原子的态密度整体向低能方向移动。S1 和 S2 原子在吸附前它们的 3p 态的局域性很强，吸附后非局域性增加，而且吸附后在费米能级处（−1~1 eV）的态密度为零，因此吸附后硫原子变得很稳定。而 Pb 原子在吸附后费米能级处的态密度峰稍有增强。而且在 −2.9 eV 成键的铅硫原子的 3p 态发生杂化，出现一个小的较明显态密度峰。

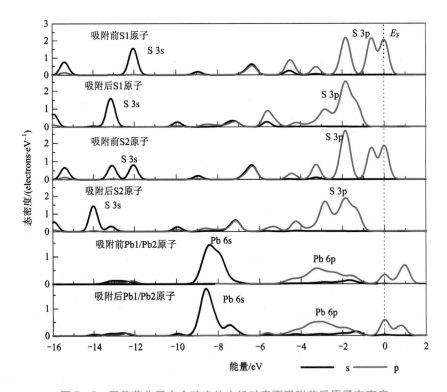

图 7−5　甲黄药分子在含硫空位方铅矿表面吸附前后原子态密度

图 7−6 显示了黑药分子在含铅空位表面吸附前后原子的态密度。其中 S1 和 S2 分别为黑药分子中的单键硫和双键硫原子，S3 是铅空位表面的原子与 S1 成

键。由图可见，3 个硫原子在费米能级附近的态密度均由硫的 3p 态贡献，而且吸附后 3 个硫原子的态密度整体向低能方向移动。S1 原子在吸附前它的 3p 态的局域性很强，吸附后非局域性增加，S2 在吸附前后态密度峰的形状几乎没有变化，3p 态的局域性较强，而 S3 的 3p 态非局域性较强，在黑药吸附前后变化不大。S1 与 S3 原子在 –16～2 eV 多个地方发生了杂化，其中在 –15.2 eV，–13.9 eV，–11.0 eV 及 –9.3 eV 和地方发生 s 轨道杂化，出现了 4 个态密度峰，在 1.7 eV 处杂化峰最明显，在 –7.4 eV，–5.2 eV，–4.2 eV 及 1.7 eV 发生 3p 态杂化，出现相应的杂化峰。

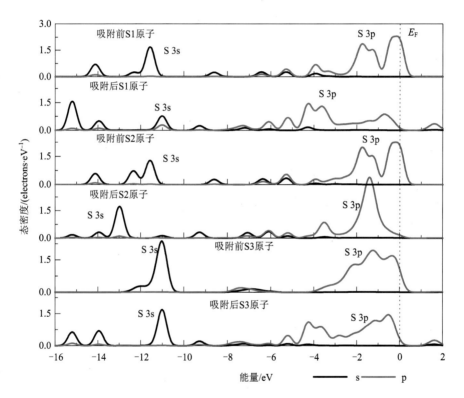

图 7 - 6　甲黑药分子在含铅空位方铅矿表面吸附前后原子态密度

图 7 - 7 显示了甲黑药分子在含硫空位表面吸附前后原子的态密度分布。黑药分子中的单键硫（S1）和双键硫（S2）原子分别与含硫空位表面上的 Pb1 和 Pb2 原子成键。由图可见，S1 和 S2 原子在费米能级附近的态密度均由 S 的 3p 态贡献，Pb 原子由 6p 和 6s 态贡献，且吸附后铅和硫原子的态密度整体向低能方向移动而且吸附后在费米能级处（–1～1 eV）的态密度为 0，因此吸附后硫原子变得很稳定。而 Pb 原子吸附后在导带附近（1～4 eV）态密度峰明显增大，且在 –5.4

eV 处与硫原子的 3p 态发生微弱杂化，出现一个较小的态密度峰。

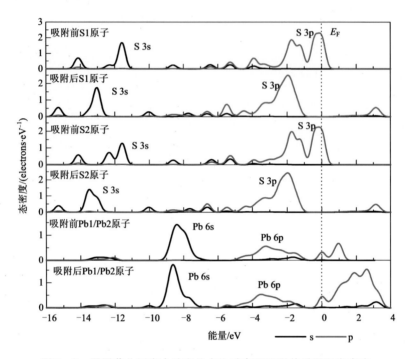

图 7 - 7　甲黑药分子在含硫空位方铅矿表面吸附前后原子态密度

7.2　杂质原子对黄药分子在黄铁矿表面吸附的影响

7.2.1　吸附能和吸附构型

对甲黄药分子（CH_3OCS_2）在含钴、镍、铜和砷杂质缺陷黄铁矿表面的吸附能和吸附构型进行了研究，吸附能如表 7 - 2 所示，并与在理想黄铁矿表面上的吸附能进行了对比。Co 杂质和 As 杂质使黄药在黄铁矿表面的吸附能降低，表明 Co 和 As 杂质使黄药的吸附增强，从而使黄药对黄铁矿的捕收增强；而 Ni 和 Cu 杂质使黄药在表面的吸附能升高，表明 Ni 和 Cu 杂质使黄药的吸附减弱，不利于黄药对黄铁矿的捕收，特别是 Cu 杂质的存在使黄药对黄铁矿的捕收最弱。

表 7 - 2　甲黄药在含杂质黄铁矿表面的吸附能

矿物表面	吸附能/(kJ·mol^{-1})
理想黄铁矿表面	-221.07
含钴黄铁矿表面	-237.22
含镍黄铁矿表面	-180.07
含铜黄铁矿表面	-157.95
含砷黄铁矿表面	-243.03

　　图 7 - 8 显示了甲黄药在含 Co、Ni、Cu 和 As 杂质黄铁矿表面的吸附构型。由图可知，甲黄药中的一个硫原子与黄铁矿表面的铁原子成键，另一个硫原子与杂质原子成键。比较硫原子与表面金属原子之间的键长可知，甲黄药距离含 Cu

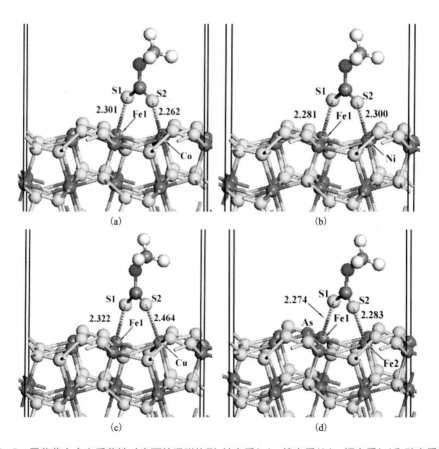

图 7 - 8　甲黄药在含杂质黄铁矿表面的吸附构型:钴杂质(a)、镍杂质(b)、铜杂质(c)和砷杂质(d)

杂质黄铁矿的表面最远，并且明显远于与其他含杂质表面的距离，而距离含 As 杂质的表面最近，这些表明甲黄药在含 Cu 杂质表面的吸附将最弱，而在含 As 杂质表面的吸附最强，与前面对吸附能的分析结果一致。表 7 – 3 列出的硫—金属键的 Mulliken 布居也表明，S—Cu 之间的布居值最小，而在 As 杂质表面形成的 S—Fe 键布居值最大，表明前者的共价性最弱，而后者共价性最强。

表 7 – 3　甲黄药在含杂质黄铁矿表面吸附后 Mulliken 键的布居

吸附模型	键	布居值
CH_3OCS_2/含钴黄铁矿表面	S2—Co	0.42
CH_3OCS_2/含镍黄铁矿表面	S2—Ni	0.41
CH_3OCS_2/含铜黄铁矿表面	S2—Cu	0.34
CH_3OCS_2/含砷黄铁矿表面	S1—Fe1	0.46

7.2.2　吸附作用的电子态密度分析

图 7 – 9 显示了黄药分子在含钴杂质黄铁矿表面吸附前后成键的 S2—Co 原子

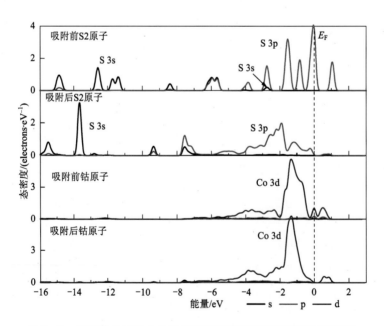

图 7 –9　甲黄药分子在含钴杂质黄铁矿表面吸附前后原子态密度

态密度。黄药吸附后 S2 原子在费米能级附近的 3p 态电子非局域性增强，在 - 2 eV 能量处形成一个较大的态密度峰；Co 原子在费米能级处的 3d 态密度峰消失，它的价带和导带明显分离开来，价带中的 3d 态没有发生偏移，而是形成一个更尖而细的主峰，电子局域性增强。S2 原子的 3p 态和 Co 原子的 3d 态在 - 4 ～ - 2 eV 能量范围内发生较弱的杂化，产生了几个较小的杂化峰。

图 7 - 10 显示了黄药分子在含镍杂质黄铁矿表面吸附前后成键的 S2—Ni 原子态密度。黄药吸附后 S2 原子在费米能级附近的 3p 态电子非局域性增强；吸附前 Ni 原子在价带中 3d 态形成两个非常尖而细的峰，电子局域性非常强，而吸附后价带中的 3d 态密度只有一个主峰，电子非局域性增强，态密度峰向低能方向移动。S2 原子的 3p 态和 Ni 原子的 3d 态在费米能级附近发生较强的杂化作用，另外还在 - 4.3 eV 能量处发生了杂化作用，产生了一个杂化峰。

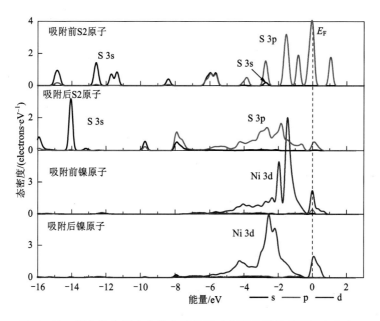

图 7 - 10　甲黄药分子在含镍杂质黄铁矿表面吸附前后原子态密度

图 7 - 11 显示了黄药分子在含铜杂质黄铁矿表面吸附前后成键的 S2—Cu 原子态密度。吸附后 S2 原子在费米能级附近的 3p 态电子非局域性增强；吸附后 Cu 原子在价带中的 3d 态密度没有发生偏移，但主峰更尖更细，电子局域性增强，另外费米能级处的 3d 态密度峰增强。S2 原子的 3p 态和 Cu 原子的 3d 态在 - 3.7 eV 和 - 1.5 eV 能量处发生了杂化作用，产生了两个明显的杂化峰。

图 7 - 12 显示了黄药分子在含砷杂质黄铁矿表面吸附前后成键的 S1—Fe1 原

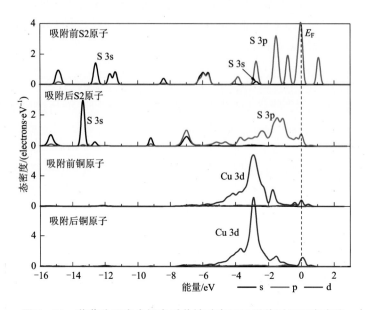

图 7-11　黄药分子在含铜杂质黄铁矿表面吸附前后原子态密度

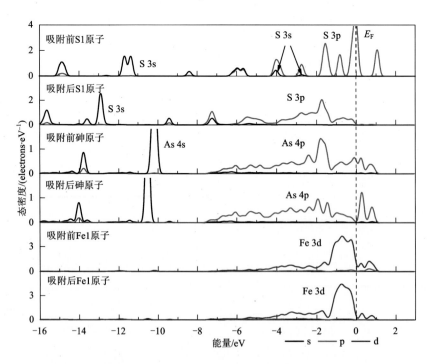

图 7-12　甲黄药分子在含砷杂质黄铁矿表面吸附前后原子态密度

子和 As 杂质原子的态密度，其中 S1 与 Fe1 原子成键，而 As 与 Fe1 成键。吸附后 S1 原子在费米能级附近的 3p 态密度峰降低，电子非局域性增强；Fe1 原子的 3d 态变化不明显。S1 原子的 3p 态和 Fe1 原子的 3d 态在 −1.7 eV 能量处发生了杂化，产生了新的杂化峰；As 的 4p 和 Fe1 的 3d 态在 0～1 eV 能量范围发生杂化。

7.3　杂质原子对黄药、黑药和硫氮分子在方铅矿表面吸附的影响

7.3.1　吸附能

　　甲黄药、甲黑药及甲硫氮在含银、铋、铜、锑、锌及锰 6 种杂质缺陷的方铅矿表面的吸附能见表 7-4。由表可知，黑药在方铅矿表面吸附最强，其次是黄药，最差的是硫氮。铋、锑及锰 3 种杂质的存在能大幅度提高黄药、黑药及硫氮分子在方铅矿表面的吸附能，银和锌杂质可以促进捕收剂分子的吸附，铜杂质降低了黑药在方铅矿表面的吸附能，但对黄药和硫氮分子的吸附影响不大。含杂质原子方铅矿表面吸附捕收剂强弱顺序和理想方铅矿完全相同，即黑药＞黄药＞硫氮，这表明方铅矿表面杂质原子的存在，只是改变了方铅矿表面的吸附活性，而没有改变其吸附机理。

表 7-4　捕收剂分子在含杂质缺陷方铅矿表面的吸附能

矿物表面	吸附能/(kJ·mol^{-1})		
	CH_3OCS_2	$(CH_3)_2O_2PS_2$	$(CH_3)_2NCS_2$
理想方铅矿表面	−71.33	−93.98	−52.66
含银方铅矿表面	−92.17	−104.37	−71.23
含铜方铅矿表面	−74.90	−82.47	−55.41
含锌方铅矿表面	−73.07	−106.98	−82.81
含铋方铅矿表面	−212.01	−227.49	−190.87
含锑方铅矿表面	−199.27	−208.77	−172.54
含锰方铅矿表面	−198.89	−199.80	−176.59

7.3.2　吸附构型和成键

　　图 7-13 所示为甲黄药在含银、铋、铜、锑、锌及锰 6 种杂质缺陷方铅矿表面

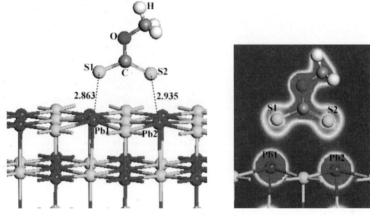

（a）理想方铅矿

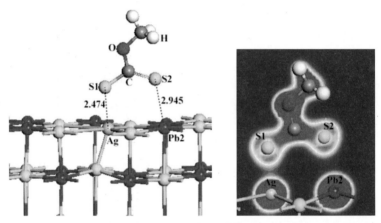

（b）含银方铅矿

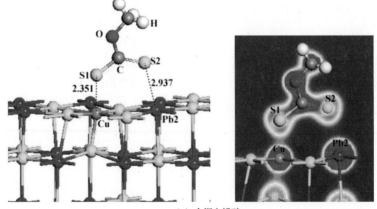

（c）含铜方铅矿

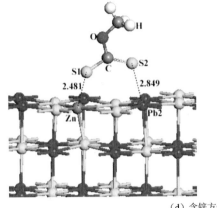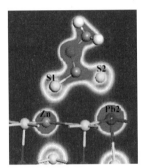

（d）含锌方铅矿

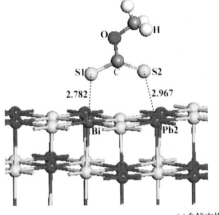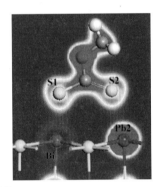

(e)含铋方铅矿

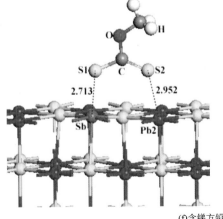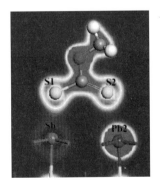

(f)含锑方铅矿

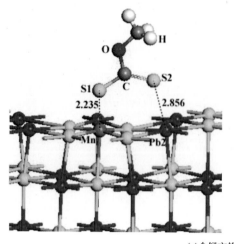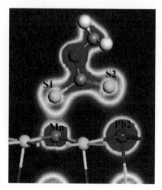

(g)含锰方铅矿

图 7 – 13　甲黄药在含杂质方铅矿表面的吸附构型和成键的电荷密度

的吸附构型及成键电荷密度，电子云重合得越多的，共价键越强。由图 7 – 13（a）可知，黄药分子中的单键硫原子（S1）与方铅矿表面的铅原子成键比较强，而双键硫原子（S2）与方铅矿表面的铅原子成键较弱（较长的键长和较弱的电荷密度）。比较其他图可知，黄药在含杂质方铅矿表面的吸附都是通过黄药分子中的单键硫原子（S1）与方铅矿表面的杂质原子成键，双键硫原子（S2）与方铅矿表面的铅原子成键都比较弱（锰和锌原子除外），键长都超过 2.9 Å。

　　由表 7 – 5 的 Mulliken 键布居值可见，黄药与含杂质方铅矿表面作用的共价性都是变强的。对比吸附能数据可见共价性较强为含锌、含铋方铅矿，它们的吸附能相对较小，而吸附能最大的含铋方铅矿的共价性却最弱，说明黄药在方铅矿表面的吸附不完全是共价键起作用，离子键的贡献更大一些。对于理想方铅矿而言，其共价性是最小的，但其吸附能也是最小的，这主要是因为理想方铅矿表面铅原子的活性不够造成的。需要指出的是，药剂分子在矿物表面的吸附取决于矿物表面结构、原子的配位数、原子的活性以及吸附分子的空间结构等多种因素，而不是单个因素能够决定的。

表 7 – 5　甲黄药在含杂质方铅矿表面吸附后的 Mulliken 键布居值

吸附模型	键	布居
CH_3OCS_2/理想方铅矿表面	S1—Pb1	0.16
CH_3OCS_2/含银方铅矿表面	S1—Ag	0.43

吸附模型	键	布居
CH_3OCS_2/含铜方铅矿表面	S1—Cu	0.44
CH_3OCS_2/含锌方铅矿表面	S1—Zn	0.52
CH_3OCS_2/含铋方铅矿表面	S1—Bi	0.24
CH_3OCS_2/含锑方铅矿表面	S1—Sb	0.26
CH_3OCS_2/含锰方铅矿表面	S1—Mn	0.46

图 7 - 14 显示甲黑药在含银、铋、铜、锑、锌及锰六种杂质缺陷方铅矿表面的吸附构型和成键电荷密度图。由图 7 - 14(a)可知,黑药分子中的单键硫原子(S1)与方铅矿表面的一个铅原子成键,双键硫原子(S2)与另一个表面的铅原子成键,这也是 3 种捕收剂分子中,黑药在方铅矿表面吸附最强的原因,即两个硫原子同时成键。不同杂质原子对黑药吸附的影响不同,例如黑药分子在含银杂质方铅矿表面吸附时,黑药单键硫原子(S1)与银成键较强(较短的键长和较强的电子云重叠),双键硫原子(S2)与铅原子成键却变弱了(键长超过 2.9 Å,电子云重叠也变弱);对于铜、锌、铋和锰杂质,黑药的两个硫原子都与含杂质方铅矿表面发生作用,其中单键硫原子(S1)与杂质原子成键,双键硫原子(S2)与铅原子成键(键长小于 2.9 Å,电子云重叠明显)。

表 7 - 6 列出甲黑药在含杂质缺陷方铅矿表面吸附后硫原子与杂质金属原子成键的 Mulliken 布居值。由表可知,共价键最强的是 Zn—S 键,其次是铜和银,然后是锰,而锑和铋与硫成键的布居值不大,吸附能却较大,这与黄药分子吸附共价键强弱的规律一样。

表 7 - 6　甲黑药在含杂质方铅矿表面吸附后的 Mulliken 键布居值

吸附模型	键	布居
$(CH_3)_2O_2PS_2$/理想方铅矿表面	S1—Pb1	0.13
$(CH_3)_2O_2PS_2$/含银方铅矿表面	S1—Ag	0.40
$(CH_3)_2O_2PS_2$/含铜方铅矿表面	S1—Cu	0.39
$(CH_3)_2O_2PS_2$/含锌方铅矿表面	S1—Zn	0.42
$(CH_3)_2O_2PS_2$/含铋方铅矿表面	S1—Bi	0.21
$(CH_3)_2O_2PS_2$/含锑方铅矿表面	S1—Sb	0.17
$(CH_3)_2O_2PS_2$/含锰方铅矿表面	S1—Mn	0.37

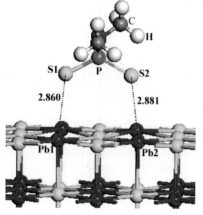
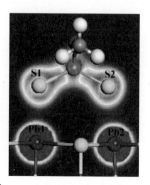

（a）理想方铅矿

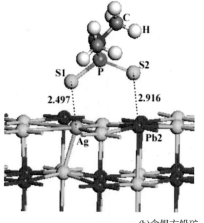
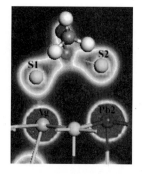

(b)含银方铅矿

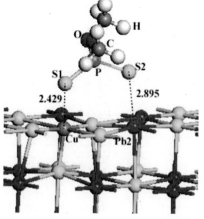
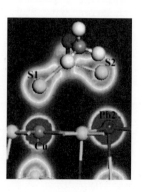

(c)含铜方铅矿

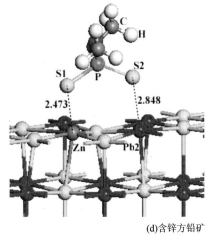
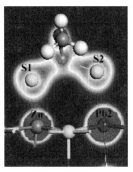

(d)含锌方铅矿

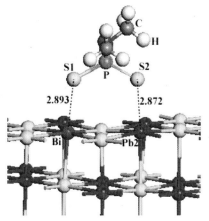
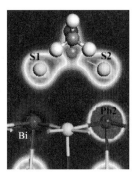

(e)含铋方铅矿

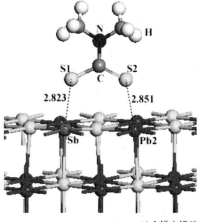
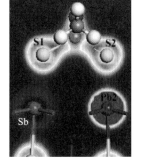

(f)含锑方铅矿

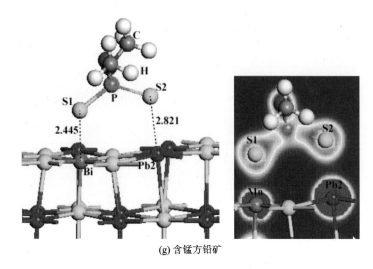

(g) 含锰方铅矿

图 7 - 14   甲黑药在含杂质方铅矿表面的吸附构型和成键的电荷密度图

图 7 - 15 显示甲硫氮分子在含银、铋、铜、锑、锌及锰 6 种杂质缺陷方铅矿表面的吸附构型，图中标出来的数字为两原子之间的键长值，单位为 Å。由图可知，硫氮分子中的单键硫原子(S1)和双键硫原子(S2)都与方铅矿表面的铅原子成键，并且单键硫和双键硫与两个铅原子之间的键长都相同，电荷密度图也差不多，表明硫氮分子中的单键硫原子与铅原子作用的活性不比双键强。而硫氮分子中单键硫原子(S1)与方铅矿表面杂质原子作用较强，另外从电荷密度图中也可以看出，单键硫原子与杂质原子的电子云重叠程度比双键硫原子与铅原子要强，并且硫氮分子被拉向杂质原子方向。

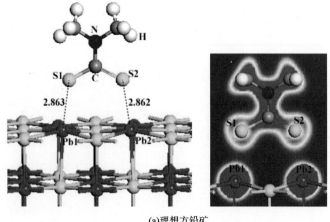

(a)理想方铅矿

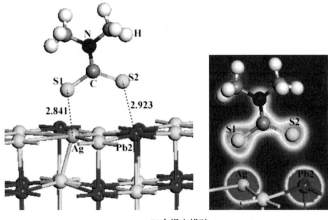

(b)含银方铅矿

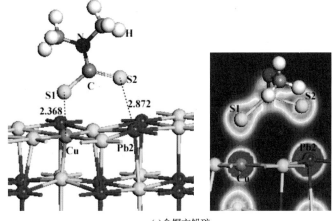

(c)含铜方铅矿

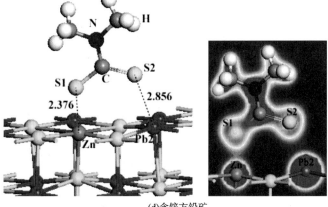

(d)含锌方铅矿

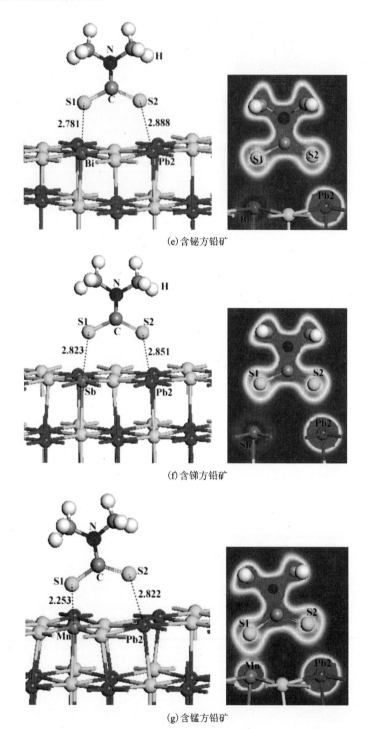

(e) 含铋方铅矿

(f) 含锑方铅矿

(g) 含锰方铅矿

图 7 – 15 甲硫氮在含杂质方铅矿表面的吸附构型及成键的电荷密度图

比较黑药分子和硫氮分子在方铅矿表面的吸附可以发现，黑药分子吸附后发生了较大的变形，烷基被拉向矿物表面，而硫氮分子的形状则保持不变，说明二者与方铅矿表面作用时的诱导力不同。采用高斯软件计算结果表明，甲黑药分子的静态极化率为 69.44 a.u.，而甲硫氮分子的静态极化率只有 64.39 a.u.，表明硫氮分子不容易被极化，因此硫氮分子在方铅矿表面吸附时，主要是静电力，诱导力较弱，导致总体作用能降低，这也是硫氮分子吸附能较小的主要原因。

表 7 – 7 可知，硫氮分子中单键硫原子与方铅矿表面锌原子的共价性最强，其次是锰，然后是铜和银，而锑和铋与硫成键的布居值还是比较小，特别锑键的布居值为 – 1.98，说明锑与硫没有形成共价键，而形成了离子键。

表 7 – 7　甲硫氮在含有杂质方铅矿表面吸附后的 Mulliken 键布居值

吸附模型	键	布居值
$(CH_3)_2NCS_2$/理想方铅矿表面	S1—Pb1	0.13
$(CH_3)_2NCS_2$/含银方铅矿表面	S1—Ag	0.44
$(CH_3)_2NCS_2$/含铜方铅矿表面	S1—Cu	0.44
$(CH_3)_2NCS_2$/含锌方铅矿表面	S1—Zn	0.61
$(CH_3)_2NCS_2$/含铋方铅矿表面	S1—Bi	0.23
$(CH_3)_2NCS_2$/含锑方铅矿表面	S1—Sb	– 1.98
$(CH_3)_2NCS_2$/含锰方铅矿表面	S1—Mn	0.47

7.3.3　吸附作用的电子态密度分析

7.3.3.1　黄药分子与杂质原子的作用

图 7 – 16 显示了黄药分子在含银杂质方铅矿表面吸附成键的 S1—Ag 原子的态密度。吸附后 S1 原子在费米能级附近的 3p 态密度峰变成一个较大的峰，非局域性增强。Ag 原子的 4d 态密度峰向低能方向移动，并形成一个更尖而细的主峰，电子局域性增强。S1 原子的 3p 态和 Ag 原子的 4d 态在 – 5 eV 能量处发生较弱的杂化，产生了一个较小的杂化峰。

图 7 – 17 显示了黄药分子在含铜杂质方铅矿表面吸附成键的 S1—Cu 原子的态密度。黄药吸附后，S1 原子在费米能级附近的 3p 态电子非局域性增强，吸附前 Cu 原子的 3d 态只有一个大峰并穿越费米能级，吸附后大峰变化成双肩峰，电子局域性变化不大，态密度峰没有发生明显的移动。S1 原子的 3p 态和 Cu 原子的 3d 态在费米能级附近导带 0.4 eV 能量处发生杂化作用，并产生一个小峰。

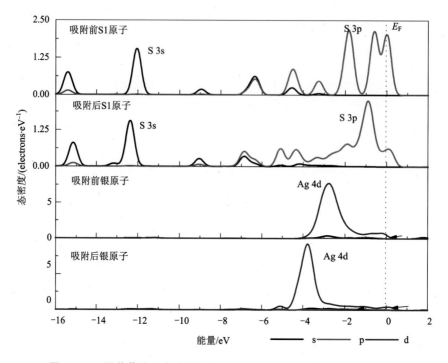

图 7 – 16　甲黄药分子在含有银杂质方铅矿表面吸附前后原子态密度

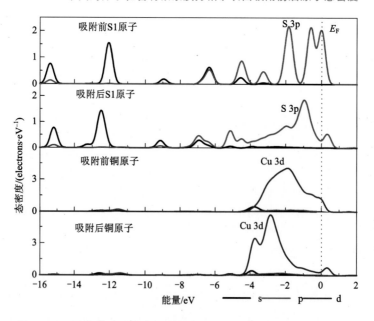

图 7 – 17　甲黄药分子在含铜杂质方铅矿表面吸附前后原子态密度

图 7-18 显示了黄药在含锌杂质方铅矿表面吸附成键的 S1—Zn 原子的态密度。吸附后 S1 原子在费米能级附近的 3p 态电子非局域性增强,吸附后 Zn 原子在价带中的 3p 态密度没有发生偏移,电子局域性变化不大。S1 原子和 Zn 原子的 3p 和 3s 态在 -4.8 eV 能量处发生杂化,产生了一个明显的杂化峰,另外它们的 3p 轨道在 -1.9 eV 能量处发生杂化,产生一个小杂化峰。

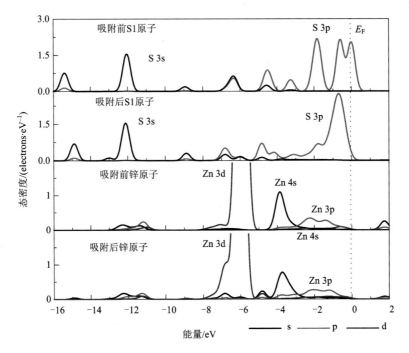

图 7-18　甲黄药分子在含锌杂质方铅矿表面吸附前后原子态密度

图 7-19 显示了黄药分子在含铋杂质方铅矿表面吸附成键的 S1—Bi 原子的态密度。吸附后 S1 原子在 E_F 附近的 3p 态密度电子非局域性增强,Bi 原子的态密度整体向高能级移动,吸附前后其 6p 态局域性较强,变化不明显。S1 的 3s 态和 Bi 原子的 6s 态在 -9.7 eV 能量处发生了杂化,产生一个小杂化峰。Bi 的 6p 和 S1 的 3p 态在 -4.9 eV 及 -3.3 eV 能量处发生杂化。

图 7-20 显示了黄药分子在含锑杂质方铅矿表面吸附成键的 S1—Sb 原子的态密度。吸附后 S1 原子在 E_F 附近的 3p 态密度电子非局域性增强,Sb 原子的态密度整体向高能级移动,吸附后其 5p 态在费米能级处的能量降低,5s 态穿越费米能级。S1 的 3s 态和 Sb 原子的 5s 态在 -9.2 eV 和 -6.8 eV 能量处发生了杂化,产生两个小杂化峰。Sb 的 6p 和 S1 的 3p 态在 -5.0 eV 及 1.8 eV 能量处发生杂化。

图 7-21 显示了黄药分子在含锰杂质方铅矿表面吸附成键的 S1—Mn 原子态

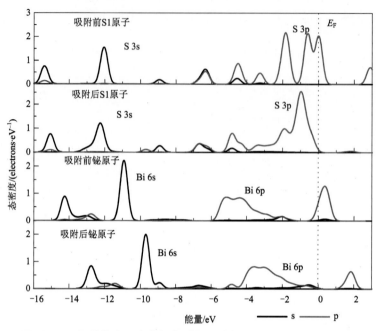

图7-19　甲黄药分子在含铋杂质方铅矿表面吸附前后原子态密度

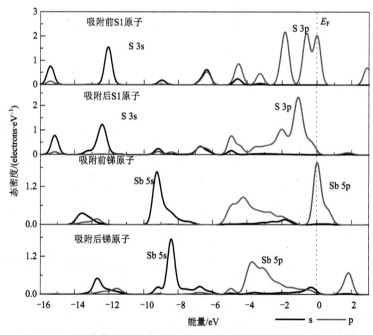

图7-20　甲黄药分子在含锑杂质方铅矿表面吸附前后原子态密度

密度。吸附后 S1 原子在 E_F 附近的 3p 态密度电子非局域性增强，Mn 原子的 3d 态密度不发生移动，吸附前后其 3d 态局域性较强，变化不明显，吸附后费米能级处的能量降低。S1 的 3p 态和 Mn 原子的 3d 态在 -2.9 eV、0 及 0.8 eV 能量处发生了杂化，产生 3 个小杂化峰。

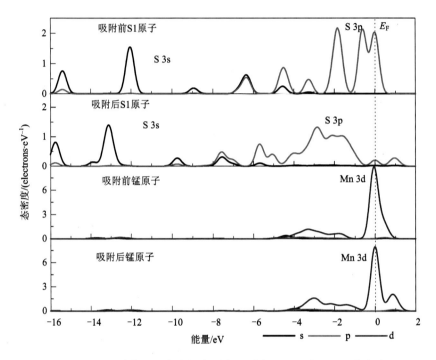

图 7-21　甲黄药分子在含锰杂质方铅矿表面吸附前后原子态密度

7.3.3.2　黑药分子与杂质原子的作用

图 7-22 显示了甲黑药分子在含银杂质方铅矿表面吸附成键的 S1—Ag 原子的态密度。S1 原子吸附后在费米能级附近的 3p 态密度峰变成一个较大的峰，非局域性增强，整体态密度向低能方向移动。Ag 原子的 4d 态密度峰向低能方向移动，峰形变窄，电子局域性增强。S1 原子的 3p 态和 Ag 原子的 4d 态在 -4.8 eV 和 -3.6 eV 能量处发生较弱的杂化，产生了 2 个较小的杂化峰。

图 7-23 显示了黑药分子在含铜杂质方铅矿表面吸附成键的 S1—Cu 原子的态密度。黑药吸附后，S1 原子在费米能级附近的 3p 态电子非局域性增强，吸附前 Cu 原子的 3d 态只有一个大峰并穿越费米能级，吸附后大峰变成双肩峰，电子局域性变化不大，态密度峰没有发生明显的移动。S1 原子的 3p 态和 Cu 原子的 3d 态在 -3.7 eV 和 -2.7 eV 以及费米能级附近导带 0.26 eV 能量处发生杂化作用，并产生 3 个小的杂化峰。

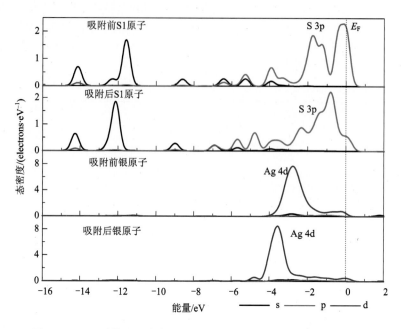

图 7-22　甲黑药分子在含银杂质方铅矿表面吸附前后原子态密度

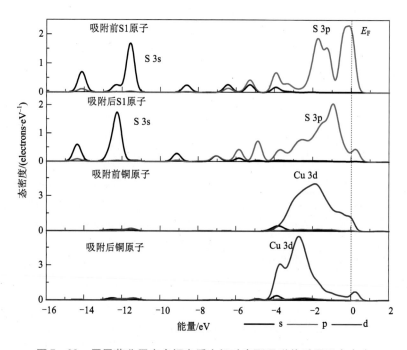

图 7-23　甲黑药分子在含铜杂质方铅矿表面吸附前后原子态密度

图 7-24 显示了黑药在含锌杂质方铅矿表面吸附成键的 S1—Zn 原子态密度。吸附后 S1 原子在费米能级附近的 3p 态电子非局域性增强，吸附后 Zn 原子在价带中的 3p 态密度没有发生偏移，电子局域性变化不大。S1 原子和 Zn 原子的 3p 和 3s 态在 -4.6 eV 能量处发生杂化，产生了 1 个明显的杂化峰。另外它们的 3p 轨道在 -6.9 eV 能量处发生杂化，产生一个小杂化峰。

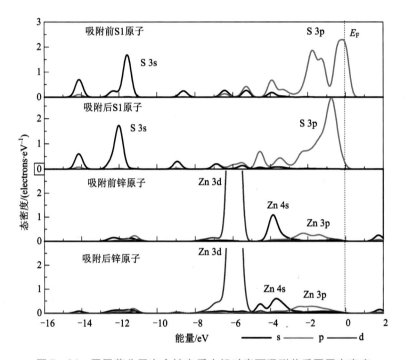

图 7-24　甲黑药分子在含锌杂质方铅矿表面吸附前后原子态密度

图 7-25 显示了黑药分子在含铋杂质方铅矿表面吸附成键的 S1—Bi 原子态密度。吸附后 S1 原子在 E_F 附近的 3p 态密度电子非局域性增强，Bi 原子的态密度整体向高能级移动，吸附前后其 6p 态局域性较强，变化不明显。S1 的 3s 态和 Bi 原子的 6s 态在 -9.7 eV 能量处发生了杂化，产生一个小杂化峰。Bi 的 6p 和 S1 的 3p 态在 -4.6 eV 及 -3.6 eV 能量处发生杂化。

图 7-26 显示了黑药分子在含锑杂质方铅矿表面吸附成键的 S1—Sb 原子态密度。吸附后 S1 原子在费米能级附近的 3p 态密度电子非局域性增强，Sb 原子的态密度整体向高能级移动，吸附后其 5p 态在费米能级处的能量降低。Sb 的 6p 和 S1 的 3p 态在 -3.5 eV 及 1.7 eV 能量处发生杂化。

图 7-27 显示了黑药分子在含锰杂质方铅矿表面吸附成键的 S1—Mn 原子的态密度。吸附后 S1 原子在费米能级附近的 3p 态密度电子非局域性增强，Mn 原

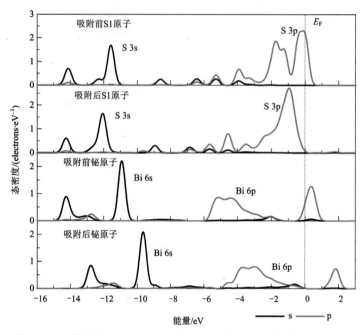

图 7-25   甲黑药分子在含铋杂质方铅矿表面吸附前后原子态密度

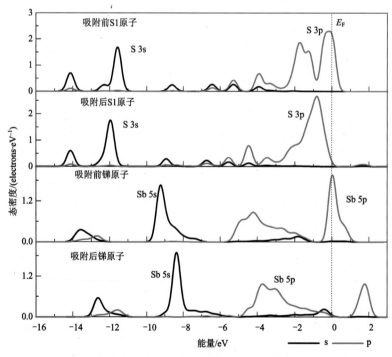

图 7-26   甲黑药分子在含锑杂质方铅矿表面吸附前后原子态密度

子的3d态密度不发生移动，吸附前后其3d态局域性较强，变化不明显，费米能级处的能量降低。S1的3p态和Mn原子的3d态在费米能级及0.8 eV能量处发生了杂化，产生2个小杂化峰。

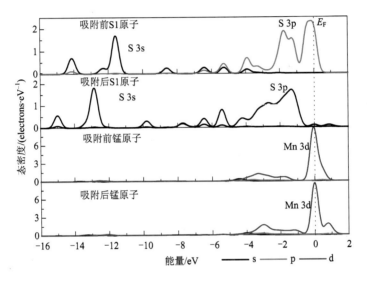

图7-27　甲黑药分子在含锰杂质方铅矿表面吸附前后原子态密度

7.3.3.3　硫氮分子与杂质原子的作用

图7-28显示了硫氮分子在含银杂质方铅矿表面吸附成键的S1-Ag原子态密度。S1原子吸附后原来在费米能级附近的3p态密度峰变成一个较大的峰，非局域性增强。Ag原子的3d态密度峰向低能方向移动，并形成一个更尖而细的主峰，电子局域性增强。

图7-29显示了甲硫氮分子在含铜杂质方铅矿表面吸附成键的S1—Cu原子的态密度。硫氮分子吸附后S1原子在费米能级附近的3p态电子非局域性增强，吸附前Cu原子的3d态只有一个大峰并穿越费米能级，吸附后大峰变化成双肩峰，电子局域性变化不大，态密度峰没有发生明显的移动。S1原子的3p态和Cu原子的3d态在费米能级附近导带0.26 eV能量处发生杂化作用，并产生一个小峰。

图7-30显示了甲硫氮在含锌杂质方铅矿表面吸附成键的S1—Zn原子的态密度。吸附后S1原子在费米能级附近的3p态电子非局域性增强，吸附后Zn原子在价带中的3p态密度没有发生偏移，电子局域性变化不大。S1原子和Zn原子的3p和3s态在-4.5 eV能量处发生杂化，产生了1个明显的杂化峰。

图7-31显示了甲硫氮分子在含铋杂质方铅矿表面吸附前后成键的S1—Bi

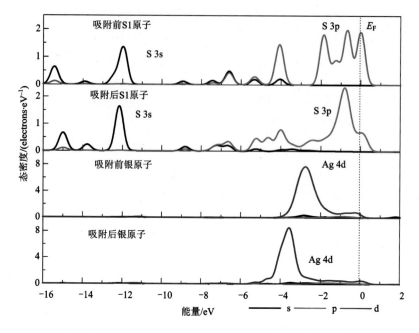

图7-28　甲硫氮分子在含银杂质方铅矿表面吸附前后原子态密度

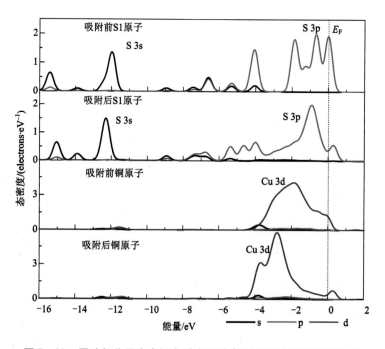

图7-29　甲硫氮分子在含铜杂质方铅矿表面吸附前后原子态密度

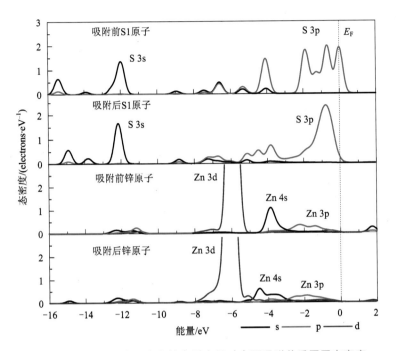

图 7 - 30　甲硫氮分子在含锌杂质方铅矿表面吸附前后原子态密度

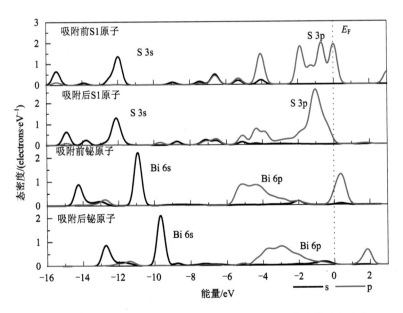

图 7 - 31　甲硫氮分子在含铋杂质方铅矿表面吸附前后原子态密度

原子态密度。吸附后 S1 原子在 E_F 附近的 3p 态密度电子非局域性增强；Bi 原子的态密度整体向高能级移动，吸附前后其 6p 态局域性较强，变化不明显。S1 的 3s 态和 Bi 原子的 6s 态在 -9.6 eV 和 -8.7 eV 能量处发生了杂化，产生两个小杂化峰；Bi 的 6p 和 S1 的 3p 态在 -5.1 eV 能量处发生杂化。

图 7-32 显示了甲硫氮分子在含有 Sb 杂质方铅矿表面吸附成键的 S1—Sb 原子态密度。吸附后 S1 原子的态密度整体向低能方向移动，在费米能级附近的 3p 态密度电子非局域性稍微增强；Sb 原子的态密度整体向高能级移动，吸附后其 5p 态的能量降低。Sb 的 6p 和 S1 的 3p 态在 -5.6 eV，-2.9 eV 及 1.8 eV 能量处发生杂化，产生 3 个小的杂化峰。

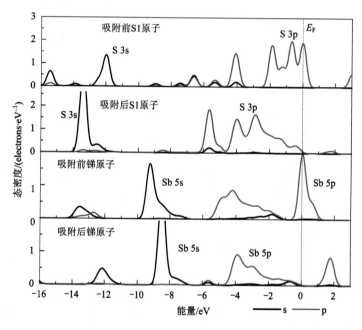

图 7-32　甲硫氮分子在含锑杂质方铅矿表面吸附前后原子态密度

图 7-33 显示了甲硫氮分子在含锰杂质方铅矿表面吸附成键的 S1—Mn 原子态密度。吸附后 S1 原子的态密度向低能方向移动，在费米能级 E_F 附近的 3p 态密度电子非局域性增强；Mn 原子的 3d 态密度不发生移动，吸附前后其 3d 态局域性较强，变化不明显，吸附后费米能级处的能量降低。S1 的 3p 态和 Mn 原子的 3d 态在 0 及 0.9 eV 能量处发生了杂化，产生 2 个小杂化峰。

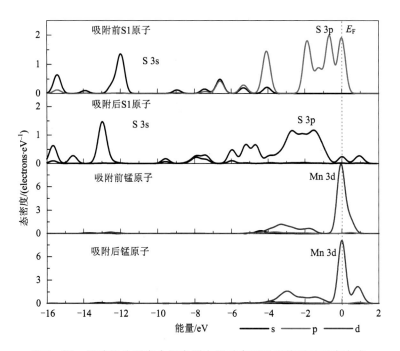

图 7－33　甲硫氮分子在含锰杂质方铅矿表面吸附前后原子态密度

7.4　杂质对闪锌矿表面黄药作用产物的影响

7.4.1　含杂质闪锌矿表面红外光谱

图 7－34 是人工合成的不同杂质闪锌矿直接与丁基黄药作用后的红外透射光谱。由图 7－34 可见，在不同掺杂浓度下的铜和含镉闪锌矿表面都在 1240～1257 cm⁻¹ 处出现双黄药的 C—O 键的特征吸收峰，表明黄药离子在含铜和含镉闪锌矿表面形成了双黄药。而含铁杂质的闪锌矿表面在 1240～1265 cm⁻¹ 处都没有发现双黄药的 C—O 伸缩振动峰，表明在含铁闪锌矿表面没有双黄药形成，这也可以解释在浮选实践中含铁闪锌矿往往难以用黄药捕收的现象。

图 7－35 的透射光谱虽然表明含镉和铜的闪锌矿表面有双黄药形成，含铁闪锌矿表面没有双黄药形成，但却不能确定闪锌矿表面是否有金属黄原酸盐的存在。为了进一步考察在闪锌矿表面是否有黄原酸铜、黄原酸镉和黄原酸铁生成，对与黄药作用过的掺杂质闪锌矿进行了傅里叶变换漫反射红外光谱（DRIFT）分析，并与人工合成的黄原酸铜、黄原酸铁和黄原酸镉进行比较，测试结果见图 7－36。由图可见在含铜和含镉杂质闪锌矿表面很明显存在双黄药和黄原酸铜、

黄原酸镉的特征峰。而在含铁闪锌矿表面，只有黄原酸铁的特征峰出现，没有发现双黄药的特征峰，这也与红外光谱结果是一致的。

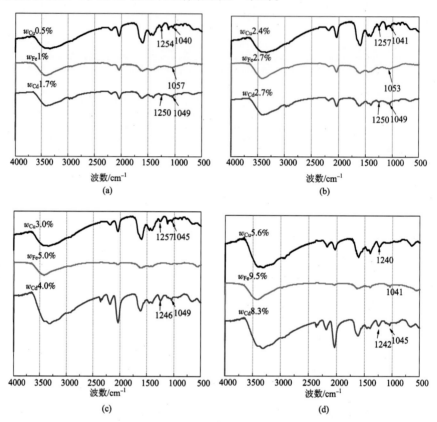

图 7 - 34　不同杂质含量的闪锌矿与黄药作用后的红外光谱

黄药浓度：1×10^{-4} mol/L

表 7 - 8　黄药的主要官能团吸收特征峰

化合物类别	主要官能团	波数/cm^{-1}
黄药	C＝S 伸缩振动	1020 ~ 1050
	C—O—C 伸缩振动	1100 ~ 1120, 1150 ~ 1265
双黄药	C—O	1240 ~ 1265
黄药	C—O	1150 ~ 1210
黄原酸锌	C＝S, C—O—C	1030, 1125, 1212
黄原酸铜	C＝S, C—O—C	1005, 1245
黄原酸铁	C＝S, C—O—C	1035, 1195

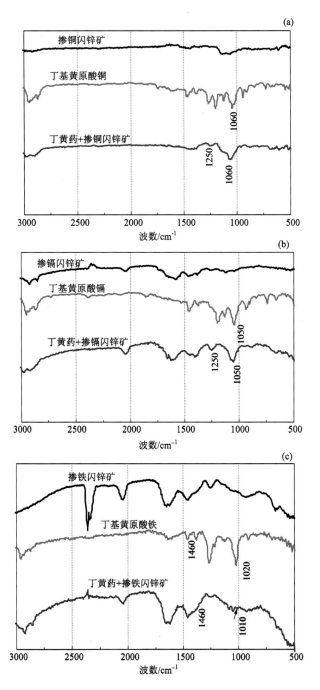

图 7-35 无硫酸铜时，含杂质闪锌矿与黄药作用后的 DRIFT 光谱

（a）掺铜闪锌矿；（b）掺镉闪锌矿；（c）掺铁闪锌矿；黄药浓度 1×10^{-4} mol/L

为了进一步确认闪锌矿表面是否有双黄药形成,对掺杂质闪锌矿表面进行了环己烷萃取,萃取产物的紫外吸收曲线见图 7-36。由图可见在含铜和含镉闪锌矿表面,在 281 nm 处有很明显的双黄药特征吸收峰,表明黄药与含铜和含镉闪锌矿发生作用在表面生成了双黄药,而在含铁闪锌矿表面则没有检测出双黄药特征吸收峰,说明黄药在含铁闪锌矿表面没有形成双黄药。这也与 DRIFT 的结果是一致的。

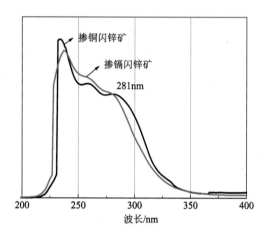

图 7-36 无硫酸铜时,含杂质闪锌矿与黄药作用后的紫外吸收光谱

黄药浓度:1×10^{-3} mol/L

经过硫酸铜活化后的含杂质闪锌矿与黄药作用后的傅里叶变换漫反射红外光谱结果见图 7-37。在含铜闪锌矿表面,很明显存在双黄药和黄原酸盐的特征峰(例如,在 1250 cm^{-1},1130 cm^{-1} 和 1060 cm^{-1} 处)。在含镉闪锌矿表面,在 1250 cm^{-1} 处出现双黄药特征峰,金属黄原酸盐也出现在光谱内。对于含铁闪锌矿表面,在 1250 cm^{-1} 处出现一个微弱的吸收峰,说明有少量双黄药生成。

为了进一步确定双黄药产物的存在,对经黄药作用后的含杂质闪锌矿表面产物进行了萃取,萃取产物的紫外吸收曲线见图 7-38。在含铜闪锌矿表面,281 nm 处有很明显的双黄药特征吸收峰,表明黄药与含铜闪锌矿发生作用在表面生成了双黄药,含镉闪锌矿表面,在 280 nm 处出现一个很微小的双黄药特征吸收峰,说明黄药在含镉闪锌矿表面形成少量双黄药,这与 DRIFT 的结果是一致的。尽管 DRIFT 的结果说明在含铁闪锌矿表面有双黄药形成,但在其表面并未有双黄药的特征峰出现,可能的原因是在含铁闪锌矿表面形成的双黄药量过少以至于检测不出来。

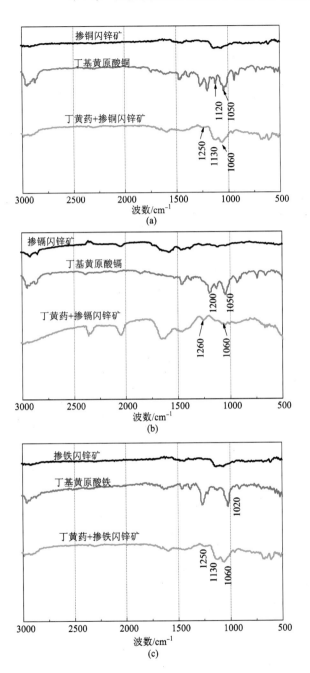

图 7 – 37　有硫酸铜时，含杂质闪锌矿与黄药作用后的 DRIFT 光谱
(a)掺铜闪锌矿；(b)掺镉闪锌矿；(c)掺铁闪锌矿
黄药浓度：1.0×10^{-4} mol/L；$CuSO_4$ 浓度：1.0×10^{-4} mol/L

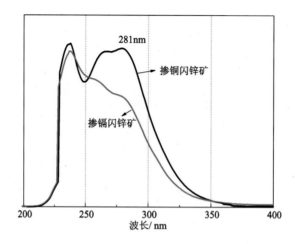

图 7 - 38 有硫酸铜时, 含杂质闪锌矿与黄药作用后的紫外吸收光谱

黄药浓度: 1.0×10^{-3} mol/L; $CuSO_4$浓度: 1.0×10^{-3} mol/L

以上光谱测试结果表明, 无硫酸铜活化时, 黄药在含铜和含镉闪锌矿表面发生作用后, 矿物表面既有双黄药形成也有黄原酸盐形成, 而在含铁闪锌矿表面则只有黄原酸铁形成, 没有双黄药。黄原酸盐(黄原酸铜、黄原酸镉和黄原酸铁)的形成可归因于闪锌矿表面杂质原子的存在(铜、镉、铁杂质)。X 射线能谱测试(EDAX)结果(图 7 - 39)证实了在合成的闪锌矿表面确实存在铜、镉和铁元素。

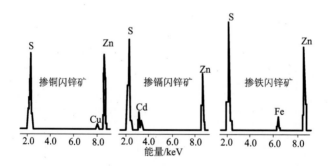

图 7 - 39 含杂质闪锌矿样品 X 射线能谱图

据报道, 黄原酸铜(CuEX)、黄原酸镉[Cd(EX)$_2$]和黄原酸铁[Fe(EX)$_2$]的溶度积 K_{sp}分别是 5.3×10^{-20}、2.6×10^{-14} 和 8.0×10^{-8}(Kakovsky, 1957)[1]。因此, 黄原酸铜和黄原酸镉更易在含铜和镉的闪锌矿表面形成, 而黄原酸铁则在含铁闪锌矿表面相对较难形成。

双黄药的形成与电化学过程有关。众所周知,黄药的氧化同时伴随着氧气的还原(Richardson and O'Dell, 1985)[2]。这个反应可以表达为下面两式:

$$O_2 + e \Longrightarrow (O_2^-)_{ads} \qquad\qquad (7-1)$$

$$ROCS_2^- \Longrightarrow (ROCS_2)_{ads} + e \qquad\qquad (7-2)$$

纯的闪锌矿是一种宽带隙(3.61 eV)的绝缘体。因此,氧气不能吸附在纯的闪锌矿上(Abramov and Avdohin, 1977)[3],黄药的氧化极难发生。这也是用黄药做捕收剂浮选闪锌矿回收率低的原因。虽然铁、铜和镉杂质能提高闪锌矿的导电率并且成为氧气的吸附位置(Chen and Chen, 2010)[4],但是双黄药仅仅出现在铜和镉掺杂过的闪锌矿表面。另外,在铁掺杂的闪锌矿表面,通过紫外吸收光谱的检测,并未发现双黄药。说明氧气的吸附和还原并不能确保双黄药在矿物表面的形成。

由黄药转变为双黄药的电化学过程涉及电子在捕收剂和矿物表面的转移。费米能级(E_F)代表着体系电子的平均化学势,可用下式来表示:

$$E_F = \mu = \left(\frac{\partial G}{\partial N}\right)_T \qquad\qquad (7-3)$$

其中:μ 是化学势;G 是吉布斯自由能;N 是体系能量;T 是绝对温度。根据化学势原则,电子通常是由高势能转移到低势能。当黄药的 E_F 高于硫化矿物的 E_F 时,电子就可以从黄药转移到矿物,从而形成双黄药;当黄药的 E_F 低于硫化矿物的时候,电子便不能由黄药转移到矿物,因此就不能形成双黄药[5]。

纯的闪锌矿和3种杂质掺杂的闪锌矿以及黄药的 E_F 值可由量子理论求得,结果见表7-9。

表7-9　含杂质闪锌矿和丁黄药的费米能级

	理想闪锌矿	掺铜闪锌矿	掺铁闪锌矿	掺镉闪锌矿	丁黄药
E_F/eV	-4.211	-4.713	-3.884	-4.404	-3.985

如表7-9所示,黄药的 E_F 值高于纯闪锌矿和含铜闪锌矿、含镉闪锌矿,说明黄药的电子可以转移到这些矿物上,黄药可以氧化形成双黄药,但是对于纯闪锌矿,由于氧气不能吸附在纯的闪锌矿表面,导致反应(7-2)也不能发生,因此尽管纯闪锌矿的 E_F 值满足化学势要求,双黄药还是不能在纯闪锌矿表面形成。由于表面杂质铁原子可以成为吸附活性位置[6],含铁闪锌矿能够吸附氧气分子,然而含铁闪锌矿的 E_F 值却高于黄药的 E_F,因此,电子不能从黄药转移到含铁闪锌矿表面,阻碍了双黄药的形成。

由此可知,含铜和含镉闪锌矿表面都能产生双黄药,而没有硫酸铜活化的含铁闪锌矿表面则没有双黄药的生成。当闪锌矿被铜离子活化后,费米能级模型仍然适用来解释含铜和含镉闪锌矿表面双黄药的形成。铜活化过的含铁闪锌矿表面仍然难以形成双黄药,主要是由于铁杂质阻碍了闪锌矿表面铜活化。

　　由以上讨论可见杂质的存在影响闪锌矿表面黄药的吸附,黄药吸附在含镉和含铜闪锌矿表面的主要产物是双黄药和金属黄原酸盐,而在含铁闪锌矿表面,主要产物则是金属黄原酸盐。根据电子的电化学规则(或费米能级规则),黄药在硫化矿物表面形成双黄药需要满足以下两条规则:

　　(1)电路闭合规则:矿物表面必须同时存在阳极氧化和阴极还原两个反应,构成电流闭路,即矿物表面氧气还原与黄药的氧化两个共轭电化学反应必须同时存在。

　　(2)电子传递的电化学规则:电子只能由费米能级高的地方向低的地方传递,即电子在黄药分子和矿物之间的转移,只能从化学位高的地方向化学位低的地方传递。在黄药氧化形成双黄药过程中,黄药的费米能级必须高于矿物的费米能级。

参考文献

[1] Kakovsky I A. Physicochemical properties of some flotation reagents and their salts with ions of heavy non - ferrous metals[C]. Proceedings, 2nd International Congress of Surface Activity, 1957, 225 - 237

[2] Richardson P E, O'Dell C S. Semiconducting characteristics of galena electrodes relationship to mineral flotation[J]. Journal of the Electrochemical Society, 1985, 132: 1350 - 1356

[3] Abramov A A, Avdohin V M. Oxidation of sulfide minerals in beneficiations processes[M]. Gordon and Breach Science Publishers, Amsterdam, 1977

[4] Chen Y, Chen J H. A DFT study on the effect of lattice impurities on the electronic structures and floatability of sphalerite[J]. Minerals Engineering, 2010, 23: 1120 - 1130

[5] Chen J H, Feng Q M, Lu Y P. Energy band model of electrochemical flotation and its application (Ⅱ)—Energy band model of xanthate interacting with sulphide minerals[J]. The Chinese Journal of Nonferrous Metals, 2000, 10: 426 - 429

[6] Chen J H, Chen Y, Li Y Q. Quantum - mechanical study of effect of lattice defects on surface properties and copper activation of sphalerite surface[J]. Transaction of Nonferrous Metal Society of China, 2010, 20: 1121 - 1130

第 8 章　晶格缺陷对硫化矿物
抑制行为的影响

选择性是实现矿物浮选分离的关键，在硫化矿浮选实践中，一般通过加入抑制剂来实现矿物的选择性分离。硫化矿物是半导体矿物，晶格缺陷改变了矿物的半导体性质，也因此影响了抑制剂分子在硫化矿物表面的吸附和解吸过程。本章以常见几种抑制剂为研究对象，探讨晶格缺陷对其在硫化矿物表面吸附的影响。

8.1　晶格缺陷对黄铁矿碱性介质抑制的影响

氢氧化钠和石灰是有效的 pH 调整剂，也是黄铁矿有效的抑制剂，但二者的抑制效果是不同的，石灰对黄铁矿的抑制效果比氢氧化钠要好。研究表明采用氢氧化钠调 pH，黄铁矿表面动电位是变负的，表明氢氧根（OH^-）发生了吸附；而采用石灰调 pH 时，黄铁矿表面动电位是变正的，表明带正电的羟基钙（$CaOH^+$）发生了吸附。氢氧根和羟基钙抑制黄铁矿的研究已经有许多报道，但对于其微观吸附构型和作用细节仍不清楚。

硫化矿的浮选分离一般都会涉及和黄铁矿的分离，高碱工艺已经成为大部分硫化矿浮选分离的常用工艺。在高碱工艺中，黄铁矿的有效抑制是获得理想分离指标的基础。由于晶格缺陷的存在导致黄铁矿性质变化，从而导致黄铁矿电化学浮选行为发生变化，造成黄铁矿的抑制性能也发生变化。本节将从理论上探讨晶格缺陷对黄铁矿抑制性能的影响。

8.1.1　氢氧根和羟基钙在理想黄铁矿表面的吸附

图 8 - 1 显示的是氢氧根在黄铁矿表面两种可能的位置吸附后的构型，即 O 吸附在顶部 S 位和表面 Fe 位，图中的数字为键长，单位为 Å。吸附能计算结果表明，以 O 在表面 Fe 位吸附时的吸附能最低（见表 8 - 1），为 − 264.99 kJ/mol，吸附后的 Fe—O 键长为 1.843 Å，氢氧根化学吸附在黄铁矿表面上。

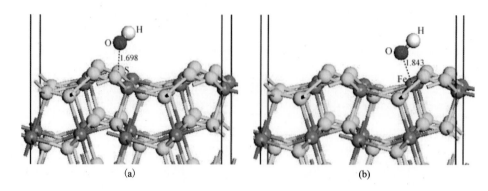

图 8-1 氢氧根在黄铁矿表面吸附的两种构型: 硫位(a)和铁位(b)

表 8-1 氢氧根在黄铁矿表面不同位置的吸附能

吸附位	吸附能/(kJ·mol^{-1})
硫位	-163.65
铁位	-264.99

图 8-2 显示的是羟基钙在黄铁矿表面两种可能的位置吸附后的构型, 都是在穴位吸附(Hollow), 但在两种穴位吸附后的构型非常不一样。在第一种穴位(Hollow 1)吸附的时候, 通过 Ca 与表面 S 原子作用吸附在表面穴位上, 而在第二种穴位(Hollow 2)吸附的时候, Ca 在穴位吸附, 与 Fe1、S1 和 S2 相互作用, 而 O 与另一个 Fe2 成键。前一种吸附方式的吸附能为 -191.60 kJ/mol(见表 8-2), 后一种的吸附能为 -276.62 kJ/mol, 说明羟基钙将以后一种方式, 即以 Ca 吸附

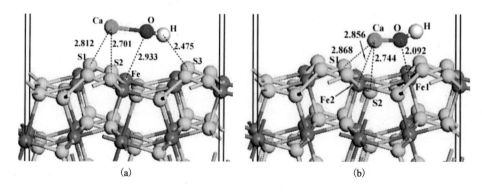

图 8-2 羟基钙在黄铁矿表面吸附的两种构型: 穴位 1(a)和穴位 2(b)

在穴位上、羟基基团中的 O 原子与 Fe 共价成键而稳定吸附在黄铁矿表面上。

表 8 - 2　羟基钙在黄铁矿表面不同位置的吸附能

吸附位	吸附能/(kJ·mol^{-1})
穴位 1	- 191.60
穴位 2	- 276.62

对 O 原子与 Fe 原子成键的情况分析可知，氢氧根吸附时形成的 O—Fe 键长（1.843 Å）远小于羟基钙吸附时形成的 O—Fe 键长（2.092 Å），前者的 Mulliken 布居值为 0.42，后者的 Mulliken 布居值为 0.25（见表 8 - 3），布居值越大共价性越强，表明前者的共价键强度远大于后者，吸附更强，从电荷密度图（图 8 - 3）可以明显和直观地看出，氢氧根吸附后氧原子与表面铁原子之间电子密度非常大，而羟基钙吸附后氧与铁之间的电子密度非常小。

表 8 - 3　氢氧根和羟基钙在黄铁矿表面吸附后的 Mulliken 键的布居

吸附模型	键	布居
OH/黄铁矿表面	O—Fe	0.42
	O—H	0.59
CaOH/黄铁矿表面	O—Fe2	0.25
	O—H	0.60

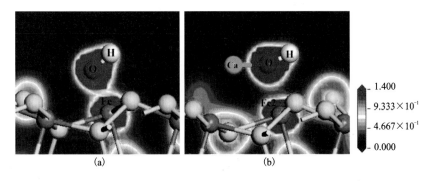

图 8 - 3　氢氧根吸附(a)和羟基钙吸附(b)原子电荷密度图

比较氢氧根和羟基钙在表面的吸附能可以知道，后者在黄铁矿表面的吸附能（-276.62 kJ/mol）要低于前者（-264.99 kJ/mol），表明羟基钙的吸附更强。这些结果说明虽然羟基钙中羟基基团的吸附弱于氢氧根，但由于钙的存在反而使吸附增强了，因此石灰对黄铁矿的抑制强于氢氧化钠，同时也表明羟基钙中钙的存在对石灰抑制黄铁矿起非常重要的作用。

8.1.2　含空位缺陷黄铁矿表面的吸附

8.1.2.1　吸附能

表8-4列出了氢氧根在空位缺陷黄铁矿表面的吸附能，并与在理想表面的吸附进行了对比。对于氢氧根吸附，在含铁空位缺陷黄铁矿表面的吸附能升高，为-205.00 kJ/mol（在理想表面为-264.99 kJ/mol），而在硫空位缺陷黄铁矿表面的吸附能大大降低，为-472.16 kJ/mol。这表明铁空位的存在减弱了氢氧根的吸附，而硫空位的存在极大地增强了氢氧根在黄铁矿表面的吸附。这说明氢氧化钠对硫铁比大于2（含铁空位）的黄铁矿的抑制将减弱，而对硫铁比小于2（含硫空位）的黄铁矿的抑制作用大大增强。

表8-4　氢氧根在含空位缺陷黄铁矿表面的吸附能

矿物表面	吸附能/(kJ·mol^{-1})
理想黄铁矿表面	-264.99
铁空位黄铁矿表面	-205.00
硫空位黄铁矿表面	-472.16

8.1.2.2　吸附构型及成键分析

图8-4显示了氢氧根在含两种空位缺陷黄铁矿表面的吸附构型（图中的数字为键长，单位为Å），表8-5列出了Mulliken键的布居（布居值越大表明键的共价性越强）。铁空位产生后，黄铁矿表面硫密度增大，作为氢氧根吸附的活性铁位减少，因而吸附能升高，吸附减弱，氢氧根中的氧原子与周围的一个低配位硫原子成键[图8-4(a)]；而硫空位产生后，黄铁矿表面铁密度增大，氢氧根吸附的活性铁位增加，吸附因而增强，氢氧根中的氧原子分别与硫空位周围的两个铁原子成键[图8-4(b)]，形成的两个氧—铁键的Mulliken布居值分别为0.38和0.32，共价性强于在铁空位黄铁矿表面形成的氧—硫键（Mulliken布居值为0.21）。另外，在铁空位黄铁矿表面吸附的氢氧根中的氧氢原子之间的共价性也弱于在硫空位表面吸附的氧氢原子（前者的Mulliken布居值为0.60，后者为0.50）。根据以上分析可知，氢氧根在含硫空位缺陷黄铁矿表面比在铁空位缺陷

黄铁矿表面的吸附更强、更稳定，与吸附能分析结果一致。

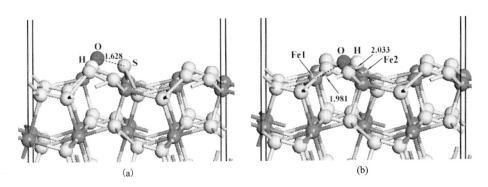

(a)　　　　　　　　　　　　　　　　(b)

图 8 – 4　氢氧根在含铁空位(a)和硫空位(b)黄铁矿表面的吸附构型

表 8 – 5　氢氧根在含空位缺陷黄铁矿表面吸附后 Mulliken 键的布居

吸附模型	键	布居
OH/铁空位表面	O—S	0.21
	O—H	0.50
OH/硫空位表面	O—Fe1	0.38
	O—Fe2	0.32
	O—H	0.60

　　表 8 – 6 列出了羟基钙在含空位缺陷黄铁矿表面的吸附能。与在理想表面的吸附相比(吸附能为 – 276.62 kJ/mol)，羟基钙在含铁空位和硫空位表面的吸附能降低(分别为 – 352.29 kJ/mol 和 – 302.91 kJ/mol)，并且在含铁空位表面的吸附能最低，这说明空位缺陷特别是铁空位缺陷的存在能增强羟基钙在黄铁矿表面的吸附。计算结果表明，硫铁比偏离 2 的黄铁矿更容易受石灰抑制，特别是硫铁比大于 2(含铁空位)的黄铁矿将更容易受到石灰的抑制。

表 8 – 6　羟基钙在含空位缺陷黄铁矿表面的吸附能

矿物表面	吸附能/(kJ·mol^{-1})
理想黄铁矿表面	– 276.62
铁空位黄铁矿表面	– 352.29
硫空位黄铁矿表面	– 302.91

图 8 - 5 显示了羟基钙在含两种空位缺陷黄铁矿表面的吸附构型。铁空位产生后,作为钙吸附的活性硫位增多,羟基钙以钙吸附在铁空位周围的 4 个硫原子上形成稳定吸附[见图 8 - 5(a)]。铁空位产生后暴露出更多配位更低、活性更大的硫原子,造成钙在硫原子上的吸附更强,因此增强了羟基钙在铁空位表面上的吸附。由图 8 - 5(b)可知,在含硫空位表面上,羟基钙以钙吸附在穴位上、羟基团中的氧吸附在低配位的铁原子上形成稳定吸附。一方面作为钙吸附的活性硫位因配位减少而活性增大,另一方面作为氧吸附的活性铁位的配位也减少而使活性增大,这两方面共同作用增强了羟基钙在硫空位表面的吸附。吸附后的 Fe—O 键长(1.942 Å)小于理想表面吸附后形成的 Fe—O 键长(2.092 Å),Mulliken 键的布居值也比理想表面的值大,键的共价性增强(表 8 - 7)。

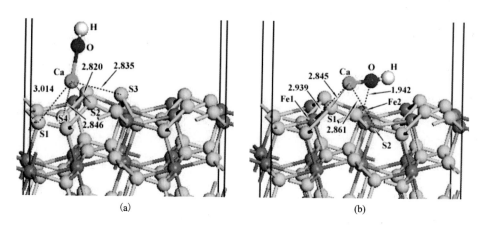

(a)　　　　　　　　　　　(b)

图 8 - 5　羟基钙在含铁空位(a)和硫空位(b)黄铁矿表面的吸附构型

表 8 - 7　羟基钙吸附在含空位黄铁矿表面的 Mulliken 键的布居

吸附模型	键	布居
CaOH/铁空位表面	O—H	0.52
CaOH/硫空位表面	O—Fe	0.37
	O—H	0.59

8.1.2.3　吸附的电子态密度分析

图 8 - 6 显示了氢氧根在含铁空位黄铁矿表面吸附时成键原子的态密度变化。氢氧根吸附后 O 的 2s 态减少,2p 态电子非局域性增强,在 -1.7 eV 能量处形成一个态密度峰,并在这里与 S 的 3p 态形成较强的杂化,而在费米能级处的 S 的 3p 态密度减少,整体态密度向低能方向移动。对原子的 Mulliken 电荷布居分析

（表 8-8）可以知道，O 的 2s 态失去少量电子，而 2p 态获得大量电子；与 O 成键的 S 原子的 3s 态失去少量电子，而 3p 态失去大量电子，导致 S 原子带正电荷（0.47e），氧化态增强。

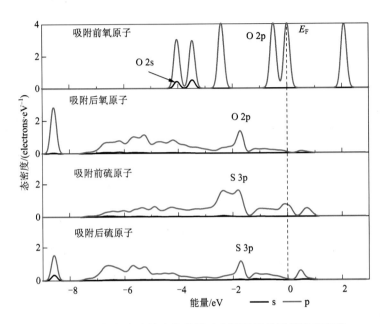

图 8-6　氢氧根在含铁空位黄铁矿表面吸附前后原子态密度

表 8-8　氢氧根在含铁空位黄铁矿表面吸附后原子的 Mulliken 电荷布居

原子	状态	s	p	d	电荷/e
S	吸附前	1.89	4.28	0.00	-0.17
	吸附后	1.83	3.70	0.00	0.47
O	吸附前	1.95	4.62	0.00	-0.57
	吸附后	1.86	4.92	0.00	-0.78

图 8-7 显示了氢氧根在含有硫空位的黄铁矿表面吸附后成键原子的态密度变化。氢氧根吸附后 O 原子的 2p 态电子非局域性增强，2s 态减少；与 O 成键的 Fe 原子的 3d 态形成一个尖峰，电子局域性增强，而处于导带中的 3d 态减少；Fe—O 之间没有发生杂化。对原子的 Mulliken 电荷布居分析（表 8-9）可以知道，O 的 2s 态失去少量电子，而 2p 态获得较多电子；Fe 原子的 4s 和 4p 态电子几乎没有变化，说明它们没有参与反应，仅 3d 电子失去数量不多的电子。

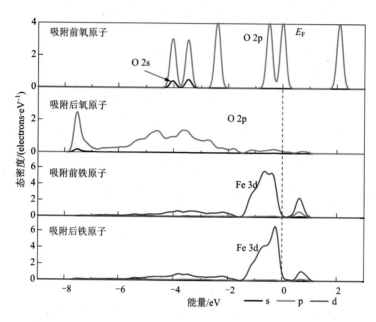

图 8-7　氢氧根在含硫空位黄铁矿表面吸附前后原子态密度

表 8-9　氢氧根吸附在含硫空位黄铁矿表面的 Mulliken 电荷布居

原子	状态	s	p	d	电荷/e
Fe	吸附前	0.34	0.36	7.14	0.14
Fe	吸附后	0.33	0.37	7.04	0.27
O	吸附前	1.95	4.62	0.00	-0.57
O	吸附后	1.86	4.85	0.00	-0.71

　　考虑到氢氧根吸附后氧和铁原子参与了成键，因此对它们的自旋进行了分析，图 8-8 显示了它们的自旋态密度。氢氧根中的 O 在铁空位和硫空位黄铁矿表面吸附后都呈现出低自旋态；在硫空位表面上，氢氧根吸附后与 O 成键的 Fe 呈低自旋态。氢氧根吸附在空位表面后，表面原子没有发生自旋极化现象。

　　在含铁空位黄铁矿表面吸附时羟基钙没有与表面原子成键，而是 Ca 在空位处吸附并与空位周围的 S 原子发生相互作用，因此对 Ca 与 S 原子的 Mulliken 电荷布居进行了分析，以获得电子转移情况（见表 8-10）。Ca 的 4s 态失去较多电子，而 3d 态获得少量电子，最终导致 Ca 所带正电荷较高（1.16e）；S 原子（S1、S2、S3 和 S4）3s 态失去少量电子而 3p 态获得较多电子，从而导致 S 原子所带的

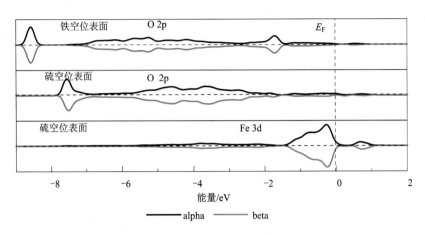

图 8 – 8 氢氧根在含空位黄铁矿表面吸附后原子的自旋态密度

负电荷增多。结果表明，羟基钙中的 Ca 主要由 4s 态参与作用，与 Ca 作用的表面 S 主要由 3p 态参与作用，含有铁空位的黄铁矿表面从羟基钙上获得电子。

表 8 – 10 羟基钙吸附在含铁空位黄铁矿表面的 Mulliken 电荷布居

原子	状态	s	p	d	电荷/e
Ca	吸附前	3.02	5.99	0.44	0.55
	吸附后	2.13	5.99	0.71	1.16
S1	吸附前	1.85	4.21	0.00	− 0.06
	吸附后	1.84	4.30	0.00	− 0.14
S2	吸附前	1.90	4.23	0.00	− 0.13
	吸附后	1.87	4.46	0.00	− 0.33
S3	吸附前	1.89	4.28	0.00	− 0.17
	吸附后	1.83	4.30	0.00	− 0.13
S4	吸附前	1.85	4.19	0.00	− 0.04
	吸附后	1.88	4.37	0.00	− 0.25

羟基钙在硫空位黄铁矿表面吸附后 O 与表面 Fe 原子成键，而 Ca 在空位吸附，并与 S 和 Fe 原子发生相互作用，因此对成键的 Fe—O 原子的态密度进行了分析，而对所有参与相互作用的原子的 Mulliken 电荷布居进行了分析，分别显示

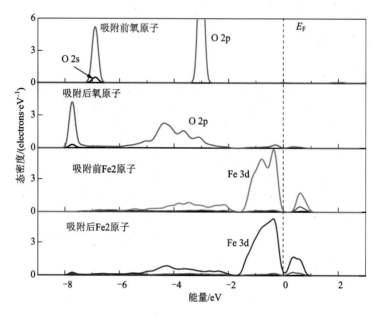

图 8 - 9 羟基钙在含硫空位黄铁矿表面吸附前后的原子态密度

在图 8 - 9 和表 8 - 11 中，态密度图中能量零点设在费米能级处（E_F）。O 的态密度整体向低能方向移动，能量较高处的 2p 态的电子非局域性增强；处于费米能级附近的与 O 成键的 Fe2 原子价带部分的 3d 态由两个分裂的峰变为一个峰，电子局域性增强。Mulliken 电荷布居分析表明，Ca 的 4s 态失去大量电子而 3d 态获得少量电子；与 Ca 相互作用的 Fe1 原子主要由 4p 态获得电子，3d 态电子没有参与作用；与 Ca 相互作用的 S1 和 S2 原子主要由 3p 态获得电子；O 原子的 2p 态失去大量电子，因而 O 原子所带的负电荷减少；与 O 成键的 Fe2 原子主要由 4p 态得到电子而 4s 和 3d 态失去少量电子，铁原子所带的电荷没有明显变化。

表 8 - 11 羟基钙吸附在含硫空位黄铁矿表面的 Mulliken 电荷布居

原子	状态	s	p	d	电荷/e
Ca	吸附前	3.02	5.99	0.44	0.55
	吸附后	2.15	5.99	0.60	1.26
Fe1	吸附前	0.35	0.36	7.14	0.14
	吸附后	0.38	0.66	7.15	-0.20

原子	状态	s	p	d	电荷/e
S1	吸附前	1.86	4.26	0.00	-0.12
	吸附后	1.84	4.42	0.00	-0.26
S2	吸附前	1.84	4.40	0.00	-0.24
	吸附后	1.82	4.45	0.00	-0.26
Fe2	吸附前	0.36	0.37	7.12	0.14
	吸附后	0.33	0.51	7.04	0.12
O	吸附前	1.86	5.22	0.00	-1.08
	吸附后	1.85	5.02	0.00	-0.87

结果表明，羟基钙在含有硫空位的黄铁矿表面吸附后，表面获得电子，Ca 主要由 4s 态参与作用，与 Ca 作用的 S 主要由 3p 态参与作用，与 Ca 作用的 Fe 原子主要由 4p 态参与作用；O 原子主要由 2p 态参与作用，而与 O 成键的 Fe 主要由 4p 态参与作用。

8.1.3　含杂质黄铁矿表面的吸附

8.1.3.1　吸附能

表 8 - 12 列出了氢氧根在含钴、镍、铜和砷缺陷黄铁矿表面的吸附能。Ni 和 Cu 杂质的存在都使氢氧根在黄铁矿表面的吸附能明显升高，分别由 -264.99 kJ/mol 变为 -205.28 kJ/mol 和 -162.68 kJ/mol，特别是氢氧根在含铜杂质表面吸附能最高，而 Co 和 As 杂质对氢氧根的吸附能影响不大（分别为 -260.85 kJ/mol 和 -268.96 kJ/mol）。结果表明镍和铜杂质的存能使氢氧化钠对黄铁矿的抑制减弱，特别是氢氧化钠对含有铜杂质的黄铁矿的抑制最弱，而钴和砷杂质对氢氧化钠抑制黄铁矿的影响不大。

表 8 - 12　氢氧根在含杂质黄铁矿表面的吸附能

矿物表面	吸附能/(kJ·mol⁻¹)
理想黄铁矿表面	-264.99
含钴黄铁矿表面	-260.85
含镍黄铁矿表面	-205.28
含铜黄铁矿表面	-162.68
含砷黄铁矿表面	-268.96

8.1.3.2 吸附构型及成键

图 8 - 10 显示了氢氧根在含钴、镍、铜和砷杂质缺陷黄铁矿表面的吸附构型。氢氧根在含杂质表面上都是通过氧与黄铁矿表面金属原子成键而吸附。

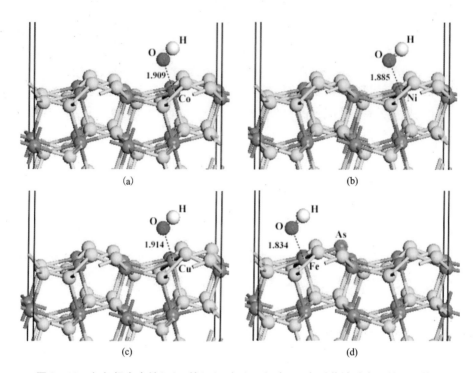

图 8 - 10 氢氧根在含钴(a)、镍(b)、铜(c)和砷(d)杂质黄铁矿表面的吸附构型

表 8 - 13 列出了羟基钙在含钴、镍、铜和砷杂质缺陷黄铁矿表面的吸附能。Co、Ni 和 Cu 杂质的存在使羟基钙在黄铁矿表面的吸附能升高，特别是 Ni 和 Cu 杂质使羟基钙的吸附能升高较明显(羟基钙在含这两种杂质表面的吸附能也非常相近)，As 杂质使羟基钙的吸附能降低，因此钴、镍和铜杂质使羟基钙在黄铁矿表面的吸附减弱，特别是镍和铜杂质使吸附大大减弱，而砷杂质则使羟基钙的吸附增强。这些表明石灰对含有钴、镍和铜特别是含有镍和铜杂质的黄铁矿的抑制将减弱，而对含有砷杂质的黄铁矿的抑制将增强。

表 8 – 13　羟基钙在含杂质黄铁矿表面的吸附能

矿物表面	吸附能/(kJ·mol^{-1})
理想黄铁矿表面	– 276.62
含钴黄铁矿表面	– 244.58
含镍黄铁矿表面	– 196.48
含铜黄铁矿表面	– 208.33
含砷黄铁矿表面	– 287.94

图 8 – 11 显示了羟基钙在含杂质缺陷黄铁矿表面吸附后的构型。Co 和 As 杂质对羟基钙在黄铁矿表面的吸附构型影响不大(与理想表面比较),而 Ni 和 Cu 杂质对羟基钙在黄铁矿表面的吸附构型产生了明显的影响,羟基钙与表面的距离明显增大,此时氧已经不与表面金属(Ni 和 Cu)成键,表明镍和铜杂质使羟基钙的吸附变弱。

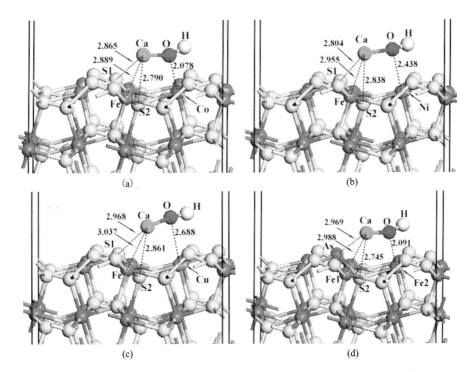

图 8 – 11　羟基钙在含钴(a)、镍(b)、铜(c)和砷(d)杂质黄铁矿表面的吸附构型

8.1.3.3 吸附作用的电子态密度分析

图 8-12 显示了氢氧根在含钴杂质黄铁矿表面吸附后成键的 Co 和 O 原子的电子态密度变化。氢氧根吸附后 O 的 2s 态减少,2p 态电子的局域性依然较强;与 O 成键的 Co 原子的 4s 和 4p 态较少,主要以 3d 态为主,氢氧根吸附后 Co 的 3d 态在费米能级以下形成两个局域性较强的态密度峰,穿过费米能级的 3d 态形状改变;由图可以明显看出,Co 的 3d 态和 O 的 2p 态发生了杂化作用,在 -1.8 eV 和 -0.2 eV 处出现了明显的杂化峰。对原子的 Mulliken 电荷布居分析(表 8-14)可知,O 的 2s 态失去少量电子,而 2p 态获得大量电子;Co 的 4s 和 4p 态失去非常少的电子,而 3d 态失去较多电子,因而正电荷更高。

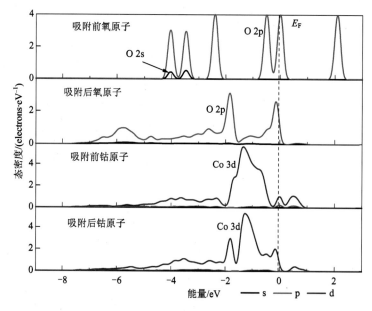

图 8-12　氢氧根在含钴杂质黄铁矿表面吸附前后原子态密度

表 8-14　氢氧根吸附在含钴杂质黄铁矿表面的 Mulliken 电荷布居

原子	状态	s	p	d	电荷/e
Co	吸附前	0.42	0.51	7.99	0.08
	吸附后	0.39	0.48	7.86	0.27
O	吸附前	1.95	4.62	0.00	-0.57
	吸附后	1.89	4.95	0.00	-0.84

图 8-13 显示了氢氧根在含镍杂质黄铁矿表面吸附后成键的 Ni 和 O 原子的
电子态密度。氢氧根吸附后 O 的 2s 态减少，2p 态电子的局域性减弱；与 O 成键
的 Ni 原子的 4s 和 4p 态较少，主要以 3d 态为主，氢氧根吸附后 Ni 的 3d 态向低
能方向移动，电子局域性减弱，费米能级处的 3d 态密度峰减弱；由图可以明显看
出，Ni 的 3d 态和 O 的 2p 态发生了杂化作用，在 -2.2 eV 处出现了杂化峰，但杂
化不如 Co 杂质与 O 之间强。对原子的 Mulliken 电荷布居分析（表 8-15）可知，O
的 2s 态失去少量电子，而 2p 态获得大量电子；Co 的 4s 和 4p 态电子几乎不变，
而 3d 态失去较多电子，Ni 因而带更高正电荷（0.25e）。

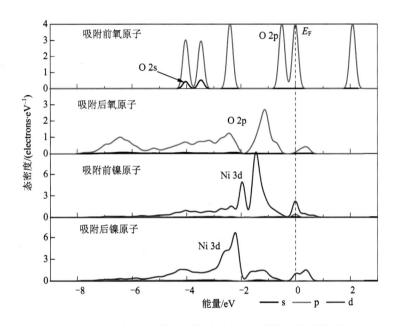

图 8-13　氢氧根在含镍杂质黄铁矿表面吸附前后原子态密度

表 8-15　氢氧根吸附在含镍杂质黄铁矿表面的 Mulliken 电荷布居

原子	状态	s	p	d	电荷/e
Ni	吸附前	0.48	0.58	8.91	0.03
	吸附后	0.47	0.57	8.71	0.25
O	吸附前	1.95	4.62	0.00	-0.57
	吸附后	1.89	4.93	0.00	-0.83

图 8-14 显示了氢氧根在含铜杂质黄铁矿表面吸附后成键的 Cu 和 O 原子的

电子态密度变化。氢氧根吸附后 O 的 2s 态减少，2p 态电子的局域性减弱；与 O 成键的 Cu 原子的 4s 和 4p 态较少，主要以 3d 态为主，氢氧根吸附后 Cu 的 3d 态电子非局域性增强；由图可以明显看出，Cu 的 3d 态和 O 的 2p 态在 -2 eV 处发生了较弱的杂化作用。对原子的 Mulliken 电荷布居分析（表 8 – 16）可知，O 的 2s 态失去少量电子，而 2p 态获得大量电子；Cu 的 4s 和 4p 态失去非常少量的电子，而 3d 态失去较多电子，Cu 因而带更高正电荷(0.40e)。

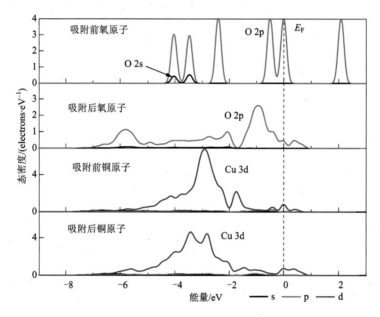

图 8 – 14　氢氧根在含铜杂质黄铁矿表面吸附前后原子态密度

表 8 – 16　氢氧根吸附在含铜杂质黄铁矿表面的 Mulliken 电荷布居

原子	状态	s	p	d	电荷/e
Cu	吸附前	0.61	0.55	9.67	0.17
	吸附后	0.58	0.53	9.50	0.40
O	吸附前	1.95	4.62	0.00	-0.57
	吸附后	1.89	4.98	0.00	-0.87

图 8 – 15 显示了氢氧根在含砷杂质黄铁矿表面吸附后成键的 Fe 和 O 原子的电子态密度变化。氢氧根吸附后 O 的 2s 态减少，2p 态电子的非局域性增强；与 O 成键的 Fe 原子的 4s 和 4p 态较少，主要以 3d 态为主，氢氧根吸附后 Fe 的 3d

态减少;由图可以明显看出,Fe 的 3d 态和 O 的 2p 态在 -1.7 eV 和 0.6 eV 处发生了较弱的杂化作用。对原子的 Mulliken 电荷布居分析(表 8 - 17)可知,O 的 2s 态获得少量电子,而 2p 态获得大量电子;Fe 的 4s 态失去非常少量的电子,而 3d 态失去较多的电子,Fe 因而带更高正电荷(0.24e)。

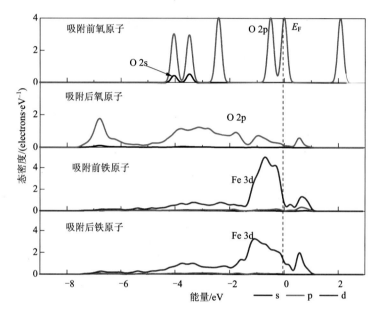

图 8 - 15　氢氧根在含砷杂质黄铁矿表面吸附前后原子态密度

表 8 - 17　氢氧根吸附在含砷杂质黄铁矿表面的 Mulliken 电荷布居

原子	状态	s	p	d	电荷/e
Fe	吸附前	0.34	0.51	7.16	- 0.01
	吸附后	0.35	0.53	6.88	0.24
O	吸附前	1.95	4.62	0.00	- 0.57
	吸附后	1.88	4.88	0.00	- 0.77

对氢氧根在含杂质缺陷黄铁矿表面吸附后成键原子的自旋进行了分析,图 8 - 16 为原子的自旋态密度。氢氧根在含有钴杂质缺陷的黄铁矿表面吸附后,O 为低自旋态,而与 O 成键的 Co 原子也由自旋极化态变为低自旋态,这是由于 Co 失去了较多电子,它的 3d 电子构型由原来的 d^7 变为 d^6,没有单电子存在,因而呈现低自旋态;在含有镍杂质缺陷的黄铁矿表面吸附后,O 为低自旋态,而与

O 成键的 Ni 原子依然呈现低自旋态；在含有铜杂质缺陷的黄铁矿表面吸附后，O 呈现自旋极化态，而与 O 成键的 Cu 原子由原来的低自旋态变为自旋极化态，这是由于 Cu 在与 O 成键后失去较多电子给 O，它的 3d 电子构型由原来的 d^{10} 变为 d^9，有单电子存在，因而呈现自旋极化态；在含有砷杂质缺陷的黄铁矿表面吸附后，O 呈现自旋极化态，而与 O 成键的 Fe 原子依然呈现自旋极化态，并且自旋态密度增多，自旋增强，这是由于它的 d 电子构型为 d^5，有单电子存在，因而呈现自旋极化态。

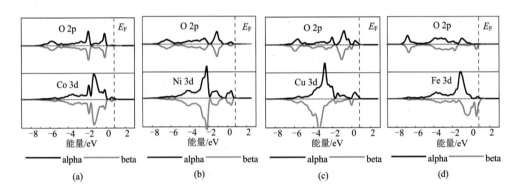

图 8 - 16　氢氧根在含杂质黄铁矿表面吸附后原子的自旋态密度

由图 8 - 17 可见，羟基钙在含钴杂质黄铁矿表面吸附后 O 与表面 Co 原子成键，而 Ca 在空位吸附，并与 S 和 Fe 原子发生相互作用，因此对成键的 Fe—O 原子的态密度进行了分析，而对所有参与相互作用的原子的 Mulliken 电荷布居进行了分析，分别显示在图 8 - 16 和表 8 - 18 中。羟基钙吸附后在 -3 eV 能量处的 O 2p 态向低能方向移动，电子非局域性增强；与 O 成键的 Co 原子在费米能级附近的 3d 态向低能方向移动，在 -2 eV 能量处形成一个局域性非常强的态密度峰。Mulliken 电荷布居分析表明，Ca 的 4s 态失去大量电子而 3d 态获得少量电子；与 Ca 相互作用的 Fe 原子主要由 4p 态获得较多电子，4s 和 3d 态获得少量电子；与 Ca 相互作用的 S1 原子主要由 3p 态获得电子；O 原子的 2p 态失去较多电子，因而 O 原子所带的负电荷减少；与 O 成键的 Co 原子主要由 4p 态得到电子而 3d 态失去电子，Co 原子所带的电荷没有发生太大变化。

结果表明，羟基钙在含钴杂质黄铁矿表面吸附后，Ca 主要由 4s 态参与作用，与 Ca 作用的 S 主要由 3p 态参与作用，与 Ca 作用的 Fe 原子主要由 4p 态参与作用；O 原子主要由 2p 态参与作用，与 O 成键的 Co 主要由 4p 和 3d 态参与作用，但参与的电子数很少，说明 Co—O 键较弱，这与前面计算得到的 Co—O 键长较长相一致。另外，Ca 和 O 都失去电子，含钴杂质黄铁矿的表面从羟基钙上获得电子。

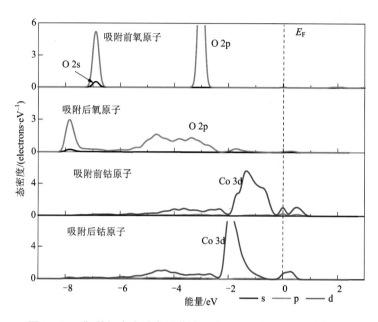

图 8 - 17　羟基钙在含钴杂质黄铁矿表面吸附前后的原子态密度

表 8 - 18　羟基钙吸附在含钴杂质黄铁矿表面的 Mulliken 电荷布居

原子	状态	s	p	d	电荷/e
Ca	吸附前	3.02	5.99	0.44	0.55
	吸附后	2.16	5.99	0.62	1.23
S1	吸附前	1.86	4.24	0.00	- 0.09
	吸附后	1.84	4.33	0.00	- 0.17
Fe	吸附前	0.34	0.43	7.15	0.09
	吸附后	0.36	0.78	7.19	- 0.34
Co	吸附前	0.42	0.51	7.99	0.08
	吸附后	0.41	0.55	7.93	0.11
O	吸附前	1.86	5.22	0.00	- 1.08
	吸附后	1.86	5.01	0.00	- 0.87

　　羟基钙在含镍杂质黄铁矿表面吸附后，O 与表面 Ni 原子已经不成键，相互作用非常弱，而 Ca 在穴位吸附，并与 S 和 Fe 原子发生相互作用，因此对所有参与相互作用的原子的 Mulliken 电荷布居进行了分析，显示在表 8 - 19 中。Ca 的 4s

态失去大量电子而 3d 态获得少量电子；与 Ca 相互作用的 Fe 原子主要由 4p 态获得较多电子，4s 和 3d 态获得少量电子；与 Ca 相互作用的 S1 原子主要由 3p 态获得电子；O 原子的 2p 态失去较多电子，因而 O 原子所带的负电荷减少；与 O 作用的 Ni 原子主要由 4p 态获得少量电子而 3d 态失去少量电子，镍原子所带的电荷没有明显变化。

表 8 - 19　羟基钙吸附在含镍杂质黄铁矿表面的 Mulliken 电荷布居

原子	状态	s	p	d	电荷/e
Ca	吸附前	3.02	5.99	0.44	0.55
	吸附后	2.12	5.99	0.65	1.24
S1	吸附前	1.86	4.23	0.00	- 0.08
	吸附后	1.84	4.34	0.00	- 0.18
Fe	吸附前	0.34	0.42	7.14	0.09
	吸附后	0.37	0.76	7.19	- 0.31
Ni	吸附前	0.48	0.58	8.91	0.03
	吸附后	0.48	0.62	8.84	0.06
O	吸附前	1.86	5.22	0.00	- 1.08
	吸附后	1.85	5.07	0.00	- 0.92

　　结果表明，羟基钙在含镍杂质黄铁矿表面吸附后，Ca 主要由 4s 态参与作用，与 Ca 作用的 S 主要由 3p 态参与作用，与 Ca 作用的 Fe 原子主要由 4p 态参与作用；O 原子主要由 2p 态参与作用，与 O 作用的 Ni 主要由 4p 和 3d 态参与作用，但参与的电子非常少，说明 Ni 和 O 之间的作用较弱，这与前面计算得到的Ni—O 原子距离较大相一致。另外，Ca 和 O 都失去电子，含镍杂质黄铁矿的表面从羟基钙获得电子。

　　羟基钙在含铜杂质黄铁矿表面吸附后，O 与表面 Cu 原子已经不成键，相互作用非常弱，而 Ca 在空位吸附，并与 S 和 Fe 原子发生相互作用，因此对所有参与相互作用的原子的 Mulliken 电荷布居进行了分析，显示在表 8 - 20 中。Ca 的 4s 态失去大量电子而 3d 态获得少量电子；与 Ca 相互作用的 Fe 原子主要由 4p 态获得较多电子，4s 和 3d 态获得少量电子；与 Ca 相互作用的 S1 原子主要由 3p 态获得电子；O 原子的 2p 态失去较多电子，因而 O 原子所带的负电荷减少；与 O 作用的 Cu 原子主要由 4p 态获得少量电子而 3d 态电子几乎没有变化。

表 8 - 20　羟基钙吸附在含有铜杂质黄铁矿表面的 Mulliken 电荷布居

原子	状态	s	p	d	电荷/e
Ca	吸附前	3.02	5.99	0.44	0.55
	吸附后	2.10	5.99	0.68	1.23
S1	吸附前	1.85	4.23	0.00	- 0.09
	吸附后	1.84	4.32	0.00	- 0.16
Fe	吸附前	0.34	0.42	7.14	0.09
	吸附后	0.36	0.73	7.19	- 0.28
Cu	吸附前	0.61	0.55	9.67	0.17
	吸附后	0.60	0.64	9.68	0.08
O	吸附前	1.86	5.22	0.00	- 1.08
	吸附后	1.85	5.08	0.00	- 0.93

结果表明，羟基钙在含铜杂质黄铁矿表面吸附后，Ca 主要由 4s 态参与作用，与 Ca 作用的 S 主要由 3p 态参与作用，Fe 原子主要由 4p 态参与作用；O 原子主要由 2p 态参与作用，与 O 作用的 Cu 主要由 4p 态参与作用，但参与的电子非常少，说明 Cu 和 O 之间的作用较弱，这与前面计算得到的 Cu—O 距离较远相一致。另外，Ca 和 O 都失去电子，含铜杂质黄铁矿的表面从羟基钙上获得电子。

图 8 - 18 显示了羟基钙在含砷杂质黄铁矿表面吸附前后成键的 Fe 和 O 原子的态密度，另外对所有参与相互作用的原子的 Mulliken 电荷布居进行了分析（表 8 - 21）。羟基钙中的 O 的 2p 态的能量较低，主要的 2p 态密度处于费米能级 -3 eV 处，吸附后 2p 态电子非局域性增强；与 O 成键的 Fe2 原子主要由 3d 态电子局域性增强。Fe 的 3d 态与 O 的 2p 态没有发生杂化。羟基钙吸附后，Ca 的 4s 态失去大量电子而 3d 态失去少量电子，因而所带的正电荷增加；与 Ca 发生作用的 S1 原子主要由其 3p 态获得电子，负电荷增加，而与 Ca 作用的 Fe1 主要由 4p 态获得较多电子，因而 Fe1 所带电荷由正变负，说明铁原子获得电子；O 原子的 2p 态失去电子因而负电荷减少，与 O 成键的 Fe2 原子主要由 4p 态获得电子而 3d 态失去电子，原子所带的电荷基本没有变化。

结果表明，羟基钙在含砷黄铁矿表面吸附后，Ca 主要由 4s 态参与作用，与 Ca 作用的 S 主要由 3p 态参与作用，Fe 原子主要由 4p 态参与作用；O 原子主要由 2p 态参与作用，与 O 成键的 Fe 主要由 4p 和 3d 态参与作用。另外，Ca 和 O 都失去电子，黄铁矿表面从羟基钙上获得电子。

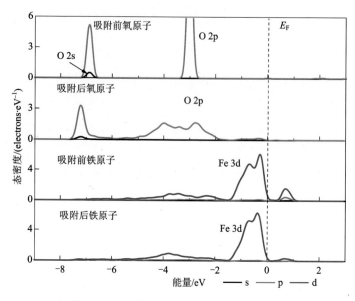

图 8-18　羟基钙在含砷杂质黄铁矿表面吸附前后的原子态密度

表 8-21　羟基钙吸附在含砷杂质黄铁矿表面的 Mulliken 电荷布居

原子	状态	s	p	d	电荷/e
Ca	吸附前	3.02	5.99	0.44	0.55
	吸附后	2.20	5.99	0.69	1.13
As	吸附前	1.71	3.13	0.00	0.16
	吸附后	1.68	3.32	0.00	0.01
Fe1	吸附前	0.34	0.45	7.15	0.06
	吸附后	0.35	0.69	7.22	-0.26
Fe2	吸附前	0.34	0.45	7.14	0.07
	吸附后	0.32	0.51	7.10	0.07
O	吸附前	1.86	5.22	0.00	-1.08
	吸附后	1.85	5.01	0.00	-0.85

8.2　晶格缺陷对硫氢根吸附的影响

8.2.1　空位缺陷的影响

8.2.1.1　铁空位和硫空位的影响

表 8 - 22 列出了硫氢根在黄铁矿空位缺陷表面的吸附能,并与在理想表面的吸附进行了比较。硫氢根在理想黄铁矿表面的吸附能为 -201.01 kJ/mol,铁空位的存在使硫氢根的吸附能大大升高,但仍为化学吸附(吸附能为 -125.97 kJ/mol),而硫空位的存在使硫氢根的吸附能大大降低(-313.01 kJ/mol)。结果表明,铁空位的存在使硫化钠对黄铁矿的抑制作用减弱,而硫空位的存在使硫化钠对黄铁矿的抑制极大增强。在含有铁空位的表面上,表面铁位减少,硫原子密度增多,而硫氢根是以 S 在铁位上的吸附为稳定吸附,所以随着活性铁位的减少,硫氢根的吸附减弱;而在硫空位表面上,作为硫氢根吸附的活性铁位增多,导致硫空位的存在增强了硫氢根的吸附。

表 8 - 22　硫氢根在含理想和含空位缺陷黄铁矿表面的吸附能

矿物表面	吸附能/(kJ · mol^{-1})
理想黄铁矿表面	-201.01
铁空位黄铁矿表面	-125.97
硫空位黄铁矿表面	-313.01

图 8 - 19 显示了硫氢根在铁空位和硫空位黄铁矿表面吸附后的构型,图中的数字为键长,单位为 Å。硫氢根在含有铁空位缺陷的表面吸附后,表面 S2—S3 二聚体解离,硫氢根中的 S 原子(S1)与解离后的硫原子(S2)共价成键;在硫空位表面上,硫氢根中的硫原子(S1)与空位周围的两个铁原子(Fe1 和 Fe2)和 1 个硫原子(S2)成键。对 Mulliken 键的布居分析可知(表 8 - 23,布居值越大共价性越强),在含铁空位表面吸附后形成的 S1—S2 键的布居值为 0.30,具有较强的共价性,而在含硫空位表面吸附后形成的 S1—S2 键的布居值为 0.09,共价性非常弱。另外,在含硫空位表面形成的 S—Fe 键的布居值较大(0.43 和 0.38),说明 S 与 Fe 之间形成较强的共价键。对原子电荷密度的分析可以清楚地看到原子之间的成键(图 8 - 20),图中背景色表示电荷密度为零,原子之间电子密度越大,共价性越强。硫氢根在含有铁空位的黄铁矿表面吸附后形成的 S1—S2 原子之间的电子密度明显大于在硫空位表面吸附形成的 S1—S2 原子之间的电子密度,并且后

者的电子密度非常小，而在含有硫空位的表面吸附形成的 S1—Fe1 原子之间的电子密度大于 S1—Fe2 原子之间的电子密度。

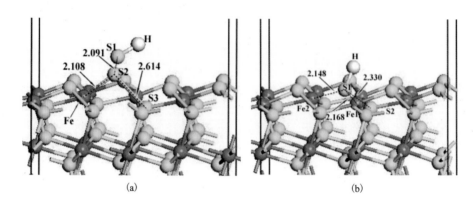

图 8 - 19　硫氢根在含铁空位(a)和硫空位(b)黄铁矿表面的吸附构型

表 8 - 23　硫氢根在含空位缺陷黄铁矿表面吸附后 Mulliken 键的布居

吸附模型	键	布居
SH/铁空位黄铁矿表面	S1—S2	0.30
SH/硫空位黄铁矿表面	S1—Fe1	0.43
	S1—Fe2	0.38
	S1—S2	0.09

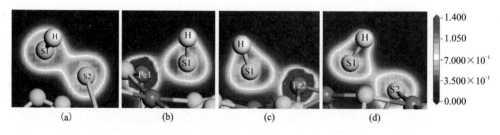

图 8 - 20　含铁空位黄铁矿表面(a)，含硫空位黄铁矿表面(b)、(c)和(d)原子电荷密度图

8.2.1.2　铅空位和硫空位的影响

硫氢根分子(HS)在方铅矿表面的吸附能为 - 128.33 kJ/mol(表 8 - 24)，是较强的化学吸附。从图 8 -21(a)的吸附构型可以看出，S 只与 Pb1 成键。(图中的数字为键长，单位为 Å)，硫氢根吸附后 S 原子与表面铅原子成键，从图(b)的

电荷密度图可以看出(背景色表示电荷密度为零区域),铅硫键是明显的共价成键。

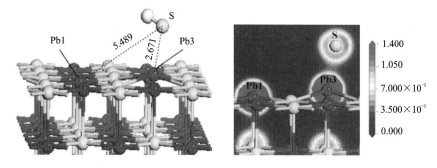

图 8-21　硫氢根在理想方铅矿表面的吸附构型(a)和成键电荷密度图(b)

表 8-24 列出了硫氢根在空位缺陷方铅矿表面的吸附能,硫氢根在理想方铅矿表面的吸附能为 -128.33 kJ/mol,铅空位的存在使硫氢根的吸附能增大,但仍为化学吸附(吸附能为 -115.27 kJ/mol),而硫空位的存在使硫氢根的吸附能稍微降低。结果表明,铅空位的存在使硫化钠对方铅矿的抑制作用减弱,而硫空位的存在使硫化钠对方铅矿的抑制极大增强。在含有铅空位方铅矿表面上,表面铅位减少,硫原子密度增多,而硫氢根是以硫原子在铅位上的吸附为稳定吸附,所以随着活性铅位的减少,硫氢根的吸附减弱;而在硫空位方铅矿表面上,作为硫氢根吸附的活性铅位增多,导致硫空位的存在增强了硫氢根的吸附。

表 8-24　硫氢根在理想和含空位缺陷方铅矿表面的吸附能

矿物表面	吸附能/(kJ·mol^{-1})
理想表方铅矿面	-128.33
铅空位方铅矿表面	-115.27
硫空位方铅矿表面	-217.64

图 8-22 显示了硫氢根在铅空位和硫空位方铅矿表面吸附后的构型,图中的数字为键长,单位为 Å。从图可见,硫空位处的铅原子配位数减少,铅原子活性增强,硫氢根与铅原子的作用增强。

8.2.2　硫氢根在含杂质黄铁矿表面的吸附

8.2.2.1　吸附能

表 8-25 列出了硫氢根在含钴、镍、铜和砷杂质缺陷黄铁矿表面的吸附能。

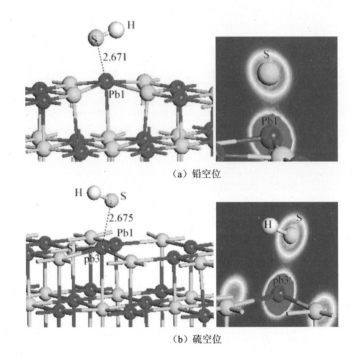

（a）铅空位

（b）硫空位

图 8 – 22　硫氢根在含铅空位（a）和硫空位（b）方铅矿表面的吸附构型和成键电荷密度图

硫氢根在理想黄铁矿表面的吸附能为 – 201.01 kJ/mol，钴和砷杂质对硫氢根在黄铁矿表面吸附的吸附能影响不大，仅使吸附能略微降低（ – 208.16 kJ/mol 和 – 211.54 kJ/mol），而镍和铜杂质使硫氢根的吸附能明显升高，特别是铜杂质存在时的吸附能最高（ – 110.00 kJ/mol）。结果表明钴和砷杂质对硫化钠对黄铁矿的抑制作用影响不大，而镍和铜杂质使硫化钠对黄铁矿的抑制作用减弱。另外，铜杂质的存在将极大地降低硫化钠对黄铁矿的抑制作用。

表 8 – 25　硫氢根在含杂质黄铁矿表面的吸附能

矿物表面	吸附能/（kJ·mol^{-1}）
含钴黄铁矿表面	– 208.16
含镍黄铁矿表面	– 154.63
含铜黄铁矿表面	– 110.00
含砷黄铁矿表面	– 211.54

8.2.2.2　吸附构型及成键分析

硫氢根在含杂质缺陷黄铁矿表面吸附的构型显示在图 8 – 23 中。在含有 Co、

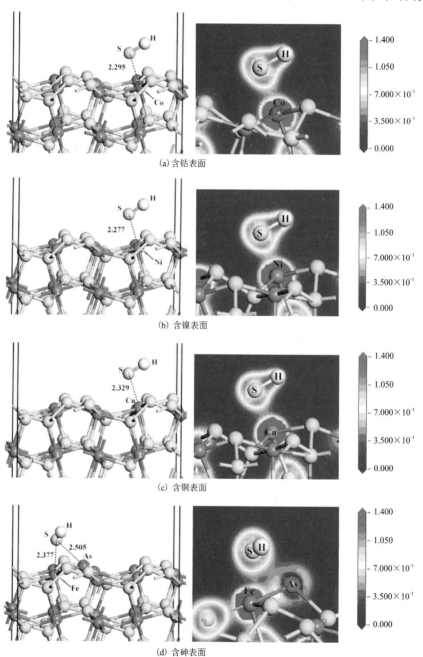

(a) 含钴表面

(b) 含镍表面

(c) 含铜表面

(d) 含砷表面

图 8 – 23　硫氢根在含杂质黄铁矿表面吸附构型和成键电荷密度图

Ni 和 Cu 杂质的表面上,硫氢根都是通过 S 与表面杂质原子成键而吸附,而在含有 As 杂质的表面上,硫氢根吸附在 As—Fe 键上,与表面 Fe 和 As 成键。对 Mulliken 键的布居分析可知(表 8-26),在含 Co、Ni 和 Cu 的表面上,S 与 Co、Ni 及 Cu 之间形成强共价键,而在含 As 杂质的表面上,S 与 Fe 和 As 形成的键的布居值很小,说明它们之间的共价性较弱。从原子电荷密度图(图 8-20)可以清楚地看到原子之间的成键,原子之间电子密度越大,键的共价性越强。由图可以看到 S—As 和 S—Fe 原子之间的电子密度非常小。

表 8-26 硫氢根吸附在含杂质黄铁矿表面的 Mulliken 键的布居

吸附模型	键	布居
SH/含钴黄铁矿表面	S—Co	0.39
SH/含镍黄铁矿表面	S—Ni	0.40
SH/含铜黄铁矿表面	S—Cu	0.39
SH/含砷黄铁矿表面	S—As	0.15
	S—Fe	0.19

8.2.2.3 吸附的电子态密度分析

图 8-24 显示了硫氢根在含钴杂质黄铁矿表面吸附前后成键原子的态密度,其中,S 为硫氢根中的硫原子,Co 与 S1 成键。在表面吸附后,S 的 3p 态电子局域性减弱但依然较强,在 -0.2 eV 和 -1.7 eV 能量处形成两个较强的态密度峰;硫氢根吸附后 Co 的 3d 态电子局域性增强,3d 态尖而细,费米能级处的态密度峰消失。Co 的 3d 态和 S 的 3p 态在 -3~0 eV 范围内发生明显杂化,出现了几个杂化峰。

图 8-25 显示了硫氢根在含镍杂质黄铁矿表面吸附前后成键原子的态密度,其中,S 为硫氢根中的硫原子,Ni 与 S 成键。在表面吸附后,S 的 3p 态主要集中在价带 -2~0 eV 能量范围内,电子局域性减弱,电子局域性不如吸附在 Co 杂质表面强;Ni 的 3d 态向低能方向移动,主要集中在 -2~3 eV 能量范围内,电子局域性减弱,费米能级处的 3d 态减弱。Ni 的 3d 态和 S 的 3p 态在 0.5 eV 附近发生杂化。

图 8-26 显示了硫氢根在含铜杂质黄铁矿表面吸附前后成键原子的态密度,其中,S 为硫氢根中的硫原子,Cu 与 S 成键。在表面吸附后,S 的 3p 态电子局域性减弱;-3 eV 处 Cu 的 3d 态分裂为两个峰。Cu 的 3d 态和 S 的 3p 态没有发生明显的杂化。

图 8-27 显示了硫氢根在含砷杂质黄铁矿表面吸附前后成键原子的态密度,

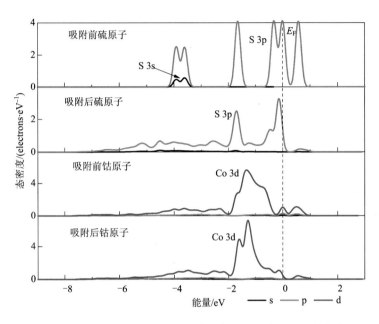

图 8 – 24　硫氢根在含钴杂质黄铁矿表面吸附前后原子态密度

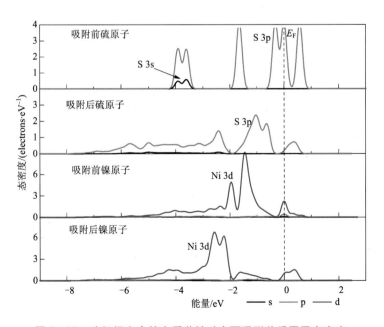

图 8 – 25　硫氢根在含镍杂质黄铁矿表面吸附前后原子态密度

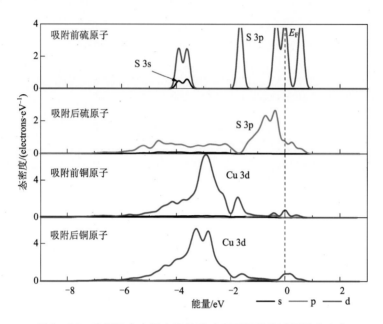

图 8-26　硫氢根在含铜杂质黄铁矿表面吸附前后原子态密度

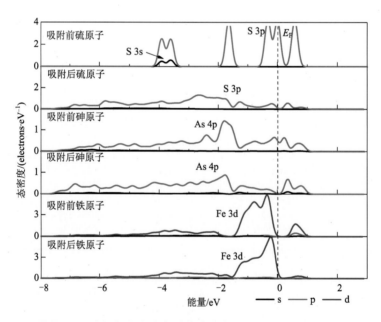

图 8-27　硫氢根在含砷杂质黄铁矿表面吸附前后原子态密度

其中，S 为硫氢根中的硫原子，As 和 Fe 与 S 成键。在表面吸附后，S 的 3p 态电子非局域性变得非常强；As 的 4p 态和 Fe 的 3d 态减少，费米能级处 As 的 4p 态明显减少。As 的 4p 态和 S 的 3p 态在 -2~1 eV 范围内发生杂化，Fe 的 3d 态和 S 的 3p 态在 -1.5~0 eV 处也发生了杂化。

8.2.3　硫氢根在含杂质方铅矿表面的吸附

8.2.3.1　吸附能

表 8 - 27 列出了硫氢根在含银、铋、铜、锑、锰及锌杂质缺陷的方铅矿表面的吸附能。硫氢根在理想方铅矿表面的吸附能为 -128.33 kJ/mol，结果表明所有杂质的存在均使得方铅矿表面与硫氢根作用增强，其中锑和铋杂质与硫氢根作用最强，含银杂质影响最小。

表 8 - 27　硫氢根在理想和含杂质方铅矿表面的吸附能

矿物表面	吸附能/$(kJ \cdot mol^{-1})$
理想方铅矿表面	- 128.33
含银方铅矿表面	- 157.27
含锌方铅矿表面	- 182.36
含铜方铅矿表面	- 214.20
含锰方铅矿表面	- 248.93
含铋方铅矿表面	- 280.77
含锑方铅矿表面	- 282.70

8.2.3.2　吸附构型及成键分析

硫氢根在含杂质缺陷方铅矿表面吸附的构型显示在图 8 - 28 中。从原子电荷密度图可以清楚地看到原子之间的成键，原子之间电子密度越大，键的共价性越强。由图可以看到与硫氢根分子中硫原子与铋原子和锑原子之间的电子密度最大，并且锑原子和铋原子发生了比较大的弛豫，因此它们与硫氢根成键最强，吸附能也最大。硫氢根分子在含锌杂质和银杂质方铅矿表面吸附和其他表面有所不同，硫氢根分子中的硫原子同时与方铅矿表面的杂质原子（锌和银）和铅原子成键，表明这两种杂质原子与硫氢根分子作用不强烈，这也是它们吸附能较小的原因。

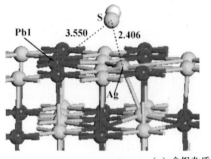

（a）含银杂质表面

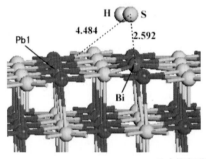
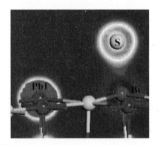

(b)含铋杂质表面

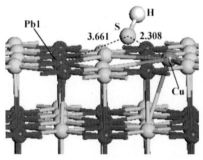
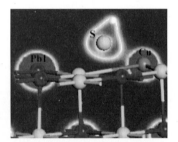

(c)含铜杂质表面

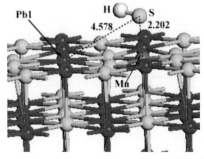
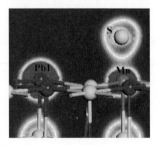

(d)含锰杂质表面

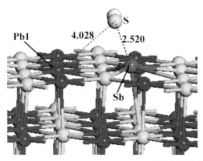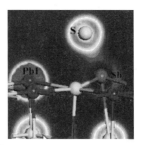

(e) 含锑杂质表面

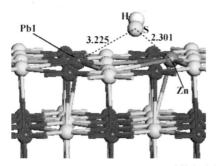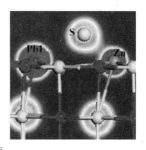

(f)含锌杂质表面

图 8 – 28　硫氢根在含杂质方铅矿表面吸附构型和成键电荷密度图

8.3　晶格缺陷对氰化物分子吸附的影响

8.3.1　氰化物分子在含有空位缺陷黄铁矿表面的吸附

8.3.1.1　吸附几何构型及吸附能

表 8 – 28 列出了 CN 在含空位缺陷黄铁矿表面的吸附能，并与在理想表面的吸附进行了比较。CN 在理想表面的吸附能为 – 327.94 kJ/mol，铁空位的存在使 CN 的吸附能大大升高(– 264.04 kJ/mol)，硫空位缺陷的存在使吸附能大大降低(– 452.82 kJ/mol)。结果表明，铁空位的存在将使氰化物对黄铁矿的抑制减弱，而硫空位的存在将使氰化物对黄铁矿的抑制大大增强。在含有铁空位的表面上，表面铁位减少，硫原子密度增多，而 CN 是以 C 在铁位上的吸附为稳定吸附，所以随着活性铁位的减少，CN 的吸附减弱；而在硫空位表面上，作为 CN 吸附的活性铁位增多，导致硫空位的存在增强了 CN 的吸附。

表 8 - 28　CN 在理想和含空位黄铁矿(100)面的吸附能

矿物表面	吸附能/(kJ·mol^{-1})
理想黄铁矿表面	-327.94
铁空位黄铁矿表面	-264.04
硫空位黄铁矿表面	-452.82

　　图 8 - 29 显示了 CN 在铁空位和硫空位黄铁矿表面吸附后的构型。CN 在铁空位表面吸附后，表面 S1—S2 二聚体解离，C 与(S1—S2)二聚体中的 S1 原子成键；在硫空位表面吸附后，C 与硫空位周围的 Fe1 原子成键，而 N 与硫空位周围的 Fe2 原子成键。对 Mulliken 键的布居分析可知(表 8 - 29)，在铁空位表面吸附后形成的 C—S1 键的布居值为 0.72，表明键之间的共价性非常强；在硫空位表面形成的 C—Fe1 和 N—Fe2 键的布居值分别为 0.53 和 0.23，前者共价性远远强于后者，说明主要以 C 吸附为主。对电荷密度的分析可以清楚地看到原子之间的成键(图 8 - 30)，图中背景色为电荷为零区域，原子之间电子密度越大，共价性越强。在铁空位表面上形成的 C—S1 原子之间的电子密度非常大，而在硫空位表面形成的 C—Fe1 原子之间的电子密度明显大于 N—Fe2 原子之间。

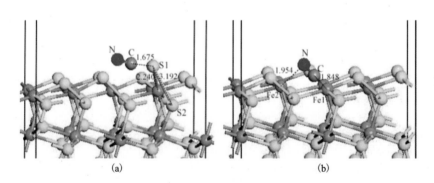

图 8 - 29　CN 在含铁空位(a)和硫空位(b)黄铁矿表面的吸附构型

表 8 - 29　CN 在含空位黄铁矿表面吸附后 Mulliken 键的布居

吸附模型	键	布居
CN/铁空位黄铁矿表面	C—S1	0.72
CN/硫空位黄铁矿表面	C—Fe1	0.53
	N—Fe2	0.23

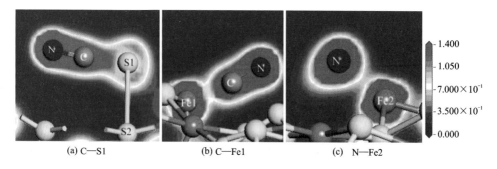

(a) C—S1   (b) C—Fe1   (c) N—Fe2

图 8-30 含铁空位表面(a)和含硫空位黄铁矿表面(b)及(c)电荷密度图

8.3.1.2 吸附的电子态密度分析

图 8-31 显示了 CN 在含铁空位黄铁矿表面吸附前后成键原子的态密度,其中,S1 与 C 成键。在表面吸附后,C 和 N 的 2s 和 2p 态向低能方向移动,并且电子非局域性增强,N 原子主要 2s 和 2p 态密度峰出现在 -3.4 eV 能量处,而 C 原子的 2s 态在高能处几乎消失,主要 2p 态密度峰出现在 -4 eV 能量处;S 的 3p 态电子局域性增强。S 的 3p 态和 C 的 2p 态在 -4 eV 处发生较强的杂化作用。对成键原子的 Mulliken 电荷布居分析可知(表 8-30),N 原子的 2p 态获得少量电子,

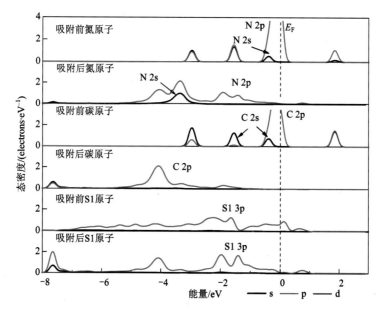

图 8-31 CN 在含铁空位黄铁矿表面吸附前后的原子态密度

原子所带电荷由 -0.31e 变为 -0.37e,主要由 C 原子的 2s 和 2p 态电子参与成键,其中,2s 失去部分电子,而 2p 态获得较多电子,因而 C 原子的电荷由正变为负(0.31e 变为 -0.03e);S1 原子主要由 3s 态失去电子,导致 S1 原子所带负电荷减少,即由 -0.13e 变为 -0.01e。CN 从表面获得了电子。

表 8 - 30　CN 在含铁空位黄铁矿表面吸附前后原子的 Mulliken 电荷布居

原子	状态	s	p	d	电荷/e
C	吸附前	1.29	2.40	0.00	0.31
	吸附后	1.06	2.97	0.00	-0.03
N	吸附前	1.72	3.59	0.00	-0.31
	吸附后	1.72	3.65	0.00	-0.37
S1	吸附前	1.90	4.23	0.00	-0.13
	吸附后	1.79	4.22	0.00	-0.01

图 8 - 32 显示了 CN 在含硫空位黄铁矿表面吸附前后成键原子的态密度,其中,Fe1 与 C 成键而 Fe2 与 N 成键。在表面吸附后,C 和 N 的 2s 和 2p 态大幅向

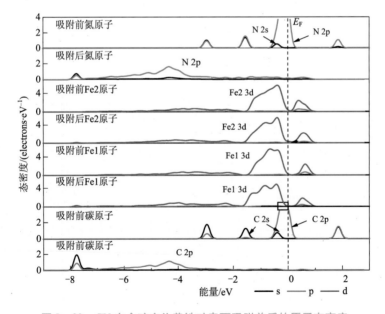

图 8 - 32　CN 在含硫空位黄铁矿表面吸附前后的原子态密度

低能方向移动,电子非局域性增强,并且两种原子的态密度变化较为近似;Fe 的 3d 态减少并且处于价带的态密度峰增多。对成键原子的 Mulliken 电荷分析可知(表 8 - 31),C 原子的 2s 态获得少量电子而 2p 态获得大量电子,C 原子所带的电荷由负变正,即由 0.31e 变为 - 0.15e;N 原子的 2s 态失去少量电子,而 2p 态获得较多电子,N 原子所带的电荷更负,即由 - 0.31e 变为 - 0.44e;Fe 原子的 4s 态失去少量电子,3d 态失去较多电子,Fe 原子因此所带正电荷明显增多,而 C 和 N 原子所带负电荷增多,因而 CN 从表面获得电子。

表 8 - 31　CN 在含硫空位黄铁矿表面吸附前后原子的 Mulliken 电荷布居

原子	状态	s	p	d	电荷/e
C	吸附前	1.29	2.40	0.00	0.31
	吸附后	1.35	2.80	0.00	- 0.15
N	吸附前	1.72	3.59	0.00	- 0.31
	吸附后	1.69	3.74	0.00	- 0.44
Fe1	吸附前	0.35	0.36	7.14	0.14
	吸附后	0.30	0.39	7.08	0.23
Fe2	吸附前	0.36	0.37	7.12	0.14
	吸附后	0.32	0.36	7.00	0.32

8.3.2　氰化物分子在含杂质缺陷黄铁矿表面的吸附

8.3.2.1　吸附能

表 8 - 32 列出了 CN 在含杂质缺陷黄铁矿表面的吸附能。CN 在理想黄铁矿表面的吸附能为 - 327.94 kJ/mol,钴和砷杂质使 CN 吸附能降低(分别为 - 352.30 kJ/mol 和 - 352.71 kJ/mol),而镍和铜使吸附能升高,特别是在铜杂质表面上的吸附能最高(- 228.80 kJ/mol)。结果表明,钴和砷杂质的存在将使氰化物对黄铁矿的抑制增强,而镍和铜杂质使氰化物对黄铁矿的抑制减弱,而铜杂质的存在将极大地减弱氰化物对黄铁矿的抑制。

表 8 – 32　CN 在含杂质黄铁矿表面的吸附能

矿物表面	吸附能/($kJ \cdot mol^{-1}$)
含钴黄铁矿表面	− 352.30
含镍黄铁矿表面	− 293.40
含铜黄铁矿表面	− 228.80
含砷黄铁矿表面	− 352.71

8.3.2.2　吸附几何构型和成键分析

　　CN 在含杂质缺陷黄铁矿表面吸附的构型显示在图 8 – 33 中。在含有 Co、Ni、Cu 和 As 杂质的表面上，CN 都是通过 C 与表面金属原子成键而吸附。对 Mulliken 键的布居分析可知(表 8 – 33)，C 与金属原子形成的共价键的布居值较大，表明它们共价成键，而从电荷密度图可以更直观地看到它们的成键，如图 8 – 33 所示，图中的背景色表示电荷密度为零，原子之间电子密度越大，共价性越强。由图可知，C 原子与表面金属原子之间都有较大的电子密度。

表 8 – 33　CN 在含杂质黄铁矿表面吸附后 Mulliken 键的布居

吸附模型	键	布居
CN/含钴黄铁矿表面	C—Co	0.36
CN/含镍黄铁矿表面	C—Ni	0.39
CN/含铜黄铁矿表面	C—Cu	0.40
CN/含砷黄铁矿表面	C—Fe	0.39

8.3.2.3　吸附的电子态密度分析

　　图 8 – 34 显示了 CN 在含钴杂质黄铁矿表面吸附前后成键原子的态密度，其中，Co 与 C 成键。在表面吸附后，C 和 N 的 2s 和 2p 态向低能方向移动，N 原子的 2p 态局域性依然较强，但 C 原子的 2p 态非局域性增强；Co 的 3d 态电子局域性增强，费米能级处的 3d 态密度消失。C 的 2p 和 Co 的 3d 态在 − 2.2 eV 和 − 1.2 eV 处发生明显杂化。对成键原子的 Mulliken 电荷布居分析可知(表 8 – 34)，N 原子的 2p 态获得少量电子，原子所带电荷由 − 0.31e 变为 − 0.40e，主要由 C 的 2p 态参与成键，它的 2s 态失去少量电子而 2p 态获得大量电子，因此 C 原子所带的电荷由负变正，即由 0.31e 变为 − 0.10e；Co 原子的 4p 态获得电子而 3d 态失去电子，原子所带正电荷略微升高。C 和 N 原子所带负电荷增多，因而 CN 从表面获得电子。

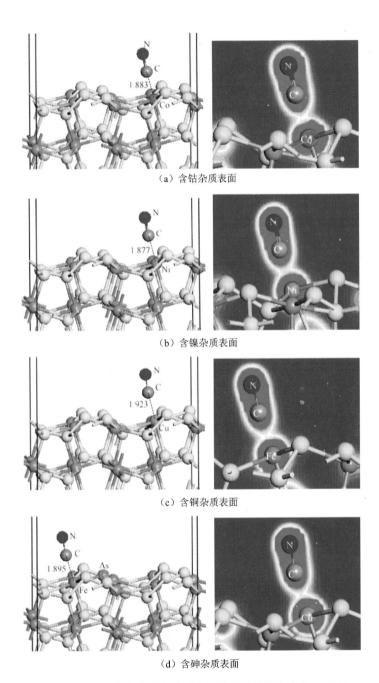

（a）含钴杂质表面

（b）含镍杂质表面

（c）含铜杂质表面

（d）含砷杂质表面

图 8-33　CN 在含杂质黄铁矿表面的吸附构型和电荷密度图

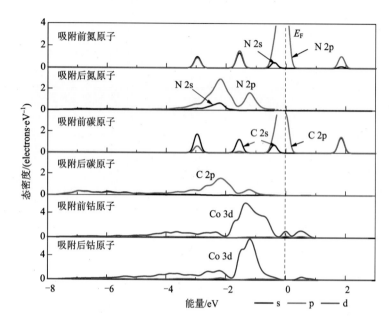

图 8 - 34　CN 在含钴杂质黄铁矿表面吸附前后的原子态密度

表 8 - 34　CN 在含钴杂质黄铁矿表面吸附前后原子的 Mulliken 电荷布居

原子	状态	s	p	d	电荷/e
C	吸附前	1.29	2.40	0.00	0.31
	吸附后	1.25	2.84	0.00	- 0.10
N	吸附前	1.72	3.59	0.00	- 0.31
	吸附后	1.72	3.68	0.00	- 0.40
Co	吸附前	0.42	0.51	7.99	0.08
	吸附后	0.40	0.57	7.91	0.12

　　由以上讨论可知，C 原子空 p 轨道接受了来自于 Co 杂质原子 3d 轨道的电子，因而形成 d→p 反馈键，而 Co 杂质的 4p 轨道又来自于 C 原子的 2s 轨道电子，因此造成 Co 杂质原子所带的电荷变化不大。

　　图 8 - 35 显示了 CN 在含镍杂质黄铁矿表面吸附前后成键原子的态密度，其中，Ni 与 C 成键。CN 在表面吸附后，C 和 N 的 2s 和 2p 态向低能方向移动，N 原子的 2p 电子态局域性依然较强，但 C 原子的 2p 态电子非局域性增强；Ni 的 3d 态向低能方向移动，3d 态密度峰由两个变为一个，费米能级处的 3d 态减弱。C

的 2p 态和 Ni 的 3d 态在 -2.2 eV 处发生明显的杂化作用,出现杂化峰。对成键原子的 Mulliken 电荷布居分析可知(表 8 -35),N 原子的 2p 态获得少量电子,原子所带电荷更负,即由 -0.31e 变为 -0.38e,主要由 C 的 2p 态电子参与成键,它的 2s 态失去少量电子而 2p 态获得大量电子,因此 C 原子所带的电荷由负变正,即由 0.31e 变为 -0.08e;Ni 原子的 4p 态获得电子而 3d 态失去电子,最终导致 Ni 原子所带正电荷略微升高。C 和 N 原子所带负电荷增多,因而 CN 从表面获得电子。

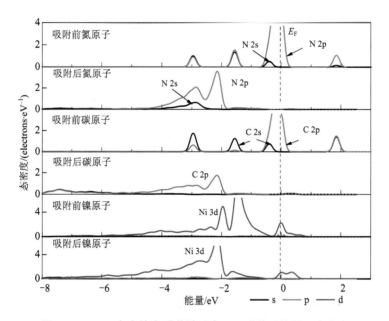

图 8 -35　CN 在含镍杂质黄铁矿表面吸附前后的原子态密度

表 8 -35　CN 在含镍杂质黄铁矿表面吸附前后原子的 Mulliken 电荷布居

原子	状态	s	p	d	电荷/e
C	吸附前	1.29	2.40	0.00	0.31
	吸附后	1.24	2.84	0.00	-0.08
N	吸附前	1.72	3.59	0.00	-0.31
	吸附后	1.72	3.66	0.00	-0.38
Ni	吸附前	0.48	0.58	8.91	0.03
	吸附后	0.48	0.67	8.77	0.08

由以上讨论可知，C 原子空 p 轨道接受了来自于 Ni 杂质原子 3d 轨道的电子，因而形成 d→p 反馈键，而 Ni 杂质的 4p 轨道又来自于 C 原子的 2s 轨道电子，因此造成 Ni 杂质原子所带的电荷变化不大。

图 8 - 36 显示了 CN 在含铜杂质黄铁矿表面吸附前后成键原子的态密度，其中，Cu 与 C 成键。在表面吸附后，C 和 N 的 2s 和 2p 态向低能方向移动，C 和 N 原子的 2p 态局域性依然较强；Cu 的 3d 态向低能方向移动并且减少，费米能级处的 3d 态密度峰略微增强。C 的 2p 态和 Cu 的 3d 态在 - 2.2 eV 处发生杂化作用，出现杂化峰。对成键原子的 Mulliken 电荷布居分析可知（表 8 - 36），N 原子的 2p 态获得少量电子，原子所带电荷更负，即由 - 0.31e 变为 - 0.37e，主要由 C 的 2p 态电子参与成键，它的 2s 态失去少量电子而 2p 态获得大量电子，因此 C 原子所带的电荷由负变正，即由 0.31e 变为 - 0.11e；Cu 原子的 4p 态获得电子而 3d 态失去电子，导致铜原子所带正电荷略微升高。C 和 N 原子所带负电荷增多，因而 CN 从表面获得电子。

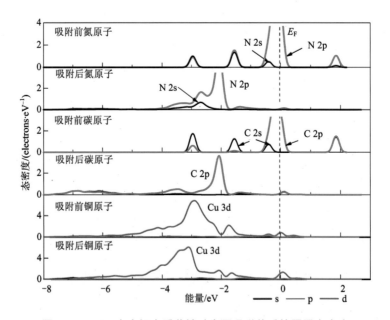

图 8 - 36　CN 在含铜杂质黄铁矿表面吸附前后的原子态密度

表 8 - 36　CN 在含铜杂质黄铁矿表面吸附前后原子的 Mulliken 电荷布居

原子	状态	s	p	d	电荷/e
C	吸附前	1.29	2.40	0.00	0.31
	吸附后	1.27	2.84	0.00	− 0.11
N	吸附前	1.72	3.59	0.00	− 0.31
	吸附后	1.72	3.65	0.00	− 0.37
Cu	吸附前	0.61	0.55	9.67	0.17
	吸附后	0.60	0.62	9.56	0.22

由以上讨论可知，C 原子空 p 轨道接受了来自于 Cu 杂质原子 3d 轨道的电子，因而形成 d→p 反馈键，但与含 Co 和 Ni 杂质表面不同，C 的 2s 轨道失去的电子非常少，因此 Cu 的 3d 轨道来自于 C 的 2s 轨道的电子非常少。

图 8 - 37 显示了 CN 在含有砷杂质黄铁矿表面吸附前后成键原子的态密度，其中，Fe 与 C 成键，As 与 Fe 成键。在表面吸附后，C 和 N 的 2s 和 2p 态向低能方向移动，C 和 N 原子的 2p 态电子非局域性增强，另外，N 的 2p 态主要集中在 − 2 eV 能量附近，而 C 的 2p 态密度明显减少；Fe 原子的态密度变化不明显，仅

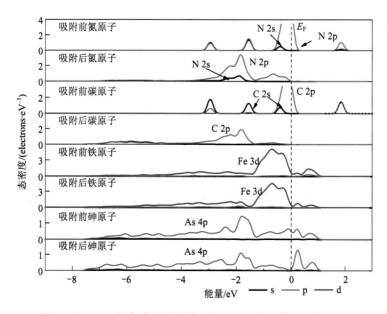

图 8 - 37　CN 在含砷杂质黄铁矿表面吸附前后的原子态密度

导带中的3d态减少。C的2p态和Fe的3d态在 −1.8 eV处发生杂化作用，出现杂化峰；在0.2 eV能量处形成一个非常强的As 4p态密度峰，而穿过费米能级的4p态明显减少；Fe的3d态和As的4p态在0~1 eV范围内发生杂化。对成键原子的Mulliken电荷布居分析可知(表8−37)，N原子的2p态获得少量电子，原子所带电荷更负，由 −0.31e变为 −0.40e，主要由C的2p态电子参与成键，它的2s态失去少量电子而2p态获得大量电子，因此C原子所带的电荷由正变负，即由0.31e变为 −0.12e；Fe原子的4s态和3d失去少量电子而4p态获得少量电子，Fe原子的正电荷略微减少，这是因为As原子的4p态失去电子给Fe原子，而As原子所带正电荷明显升高。C和N原子所带负电荷增多，因而CN从表面获得电子。

表8−37　CN在含砷杂质黄铁矿表面吸附前后原子的Mulliken电荷布居

原子	状态	s	p	d	电荷/e
C	吸附前	1.29	2.40	0.00	0.31
	吸附后	1.26	2.86	0.00	−0.12
N	吸附前	1.72	3.59	0.00	−0.31
	吸附后	1.72	3.68	0.00	−0.40
As	吸附前	1.71	3.13	0.00	0.16
	吸附后	1.70	2.99	0.00	0.31
Fe	吸附前	0.34	0.43	7.15	0.08
	吸附后	0.30	0.57	7.11	0.02

由以上讨论可知，在含砷杂质黄铁矿表面上，Fe原子的3d轨道失去给C原子空p轨道，因而形成d→p反馈键，而Fe原子的4p空位轨道接受了来自于As杂质原子的4p轨道电子，造成Fe原子所带的正电荷减少，说明CN吸附在含As杂质表面后，铁原子具有更强的还原性。

8.3.3　氰化物分子在含杂质缺陷闪锌矿表面的吸附

8.3.3.1　吸附几何构型及吸附能

CN分子在含铁、锰、铜、镉闪锌矿(110)表面吸附后的平衡构型如图8−38中(a)、(b)、(c)、(d)所示。CN在含铁、锰、镉杂质的闪锌矿表面的最稳定吸附方式是通过C原子在Fe、Mn、Cd原子上的顶位倾斜吸附，CN在含铜闪锌矿表面的吸附方式是通过C原子垂直吸附在Cu原子顶位上，这与文献报道的结果一

致。其中 C 原子和 Fe、Mn、Cu 原子间的吸附距离都小于 Fe—C, Mn—C 和 Cu—C
之间的共价半径之和,说明 CN 在含铁、含锰和含铜的闪锌矿表面发生了比较强
的吸附作用。

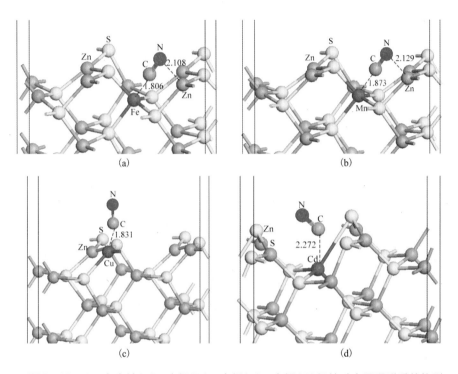

图 8 - 38   CN 在含铁(a)、含锰(b)、含铜(c)、含镉(d)闪锌矿表面吸附后的构型

表 8 - 38 列出了 CN 在含有铁、锰、铜、镉杂质的闪锌矿(110)表面的吸附能
及结构参数。由表可知,CN 在含有铁、锰、铜、镉杂质的闪锌矿(110)表面的吸
附能都为负,说明 CN 可以在含有这些杂质的闪锌矿表面发生吸附反应。其中含
铁和含锰闪锌矿表面与 CN 的吸附作用最强,吸附能分别为 - 379. 21 kJ/mol 和
- 368. 59 kJ/mol,其次是含铜闪锌矿表面,吸附能为 - 253. 77kJ/mol,含镉闪锌
矿表面与 CN 的作用最弱。与 CN 在理想闪锌矿(110)表面的吸附能相比较可知,
CN 在含铁、锰、铜杂质的闪锌矿表面的吸附能要负得多,说明铁、锰、铜杂质的
存在,大大增强了 CN 在闪锌矿表面的吸附作用,而 CN 在含镉闪锌矿(110)表面
的吸附能比理想闪锌矿表面的要大,表明镉杂质的存在削弱了 CN 与闪锌矿表面
的吸附作用,这也与浮选实践中,含镉闪锌矿可浮性好、难抑制的规律相一致。
C—N 键长的计算结果表明,吸附后的 C—N 键长与吸附前的键长(1.1903 Å)相比
都有不同程度的增加,其中 CN 在含铁、锰、镉杂质的闪锌矿表面吸附后的 C—N

键长变化较大,而在含铜的闪锌矿表面吸附后的变化比较小。

表 8 – 38　CN 在含有铁、锰、铜、镉杂质的闪锌矿(110)表面的吸附能及结构参数

吸附能和键长	闪锌矿(110)面			
	Fe 杂质	Mn 杂质	Cu 杂质	Cd 杂质
$E_{ads}/(kJ \cdot mol^{-1})$	– 379.21	– 368.59	– 253.77	– 161.14
$R_{C-N}/\text{Å}$	1.2102	1.2100	1.1877	1.2217

图 8 – 39 中分别是 CN 分子在含铁、含锰、含铜、含镉杂质的闪锌矿(110)表面吸附后的电荷密度图。由前面的分析可知,碳原子的亲核性更强,它与闪锌矿表面的金属原子作用也更强,因此重点考察了碳原子与表面杂质金属原子间的电荷密度。由图可知,吸附后,CN 分子中的碳原子与表面的铁、锰、铜、镉杂质原子间都存在电荷密度叠加,说明碳原子与这些杂质原子间发生了相互作用。另外

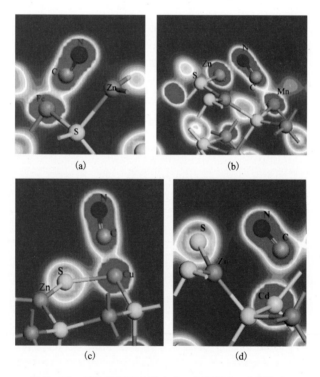

(a)　　　　　　　(b)

(c)　　　　　　　(d)

图 8 – 39　CN 分子在含铁(a)、含锰(b)、含铜(c)、
含镉(d)杂质闪锌矿(110)表面吸附后的电荷密度

碳原子与铁、锰、铜杂质原子间的电荷密度较大，表明它们之间有较多的电子云重叠。而碳原子与镉杂质间的电荷密度较小，表明碳原子与镉原子间的相互作用较弱。

8.3.3.2　吸附的电子态密度分析

图 8 – 40 是含铁闪锌矿(110)表面第一层吸附前后及 CN 吸附前后的态密度。由图可知，含铁闪锌矿(110)表面的态密度在吸附 CN 后发生了较大改变。在 –17.69 eV 附近出现了由 N 2s 轨道和 C 2s 轨道构成的新的态密度峰。Fe 原子的 3d 轨道在费米能级附近的 t_g 和 e_{2g} 两个峰值能量降低，局域性减小，尖峰变得不明显。同时，铁的部分 3d 轨道进入导带，说明铁 3d 轨道失去了电子，向高能方向移动。硫的 3p 电子态的峰值能量也降低了。说明铁的 3d 轨道和硫的 3p 轨道都与 C 2p 和 N 2p 轨道发生了较强的作用。

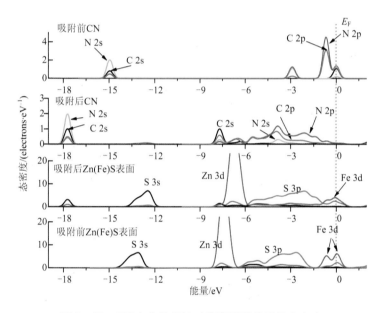

图 8 – 40　CN 在含铁闪锌矿表面吸附前后的态密度

CN 分子在含铁闪锌矿(110)表面吸附前后的电荷布居分析列于表 8 – 39。CN 的分子轨道为 KK $(\sigma_{2s})^2 (\sigma_{2s}^*)^2 (\pi_{2p})^4 (\sigma_{2p})^1 (\pi_{2p}^*)^0 (\sigma_{2p}^*)^0$。CN 中的 C 原子有 sp 孤对电子轨道，极易对外提供电子，具有很强的亲核性。由表可知，吸附后 CN 分子中的 C 原子的 s 轨道失去电子，而 p 轨道得到电子，C 原子从吸附前的带正电荷变为吸附后带负电荷。铁的 sp 轨道和 d 轨道均失去了电子，且 d 轨道失去较多的电子。C 的原子的 s 轨道电子与 Fe 原子的 sp 杂化轨道作用形成共价键，同时又以 π_{2p}^{*} 轨道接受 Fe 原子的 d 轨道的电子，形成反馈 π 键。CN 分子中的氮原子的 sp 电子数变化较小，说明其与闪锌矿表面的作用较弱。

表 8 – 39　CN 分子在含铁闪锌矿 (110) 面吸附前后原子的 Mulliken 布居

原子	状态	s	p	d	电荷/e
C	吸附前	1.34	2.37	0.00	0.29
	吸附后	1.30	2.79	0.00	− 0.10
N	吸附前	1.69	3.60	0.00	− 0.29
	吸附后	1.70	3.74	0.00	− 0.45
Fe	吸附前	0.42	0.53	6.92	0.12
	吸附后	0.39	0.51	6.87	0.24

　　根据以上讨论可知，CN 分子与含铁闪锌矿表面的吸附形式为：CN 分子中的碳原子的 s 轨道与铁的 sp 轨道作用形成共价键，而铁的 d 轨道电子反馈给碳原子反键 p 轨道，形成反馈 π 键；CN 分子主要通过碳原子与闪锌矿表面的铁杂质相互作用。

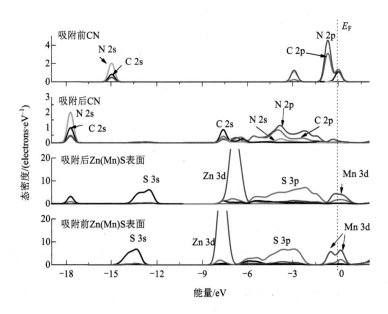

图 8 – 41　CN 在含锰闪锌矿表面吸附前后的态密度

含锰闪锌矿(110)表面第一层吸附前后及 CN 吸附前后的态密度如图 8 - 41 所示。由图可知,含锰闪锌矿(110)表面的态密度在吸附 CN 后也发生了较大改变。在 - 17.72 eV 附近出现了由氮的 2s 轨道和碳的 2s 轨道构成的新的态密度峰。锰的 3d 轨道在费米能级附近的 t_g 和 e_{2g} 两个峰值能量降低,局域性减小,尖峰变得不明显。同时,锰的部分 3d 轨道进入导带,说明锰 3d 轨道失去电子。硫的 3p 电子态的峰值能量也降低了。

CN 分子在含锰闪锌矿(110)表面吸附前后的电荷布居分析列于表 8 - 40。由表可知,吸附后 CN 分子中的 C 原子的 s 轨道失去电子,而 p 轨道得到电子,C 原子从吸附前的带正电荷变为吸附后带负电荷。闪锌矿表面的锰杂质的 sp 轨道和 d 轨道均失去了电子,且 d 轨道失去较多的电子。C 原子的 s 轨道电子和 Mn 原子的 sp 杂化轨道作用形成共价键,同时 Mn 原子 d 轨道上的电子又反馈给 C 原子轨道 π_{2p}^* 形成反馈 π 键。CN 分子中的氮原子的 sp 轨道上的电子数变化较小,说明氮原子参与成键较弱。

表 8 - 40　CN 分子在含锰闪锌矿(110)面吸附前后原子的 Mulliken 布居

原子	状态	s	p	d	电荷/e
C	吸附前	1.34	2.37	0.00	0.29
	吸附后	1.30	2.75	0.00	- 0.05
N	吸附前	1.69	3.60	0.00	- 0.29
	吸附后	1.70	3.77	0.00	- 0.46
Mn	吸附前	0.40	0.41	6.03	0.16
	吸附后	0.36	0.4	5.98	0.25

由以上讨论可知,CN 分子与含锰闪锌矿表面的吸附形式为:CN 分子中的 C 原子的 s 轨道与锰原子的 sp 轨道作用形成共价键,而锰原子 d 轨道电子提供给 C 原子反键 p 轨道,形成反馈 π 键;CN 分子在含锰闪锌矿表面的吸附方式主要通过碳原子与闪锌矿表面的锰杂质相互作用。

图 8 - 42 是含铜闪锌矿(110)表面第一层吸附前后及 CN 吸附前后的态密度。由图可知,含铜闪锌矿(110)表面的态密度在吸附 CN 后发生了较大改变。Cu 原子的 3d 轨道向低能方向移动,峰值由 - 1.35 eV 偏移到 - 3.40 eV,而硫的 3p 轨道则向高能方向移动了 0.25 eV。吸附后在含铜闪锌矿表面 - 16.10 eV 处出现了由 N 2s 和 C 2s 电子态组成的新态密度峰,进一步证明了 CN 分子与闪锌矿表面发生了较强的化学作用。

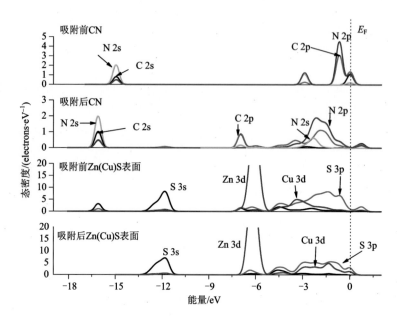

图 8 - 42　CN 在含铜闪锌矿表面吸附前后的态密度

　　CN 分子在含铜闪锌矿(110)表面吸附前后的电荷布居分析列于表 8 - 41。由表可知，吸附后 CN 分子中的 C 原子的 s 轨道失去电子，而 p 轨道得到较多电子，C 原子从吸附前的带正电荷变为吸附后带负电荷。铜的 sp 轨道和 d 轨道均失去了电子，且 d 轨道失去较多的电子。C 原子的 s 轨道电子和铜的 sp 杂化轨道作用形成共价键，同时又以空的 π_{2p}^* 轨道接受 Cu 原子 d 轨道上的电子，形成 π 键。CN 分子中的氮原子的 sp 电子数变化较小，说明氮原子参与成键较弱。

表 8 - 41　CN 分子在含铜闪锌矿(110)表面吸附前后原子的 Mulliken 布居

原子	状态	s	p	d	电荷/e
C	吸附前	1.34	2.37	0.00	0.29
	吸附后	1.20	2.90	0.00	-0.10
N	吸附前	1.69	3.6	0.00	-0.29
	吸附后	1.73	3.54	0.00	-0.27
Cu	吸附前	0.69	0.51	9.64	0.16
	吸附后	0.65	0.55	9.52	0.28

　　根据以上讨论可知,CN 分子与含铜闪锌矿表面的吸附形式为:CN 分子中的 C 原子的 s 轨道与铜原子的 sp 轨道作用形成共价键,而铜原子 d 轨道提供电子给 C 原子反键 p 轨道,形成反馈 π 键;CN 分子与含铜闪锌矿表面的吸附主要是通过碳原子和铜原子间的相互作用。

　　含镉闪锌矿(110)表面与 CN 吸附前后表面第一层的态密度如图 8 – 43 所示。从图可以看出,含镉闪锌矿(110)表面的态密度在吸附 CN 后没有发生较大变化。镉的 4d 轨道,锌的 3d 轨道都向低能方向移动,而硫的 3p 轨道则向高能方向移动,且有一部分进入到禁带中。吸附后在含镉闪锌矿表面 – 17.75 eV 处出现了由 N 2s 和 C 2s 电子态组成的新态密度峰,表明 CN 分子参与了成键作用。

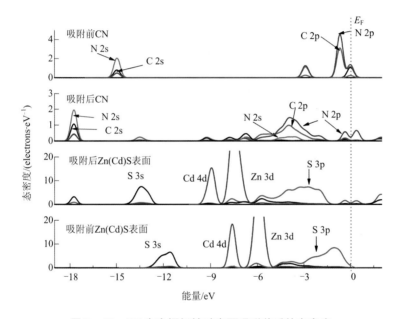

图 8 – 43　CN 在含镉闪锌矿表面吸附前后的态密度

　　CN 分子在含镉闪锌矿(110)表面吸附前后的电荷布居分析列于表 8 – 42。由表可知,吸附后 CN 分子中的 C 原子的 s 轨道失去电子,而 p 轨道得到较多电子,C 原子从吸附前的带正电荷变为吸附后带负电荷。镉主要是 sp 轨道失去电子,而 d 轨道失去电子数较少。C 原子的 s 轨道电子和镉的 sp 轨道作用形成共价键,镉原子的 d 电子反馈较少,CN 分子中的 C 原子和 Cd 原子没有形成反馈 π 键,所以 CN 分子与含镉闪锌矿表面的作用较弱。

表 8 - 42　CN 分子在含镉闪锌矿(110)面吸附前后原子的 Mulliken 布居

原子	状态	s	p	d	电荷/e
C	吸附前	1.34	2.37	0.00	0.29
	吸附后	1.32	2.92	0.00	- 0.24
N	吸附前	1.69	3.60	0.00	- 0.29
	吸附后	1.75	3.60	0.00	- 0.35
Cd	吸附前	0.82	0.79	9.98	0.42
	吸附后	0.84	0.78	9.96	0.41

由以上讨论可知,CN 分子与含镉闪锌矿表面的吸附形式为:CN 分子中的 C 原子的 s 轨道与镉原子的 sp 轨道作用形成共价键,镉的 d 轨道没有参与成键作用,CN 分子中的 C 原子和闪锌矿表面的镉原子间没有形成 π 键。

8.4　晶格缺陷对铬酸根分子在方铅矿表面吸附的影响

重铬酸盐($K_2Cr_2O_7$ 和 $Na_2Cr_2O_7$)是方铅矿最重要的抑制剂。重铬酸盐在弱碱性介质中(pH = 8 左右)生成铬酸盐,溶液中的 CrO_4^{2-} 化学吸附在方铅矿的表面上,与氧化了的方铅矿表面反应生成难溶性的铬酸铅,使它们具有高度的亲水性而受到抑制。它们的抑制作用与它在水中生成的 CrO_4^{2-} 离子及它们的氧化性能有关。研究表明,经过氧化处理过的方铅矿表面,受 CrO_4^{2-} 抑制的作用最强烈。因此本节分别构建了氧化前后理想表面及晶格缺陷表面吸附 CrO_4^{2-} 的模型,进行相应的模拟计算,分析讨论各种方铅矿表面氧化前后吸附能及吸附构型的变化,从微观的角度去解释 CrO_4^{2-} 抑制机理。

8.4.1　吸附构型优化

图 8 - 44 显示了铬酸根在理想方铅矿表面可能吸附的五种位置结构经优化计算后的吸附构型,图中标出的数据表示两原子之间的键长,单位为 Å。铬酸根上两个单键氧由于键未饱和而比双键氧具有更高的反应活性,因此构建模型时将单键氧分别对着以下 5 种位置进行吸附。分别是两个单键氧对着表面上的铅原子即铅位[图 8 - 44(a)],两个单键氧对着表面上的硫原子即硫位[图 8 - 44(b)],平行于 Pb—S 键两个单键氧分别对着表面上的铅硫原子即键桥位[图 8 - 44(c)],平行于穴位两个单键氧分别对着穴位对角线上的硫原子即穴位 1[图 8 - 44(d)],平行于穴位两个单键氧分别对着穴位对角线上的铅原子即穴位 2[图 8 - 44(e)]。

通过结构优化计算获得5种位置上的吸附能,列于表8－43中。由图可知,硫位图8－44(b)和穴位1图8－44(d)两个位置优化后构型变化得与键位图8－44(c)相似,也就是说两个单键氧吸附在键位是比较稳定的,这从图上的键长值可看出来,图8－44(c)中的O—Pb及O—S键长值都较小。而由表8－43也可以看到键位上的平衡吸附能是最小的(－414.47 kJ/mol)。

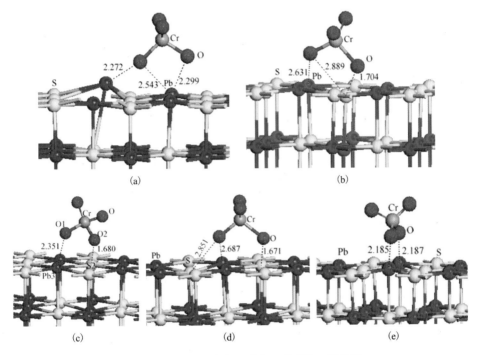

图8－44 铬酸根在方铅矿表面吸附的五种构型
(a)铅位;(b)硫位;(c)键(桥)位;(d)穴位1;(e)穴位2

表8－43 铬酸根在理想方铅矿表面不同位置的吸附能

单键氧原子的吸附位	吸附能/(kJ·mol^{-1})
铅位(a)	－336.31
硫位(b)	－409.72
穴位1(d)	－389.87
穴位2(e)	－359.26
键(桥)位(c)	－418.94

8.4.2　氧化的影响

图 8 -45 显示了铬酸根在理想方铅矿表面氧化前后的吸附构型和相应的电荷密度图。图中原子标出来的数字表示两原子之间成键的键长值，单位为 Å。图中背景色表示电荷密度为零。原子之间的电子云重叠越大越密则共价键越强。吸附能及主要吸附形成共价键的 Mulliken 布居值的列于表 8 -44 中。

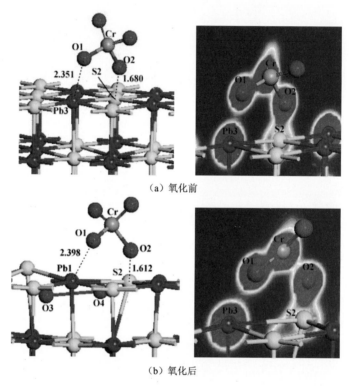

(a) 氧化前

(b) 氧化后

图 8 -45　CrO$_4$在理想方铅矿表面氧化前后的吸附构型和电荷密度图

表 8 -44　铬酸根氧化前后在理想方铅矿表面的吸附能及键的 Mulliken 布居值

方铅矿表面	吸附能/(kJ·mol^{-1})	键布居	
		O1—Pb3	O2—S2
未氧化方铅矿	-418.94	-0.12	0.19
氧化后方铅矿	-520.18	0.00	0.26

由图 8 -45 可以看到，理想方铅矿表面氧化后再吸附铬酸根，表面硫原子 S2

与单键氧 O2 之间的键长变短，说明它们的距离拉得更近，结合更紧密。而把原来吸附在表面的氧分子挤进了方铅矿表面层。而对 O1—Pb3 键的键长影响不大，由电荷密度图也可以看到，氧化后 S2—O2 之间的共价键增加，由表 8 - 44 也可以看到它的 Mulliken 布居值由氧化前的 0.19 增大到 0.26，而氧化后的吸附能比氧化前的高出约 103 kJ/mol。由分析可知，氧化后的方铅矿有利于铬酸根基团的吸附，这与方铅矿的浮选实际相符。

图 8 - 46 显示了铬酸根基团在理想方铅矿表面吸附时成键原子的态密度分布，费米能级处（E_F）为能量零点。由图可见，吸附前后 Pb3 原子的 6p 态向低能方向小幅度移动，能量也稍微有些下降。吸附后其 6p 态与铬酸根中 O1 原子 2p 态在 - 4.3 eV，- 3.6 eV 及 1.5 eV 能量处发生杂化，产生 3 个小的杂化峰。O1 和 O2 原子在吸附后，能理向低能级方向移动，O2 移动的幅度更大，非局域性增强。O1 的 2p 态由原来在费米能级及导带中 3 个态密度峰变为在 - 5 ~ 1 eV 内连续的宽峰，并在 - 4.3 eV，- 3.6 eV 及 - 1.9 eV 能量处出现峰尖。而 O2 则变化为在 - 8 ~ 1 eV 内连续的宽峰，并在 - 5.9 eV，- 4.8 eV 能量处出现峰尖。说明

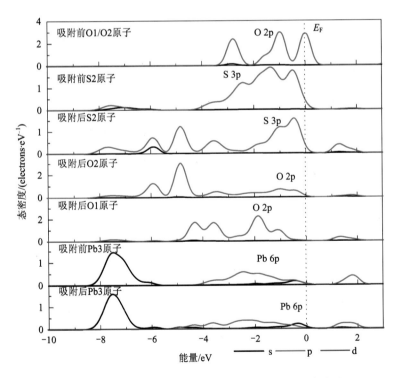

图 8 - 46　铬酸根在理想方铅矿表面吸附前后原子态密度

O2 的电子非局域性比 O1 的强。O2 与 S2 的 p 轨道在 -8~0 eV 多处发生杂化，其中最明显的杂化峰在 -5.9 eV，-4.8 eV 能量处。硫原子的态密度主要由 S 的 3p 态提供，吸附后几乎没有发生移动，由一个较大的峰变化为几个较小且连续分布的峰，非局域性稍有增强，可以明显看到它与 O2 的杂化峰。

由表 8-45 可以看到，铬酸根在氧化后方铅矿表面吸附，对原来已经吸附在上面的氧气分子中的 O3 和 O4 原子的 Mulliken 电荷布居影响不大。而是因为表面氧化后使得 S2 原子在费米能级处的 2p 态电子分布较多，反应活性增大，可以提供更多的电子给 O2 原子，从而自己的荷正电荷量高至 0.84e。

表 8-45　CrO_4^{2-} 在理想方铅矿及其氧化表面吸附前后原子的 Mulliken 电荷布居

原子	状态	氧化前				氧化后			
		s	p	d	电荷/e	s	p	d	电荷/e
Pb3	吸附前	1.98	1.41	10.00	0.61	2.00	1.22	10.00	0.78
	吸附后	1.94	1.28	10.00	0.78	1.94	1.13	10.00	0.92
铬酸根中的氧原子	吸附前 O1/O2	1.96	4.39	0.00	-0.35	1.96	4.39	0.00	-0.35
	吸附后 O1	1.91	4.71	0.00	-0.61	1.91	4.69	0.00	-0.60
	吸附后 O2	1.88	4.87	0.00	-0.76	1.87	4.91	0.00	-0.79
S2	吸附前	1.93	7.15	0.00	-0.68	1.84	4.09	0.00	0.07
	吸附后	1.87	4.18	0.00	-0.05	1.75	3.41	0.00	0.84
氧分子中的氧原子	吸附前 O3	—	—	—	—	1.93	4.92	0.00	-0.84
	吸附后 O3	—	—	—	—	1.92	4.91	0.00	-0.83
	吸附前 O4	—	—	—	—	-1.92	4.95	0.00	-0.86
	吸附后 O4	—	—	—	—	1.92	4.91	0.00	-0.84

由图 8-47 可以看到，Pb3 原子的态密度在吸附前后改变不大，只是 6p 态的能量稍有降低，从表 8-45 可以获知 Pb 吸附后只是其 6p 和 6s 轨道转移了少量电子给 O1，O1 和 O2 的态密度变化与理想表面吸附铬酸根相似，吸附后非局域性增强，且在 O2 与 S2，O1 与 Pb3 的 p 轨道在 -8~0 eV 能量处多处发生杂化，可以看到明显的杂化峰。对比图 8-46 和图 8-47 可以看到，氧化后方铅矿表面的 S2 原子比理想表面的活性要强，在图 8-47 中可以看到 S2 原子在费米能级处有一个较强的 3p 态密度峰。因为电子在费米能级处的态密度越多，则反应活性就越强。

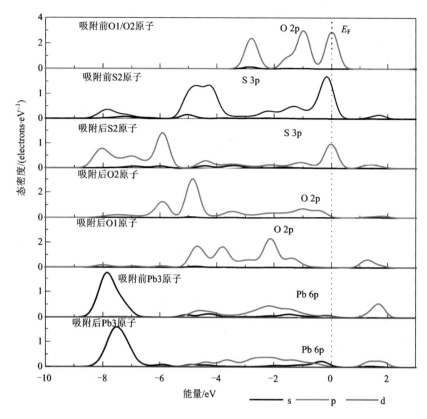

图 8 -47   铬酸根在氧化的方铅矿表面吸附前后原子态密度

8.4.3   空位缺陷对铬酸根分子在方铅矿表面吸附的影响

图 8 -48 显示了铬酸根在含铅空位和硫空位方铅矿表面吸附后的吸附构型和相应的电荷密度图。图中原子标出来的数字表示两原子之间成键的键长值，单位为 Å。图中背景色表示电荷密度为零。原子之间的电子云重叠越大越密，则共价键越强。吸附能及主要吸附形成共价键的 Mulliken 布居值列于表 8 -46 中。

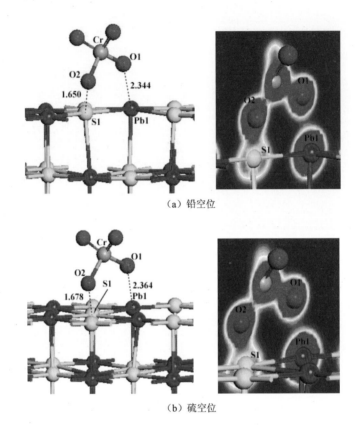

（a）铅空位

（b）硫空位

图 8-48　CrO₄ 在含空位缺陷方铅矿表面的吸附构型和电荷密度图

表 8-46　铬酸根基团在含铅、硫空位缺陷方铅矿表面的吸附能及键的 Mulliken 布居

方铅矿表面	吸附能/(kJ·mol^{-1})	键布居	
		O1—Pb1	O2—S1
理想表面	-418.94	-0.12	0.19
铅空位表面	-426.40	-0.11	0.24
硫空位表面	-418.97	-0.12	0.20

　　由图 8-48 可以看到，含铅、硫空位的方铅矿表面吸附铬酸根，吸附能与理想表面差不多大小，而对 O1—Pb1 键的键长影响不大，由电荷密度图也可以看到，氧化后 S2—O2 之间的共价键增加的也不明显，由表 8-46 也可以看到Pb—O 键的 Mulliken 布居值变化不大，铅空位的存在比硫空位更有利于铬酸根的吸附，

因为铬酸根主要作用的原子是表面的硫原子，而铅空位使得表面的硫原子配位不平衡，相对过剩，更易与铬酸根发生作用。

8.4.4　杂质对铬酸根分子在方铅矿表面吸附的影响

表 8 − 47 列出了天然方铅矿中 6 种常见杂质对铬酸根的吸附能的影响。由表可见，表面氧化后铬酸根的吸附能值都大于未氧化的，说明和理想方铅矿一样，杂质方铅矿表面的氧化也有利于铬酸根基团在它们表面的吸附。氧化后吸附能增幅最人的是纯方铅矿，其次是含银的方铅矿，方铅矿未氧化时，银的存在不利于铬酸根的吸附，但是吸附氧分子后，铬酸根的吸附能增大。而铋、锰、锑杂质缺陷可以促进方铅矿表面对铬酸根的吸附能，其中铬酸根在含锰方铅矿上的吸附能最大，其次是锑和锰。银、铜、锌 3 种杂质不利于铬酸根在氧化后方铅矿表面的吸附，而锰、锑和铋则可以促进铬酸根在氧化后方铅矿表面的吸附，它们吸附能的大小顺序为：含锰方铅矿 > 含锑方铅矿 > 含铋方铅矿 > 理想方铅矿 > 含铜方铅矿 > 含银方铅矿。

表 8 − 47　铬酸根在含杂质缺陷方铅矿表面氧化前后的吸附能

矿物表面	吸附能/(kJ·mol^{-1})		$\Delta E = E_1 - E_2$
	氧化前 E_1	氧化后 E_2	
理想方铅矿表面	− 418.94	− 520.18	101.24
含银方铅矿表面	− 407.17	− 505.58	98.41
含铜方铅矿表面	− 419.72	− 507.51	87.79
含铋方铅矿表面	− 456.38	− 534.53	78.15
含锌方铅矿表面	− 470.85	− 500.76	29.91
含锑方铅矿表面	− 472.78	− 552.86	80.08
含锰方铅矿表面	− 514.27	− 565.40	51.13

CrO_4^{2-} 在方铅矿表面吸附的强弱主要取决于氧硫键（S2—O2）的键长大小。由图 8 − 49 可知，大部分含杂质缺陷方铅矿表面氧化后再吸附铬酸根，方铅矿表面的 S2 原子与铬酸根里的 O2 之间的键长值缩短，说明两者的作用力增强。而含铋杂质 O2—S2 值却大幅度增大，因此它的吸附能增值是比较小的。含锌杂质的几乎不变，Zn—S1 的键长值变小。

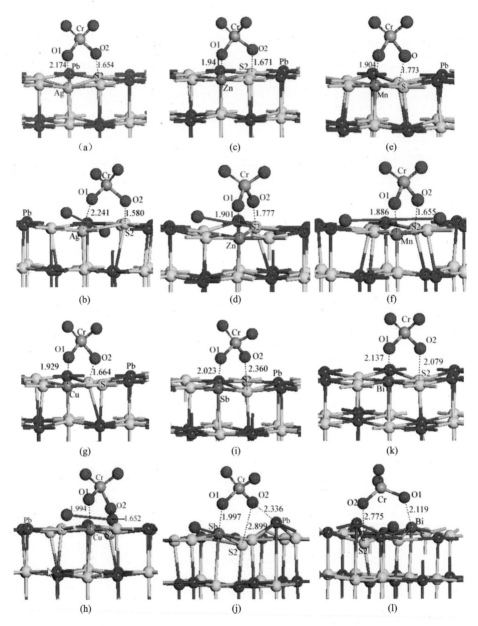

图 8 - 49　铬酸根基团在含杂质缺陷方铅矿表面氧化前后的吸附构型

(a)、(b)银杂质；(c)、(d)锌杂质；(e)、(f)锰杂质；

(g)、(h)铜杂质；(i)、(j)锑杂质；(k)、(l)铋杂质

表 8 - 48 列出了 CrO_4 在含杂质方铅矿表面吸附后主要成键的 Mulliken 布居值。由表可以看到氧化后与铬酸根中氧原子形成的共价键最强是锌，其次是铜，然后是银，由于它们能与铬酸根中氧发生较强的共价作用，生成难溶的铬酸盐，从而使方铅矿受到抑制。

表 8 - 48　CrO_4 在氧化后含杂质方铅矿表面吸附后主要成键的 Mulliken 布居

矿物表面	键	布居	
		氧化前	氧化后
理想方铅矿表面	O1—Pb3	-0.12	0.00
	O2—S2	0.19	0.26
含锰方铅矿表面	O1—Mn	0.23	0.07
	O2—S2	0.41	0.40
含银方铅矿表面	O1—Ag	0.28	0.24
	O2—S2	0.23	0.27
含铋方铅矿表面	O1—Bi	0.21	0.23
	O2—S2	-0.06	0.22
含锑方铅矿表面	O1—Sb	-0.06	-0.05
	O2—S2	0.29	0.29
含铜方铅矿表面	O1—Cu	0.33	0.39
	O2—S2	0.22	0.29
含锌方铅矿表面	O1—Zn	0.42	0.28
	O2—S2	0.22	0.29

参考文献

[1] 陈晔，陈建华，郭进. O_2 和 CN 在铜活化闪锌矿(110)表面吸附的密度泛函研究[J]. 物理化学学报,2011, 27(2): 363 - 368

[2] Chen Ye, Chen Jianhua. The first - principle study of the effect of lattice impurity on adsorption of CN on sphalerite surface[J]. Minerals Engineering, 2010,23(9): 676 - 684

[3] Yuqiong Li, Jianhua Chen, Duan Kang, Jin Guo. Depression of pyrite in alkaline medium and its subsequent activation by copper[J]. Minerals Engineering, 2012, 26:64 - 69

[4] 蓝丽红. 晶格缺陷对方铅矿表面性质、药剂分子吸附及电化学行为影响的研究[D]. 广西

大学博士论文, 2012

[5] 李玉琼. 晶格缺陷对黄铁矿晶体电子结构和浮选行为影响的第一性原理研究[D]. 广西大学博士论文, 2011

[6] 陈晔. 晶格缺陷对闪锌矿半导体性质及浮选行为影响的第一性原理研究[D]. 广西大学博士论文, 2009

第 9 章　晶格缺陷对方铅矿表面吸附 热动力学行为的影响

热动力学法是目前已知的唯一能同时提供过程热力学信息和动力学信息的方法,已形成了一套较完整的热动力学理论与方法[1-7],在国防、材料、药物学、环境、化学、生物、化工过程等领域展示了广阔的应用前景。现代微量热技术能够以高精度、高灵敏度,自动化地在线监测体系变化过程;具有快速准确地直接获取过程的热力学和动力学信息的独特优势;能准确地测量过程的热效应并计算处理获得过程的动力学参数和热效应变化规律,可以推测反应过程的机理、分子结构的变化。热动力学方法对体系的溶剂性质、光谱性质和电学性质等没有任何条件限制;能够精确检测纳瓦(nW)级的热功率和 10^{-7} J 量级的能量变化;可控温度可达 $10^{-4} \sim 10^{-5}$ ℃,为准确获得矿物界面吸附过程中的热力学信息和动力学信息成为可能。早在 20 世纪 70 年代国外有文献报道用微量热法测试天然黄铁矿与黄药的吸附热,但没有相关动力学方程的拟合和诠释[8],而近年来则少见相关的报道。本章首次采用微量热法研究了杂质原子对方铅矿吸附药剂热力学和动力学的影响,并把量子化学计算和吸附热动力学实测结果联系起来,从热力学和动力学两方面解释含杂质方铅矿可浮性的影响。

9.1　掺杂方铅矿的合成与表征

掺杂方铅矿的合成选用硫化钠为硫源,醋酸铅为铅源,它们完全反应的理论物质的量比应为 1:1。但为了让 Pb^{2+} 充分沉淀,通常取硫化钠稍微过量。合成的具体步骤如下:称取 74.8 g 的 $Pb(CH_3COO)_2 \cdot 3H_2O$ 放在 5000 mL 的大烧杯 A 中并加入适量水配成乙酸铅浓度小于 0.12 mol/L 的不饱和溶液 A;称取 52.8 g $Na_2S \cdot 9H_2O$ 放在 2500 mL 的大烧杯 B 中并加入适量水配成浓度小于 0.122 mol/L 的硫化钠不饱和溶液 B,同时让生成的乙酸钠浓度小于 0.12 mol/L,这样才能使反应物与生成物都小于合成温度下的饱和溶解度[9]。再将 A、B 两种溶液混合搅拌均匀,使之充分沉淀得到黑色的方铅矿。抽滤并用蒸馏水反复洗涤 5 ~ 6 次,把方铅矿沉淀放到烘箱,在 90 ℃下干燥 48 h,取出磨细筛分,100 ~ 200 目部分留做浮选实验,而用做 XRD 表征和微量热实验的样品则磨至 -320 目。

合成掺杂方铅矿的实验方法:在纯方铅矿合成的基础上,按杂质原子与方铅矿物质的量比为 1∶20[$n(X)∶n(PbS) = 1∶20$, X 指 Ag、Cu、Zn、Bi、Sb 及 Mn]的比例，取相应量的杂质可溶性盐充分溶解配成溶液 C，再将杂质盐溶液 C 与酸醋铅溶液 A 搅拌混合均匀，再与 Na$_2$S·9H$_2$O 溶液 B 倒入 5000 mL 的大烧杯 A 中搅拌混合均匀，放置一段时间使之充分沉淀，抽滤分离出黑色沉淀物并用蒸馏水反复洗涤 5~6 次，得掺杂方铅矿沉淀，置于烘箱内在 90℃下干燥 48 h，取出磨细筛分，100~200 目的留做浮选实验，而用做 XRD 表征和微量热实验的样品则磨至 −320 目。

图 9-1 显示了合成的 7 个样品的 XRD 图谱。从图中各个试样的 XRD 图谱中可以看出，在 2θ 10°~70°的扫描范围内，有 7 个明显的特征强峰，出现峰的角度 2θ 分别为：26.04°，30.16°，43.16°，51.04°，53.52°，62.58°和 69.06°；7 个衍射峰位置刚好与 PbS 的峰位重合，分别属于(111)、(200)、(220)、(311)、(222)、(400)、(331)晶面衍射特征峰，XRD 测量结果表明 PbS 属于面心立方结构，且掺杂的杂质离子未宏观独立成相。

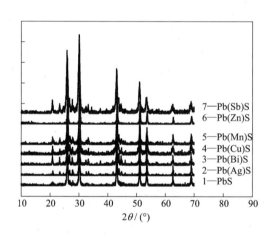

图 9-1　合成掺杂方铅矿的 XRD 图谱

9.2　杂质对方铅矿浮选行为的影响

9.2.1　人工合成方铅矿与天然方铅矿浮选行为的差异

人工合成矿物的浮选行为与天然矿的浮选行为有较大的差别，合成的方铅矿回收率远低于天然纯方铅矿。在自然 pH 值，黄药浓度为 1×10^{-5} mol/L 时，相同的作用时间和刮泡时间，天然方铅矿的浮选回收率一般在 90%以上，而人工合成纯的方铅矿回收率仅为 35%左右。根据前面的 XRD 研究结果可知人工合成方铅矿可浮性差的原因并不是其物相和晶体结构有问题，而是因为人工合成方铅矿采用的是化学沉淀法，而天然方铅矿的成矿温度在 $400 \sim 500℃$，因此它们的表面性质和吸附能力会有较大的差异。

首先天然方铅矿和人工合成方铅矿的比表面积不同。测试结果表明同样为 -325 目的人工合成方铅矿和天然方铅矿的比表面积分别为 $9.35\ m^2/g$、$0.38\ m^2/g$，人工合成的方铅矿比表面积明显比天然方铅矿要大得多（25 倍左右），因此浮选人工合成方铅矿需要消耗更多的药剂。这一结论与伍垂志等人的研究结果类似，它们发现人工合成的磁铁矿可浮性比天然磁铁矿要差，浮选人工合成磁铁矿的捕收剂量要比天然可浮性大 5 倍以上，其原因也是人工合成磁铁矿的比表面积比天然磁铁矿要大许多[10]。

另外天然方铅矿和人工合成方铅矿的表面吸附活性也不同。微量热测试表明，在黄药浓度为 $1.0 \times 10^{-4}\ mol/L$ 条件下，天然方铅矿的吸附热达到 $-2.976\ J/m^2$，而人工合成方铅矿的吸附热仅有 $-0.28\ J/m^2$，说明在同样的表面积下，天然方铅矿吸附黄药的活性是人工方铅矿的十多倍。

综上所述，在浮选人工合成方铅矿时，需要在比较高的捕收剂浓度下，才能获得比较理想的浮选回收率。

9.2.2　杂质对人工合成方铅矿浮选回收率的影响

为了消除表面污染对人工合成方铅矿浮选的影响，在试验中首先用 pH 5 ~ 6 稀硫酸溶液清洗，然后再用超声波进行清洗，浮选试验在 pH 7 左右下进行，黄药浓度为 1.0×10^{-3} mol/L。图 9 - 2 显示了黄药、黑药和乙硫氮 3 种方铅矿常用捕

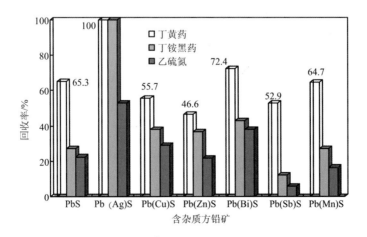

图 9 - 2　自然 pH 值下，含杂质方铅矿的浮选回收率

收剂对人工合成含杂质方铅矿浮选回收率的影响。由图可见，含不同杂质的方铅
矿其可浮性不同，不同的捕收剂也对含不同杂质方铅矿的捕收能力不同。不同捕
收剂种类条件下，含杂质方铅矿的可浮性顺序为：

黄药：含银方铅矿 > 含铋方铅矿 > 纯方铅矿 > 含锰方铅矿 > 含铜方铅矿 > 含
锑方铅矿 > 含锌方铅矿

乙硫氮：含银方铅矿 > 含铋方铅矿 > 含铜方铅矿 > 纯方铅矿 > 含锌方铅矿 >
含锰方铅矿 > 含锑方铅矿

黑药：含银方铅矿 > 含铋方铅矿 > 含铜方铅矿 > 含锌方铅矿 > 纯方铅矿 > 含
锰方铅矿 > 含锑方铅矿

从以上分析可以看出，在不同捕收剂下，杂质对方铅矿可浮性的影响规律基
本相同。其中银、铋杂质能够显著促进方铅矿回收率的提高，锌杂质则显著降低
方铅矿回收率，锑和锰杂质降低了方铅矿的浮选回收率。对于个别杂质原子，不
同药剂体系效果不同，如含铜方铅矿在乙硫氮中，其可浮性比纯方铅矿要好，这
与乙硫氮是铜试剂，对铜具有较强的亲和性有关。

9.2.3 杂质对石灰抑制方铅矿的影响

图 9 - 3 是用氢氧化钠与氢氧化钙调节 pH 为 10.2，用黄药作捕收剂时，杂质
对方铅矿浮选回收率行为的影响。由图可以看出，氢氧化钙对方铅矿都具有抑制

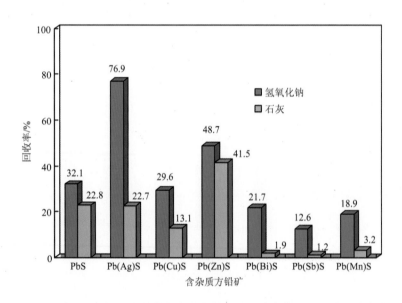

图 9 - 3 pH 为 10.2 时，氢氧化钠与氢氧化钙调浆对掺杂方铅矿浮选回收率的影响

作用，所有含杂质方铅矿的浮选回收率都比在氢氧化钠调浆条件下要低。含铋、锑和锰杂质的方铅矿被氢氧化钙完全抑制，几乎不浮。对于含银方铅矿，氢氧化钙具有强烈抑制作用，回收率从 76.9% 下降到 22.7%。因此在含银方铅矿浮选实践中，应当尽量减少石灰用量，以提高银的回收率。而含锌方铅矿则表现出对 pH 和钙离子不敏感，浮选回收率依然保持在较高的水平。

9.3　杂质对方铅矿表面微量吸附热的影响

9.3.1　测试方法

　　矿样溶液的配制：称取 -320 目的人工合成矿样 1.0 g，放到 50 mL 锥形瓶内加入 20 mL 蒸馏水用超声波振洗 5 min，静置分层，倒掉上层清液，加入蒸馏水配成 20 mL 矿样溶液待用。黄药、乙硫氮以及丁黑药则配成 2×10^{-4} mol/L 的溶液。

　　掺杂方铅矿与黄药的微量吸附热实验在 RD496 - Ⅲ 型微量热计中进行，如图 9 - 4 所示。微量热计实验装置见图 9 - 4(a)，吸附反应的样品池及套管，见图 9 - 4(b)。用微量进样器取 1 mL 浓度为 2×10^{-4} mol/L 的捕收剂溶液移入小样品池，把矿样溶液摇匀后取 1 mL 移入大样品池。再将小样品池套入大样品池，并将样品池套管套放至 15 mL 的不锈钢管套筒里面，将封装好后的不锈钢套筒放入微量热计中，把整间工作室的温度调至 25℃并恒温，设置反应参数；待基线稳定后捅破小样品池，使捕收剂溶液流入大样品池中与矿样溶液混合，反应开始发生，吸附反应的热力学及动力学曲线通过微量热计测出来。

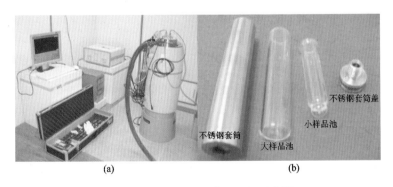

图 9 - 4　微量热实验装置图及反应器

9.3.2　黄药在含杂质方铅矿表面的吸附热

　　根据微量热动力学曲线可以获得黄药与含杂质方铅矿表面作用的吸附热，见

表9-1。由表可见合成方铅矿样品在粉磨至-320目以下时，杂质不同，方铅矿的比表面积也不相同，这主要是因为采用沉淀法合成含杂质方铅矿时，不同的杂质会影响方铅矿的结晶性质，如粒度、硬度等。含杂质方铅矿中，含铜方铅矿的比表面积最大，达到21.37 m²/g，而含锌方铅矿的比表面积最小，只有3.56 m²/g。

表9-1　黄药在掺杂方铅矿表面的微量吸附热(负号表示放热)

矿物	比表面积/$(m^2 \cdot g^{-1})$	吸附热 $\Delta H/(J \cdot m^{-2})$
纯方铅矿	9.35	-0.28
含银方铅矿	7.23	-0.82
含铋方铅矿	5.24	-0.61
含铜方铅矿	21.37	-0.18
含锰方铅矿	5.81	-0.19
含锑方铅矿	9.01	-0.17
含锌方铅矿	3.56	-0.15

吸附热是吸附反应过程产生的热效应，是吸附过程的特征参数之一。从吸附热的大小可以了解吸附现象的物理和化学本质以及吸附剂的活性大小，即了解吸附作用力的性质、表面均匀性、吸附键的类型和吸附分子之间互相作用的情况。由表9-1可见，未掺杂的纯方铅矿的吸附热为-0.28 J/m²，掺杂银和铋后，方铅矿的吸附热明显升高，达到-0.82 J/m²和-0.61 J/m²，说明银和铋杂质能够促进黄药在方铅矿表面的吸附；而掺杂铜、锰、锑和锌后，方铅矿的吸附热下降，说明这些杂质都不利于黄药在方铅矿表面的吸附。

图9-5显示了黄药在含杂质方铅矿表面的吸附热与其浮选回收率的关系。由图可以看出含杂质方铅矿的吸附热与浮选回收率成正比关系，即吸附热越大，含杂质方铅矿的回收率就越高。例如含银方铅矿吸附热值最大，其用

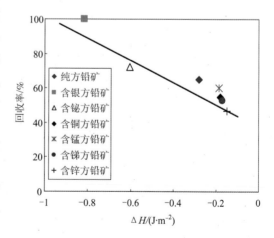

图9-5　黄药在含杂质方铅矿表面的
吸附热与浮选回收率的关系

黄药作捕收剂浮选回收率达到 100% , 而含锌方铅矿吸附热最小, 其回收率也最小, 只有 46% 。以上结果说明吸附热较好地反映了药剂与矿物表面作用的强弱和吸附量情况。

由于人工合成方铅矿的比表面积比较大, 在微量热测试中, 黄药溶液浓度不够大(1×10^{-4} mol/L), 合成铅矿表面黄药吸附没有达到饱和吸附, 其吸附热不是饱和吸附热, 因此黄药在合成掺杂方铅矿表面的吸附热更多地反映了黄药分子在方铅矿表面的吸附热, 而不是方铅矿表面的吸附热(饱和吸附热)。对人工合成纯方铅矿和天然方铅矿的吸附热进行了测试结果表明: 人工合成方铅矿吸附黄药的吸附热为 -0.28 J/m^2, 而天然方铅矿吸附黄药的吸附热 -2.976 J/m^2, 两

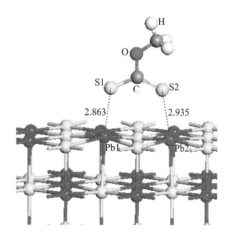

图 9 - 6　黄药在方铅矿(100)面吸附模型

者相差 10 倍左右; 由于天然方铅矿的比表面积只有合成方铅矿的 1/25, 因此可以断定天然方铅矿的吸附热是饱和吸附热, 包括化学吸附、物理吸附和多层吸附的结果, 而人工合成方铅矿吸附热不是饱和吸附热。合成方铅矿表面吸附黄药的不饱和程度可以根据图 9 - 6 黄药在方铅矿表面的模拟吸附结果来推断。由图可见黄药分子和方铅矿表面两个铅原子成键, 根据方铅矿(100)面模型, 单位面积(1 m^2)的铅原子数为 2.6×10^{18} 个, 一个黄药分子的吸附能为 11.9×10^{-20} J, 那么单位面积方铅矿表面吸附黄药的吸附能为 -0.31 J/m^2, 如果忽略熵变的话, 吸附能和吸附热数据(-0.28 J/m^2)相比较, 可以估算出黄药在人工合成方铅矿表面的吸附层大概为 0.9 个单分子层。

恒温过程中, 吸附能和吸附热之间的关系:

$$\Delta G = \Delta H - T\Delta S \tag{9-1}$$

其中: T 为体系的绝对温度; ΔH 为体系的焓变, 即吸附热; ΔS 为体系的熵变; ΔG 为吸附体系的总自由能变化, 即吸附能。对于吸附体系, 由于吸附是从无序到有序的过程, 吸附是熵减少的过程, 因此一般情况下吸附熵 ΔS 为负, 可见吸附熵是不利于吸附发生的。在吸附过程中吸附热的贡献最大, 吸附热越大, 吸附能就越负, 吸附也越容易发生。

表 9 - 2 列出了黄药在含杂质原子方铅矿表面上的吸附能和黄药在含杂质方铅矿表面的实测吸附热, 通过分析两者的关系可以说明杂质原子对方铅矿表面吸附黄药的贡献大小。由表可见, 黄药在方铅矿表面杂质原子上的吸附能与吸附热

之间有部分结果存在正比关系，如铜、锌、铋杂质，而其他几种杂质原子，如锑、锰、银杂质，吸附能和吸附之间没有简单的正比或反比关系。这主要是因为计算的吸附能是一个黄药分子与方铅矿表面一个杂质原子之间的吸附能，而吸附热是方铅矿表面所有原子的总吸附热量。对于含杂质方铅矿表面而言，其吸附能包含杂质原子的吸附能和铅原子的吸附能两部分，可用式(9-2)表示：

表 9-2　黄药在掺杂方铅矿表面的微量吸附热与模拟计算吸附能的关系

含杂质方铅矿	吸附热(实验值)$\Delta H/(\text{J} \cdot \text{m}^{-2})$	吸附能(计算值)$\Delta E/(\text{kJ} \cdot \text{mol}^{-1})$
纯方铅矿	-0.28	-71.33
含银方铅矿	-0.82	-92.17
含铋方铅矿	-0.61	-212.01
含铜方铅矿	-0.18	-74.90
含锰方铅矿	-0.19	-198.89
含锑方铅矿	-0.17	-199.27
含锌方铅矿	-0.15	-73.07

$$\Delta G = \sum_{i=1}^{j} \Delta E_{\text{impurity}} + \sum_{i=j+1}^{n} \Delta E_{\text{Pb}} \tag{9-2}$$

其中：n 为方铅矿表面总的吸附位数量；j 为方铅矿表面杂质原子数量；$\Delta E_{\text{impurity}}$ 为黄药分子在杂质原子位上的吸附能；ΔE_{Pb} 为黄药分子在铅位上的吸附能；ΔG 为药剂总吸附能。因此吸附热和理论计算杂质原子上的吸附能的关系为：

$$\Delta H = \sum_{i=1}^{j} \Delta E_{\text{impurity}} + \sum_{i=j+1}^{n} \Delta E_{\text{Pb}} + T\Delta S \tag{9-3}$$

由式(9-3)可知，黄药在方铅矿表面的吸附热取决于 3 个因素：一是杂质吸附能 $\Delta E_{\text{impurity}}$，二是杂质在方铅矿表面的数量 j，三是吸附的熵变。在方铅矿表面杂质数量相近的情况下，$\Delta E_{\text{impurity}}$ 越大，则吸附热越大；当 $\Delta E_{\text{impurity}}$ 相近时，方铅矿表面杂质数量越多，吸附热越大；熵变 ΔS 越大，对吸附热影响也越大。

对于铜、铋和锌 3 种杂质原子，它们的吸附能和吸附热存在简单的线性关系：

$$\Delta H = -0.0032\Delta E_{\text{impurity}} + 0.0737 \tag{9-4}$$

式中：$R^2 = 0.9978$，说明其线性关系非常好。比较式(9-3)和式(9-4)可以看出：含铜、铋和锌杂质方铅矿表面的杂质数量 j 值相近，熵变 ΔS 也相近。因此黄药在这 3 种杂质方铅矿表面的吸附热主要由杂质原子贡献。

对于含银方铅矿，黄药分子与银杂质作用的吸附能只有 -92.17 kJ/mol，并不是所有杂质原子中最大的，但含银方铅矿的吸附热却是最大的，达到

-0.82 J/m^2，说明式（9-3）中的 j 值较大，导致 $\sum_i^j \Delta E_{impurity}$ 贡献显著增大。理论计算结果表明银原子一般倾向于在固体最外层表面富集，我们采用光电子能谱检测发现掺银方铅矿表面层中含银量最高。

对于含锰和含锑方铅矿，黄药分子在这两种杂质上的吸附能达到 -199 kJ/mol 左右，但它们的吸附热却不大，只有 -0.19 J/m^2 和 -0.17 J/m^2，说明杂质原子在方铅矿表面的数量比较少，同时体系吸附熵 ΔS 对吸附热具有一定的贡献，从而削弱了吸附的热效应。另外锰原子最外层的 3d 轨道为半充满，锑原子最外层的 5p 轨道也是半充满，因此它们都具有较大的磁矩，能够增强方铅矿的氧化，从而影响了黄药的吸附。

9.4　杂质对方铅矿表面吸附黄药动力学的影响

在化学反应中，热力学结果代表了一个反应的趋势，反应的实际进行快慢取决于其动力学参数；有的反应在热力学上可行，但在动力学上却不可行，而有的反应在热力学上不是很有利，但在动力学上却有利，因此其反应也很快。因此研究药剂在方铅矿表面的吸附时，除了前面讲到的热力学参数外，还应该考虑动力学参数的影响，而微量热技术为我们洞察其动力学过程提供了可能。

在等温等压下，对于一个化学反应，其热焓变化大小与反应速率成正比。而在方铅矿的浮选过程中，加入的黄药会和方铅矿表面发生化学吸附，在自然 pH 值下也可以近似看成是不可逆化学反应。因此可以参考文献[11]，按以下方程求得方铅矿与捕收剂反应的速率系数和反应级数。微量热动力学方程通式：

$$\ln\left(\frac{1}{H_0}\cdot\frac{\mathrm{d}H_i}{\mathrm{d}t}\right) = \ln k + n\ln\left(1-\frac{H_i}{H_0}\right) \qquad (9-5)$$

用 $\ln\left(\dfrac{1}{H_0}\cdot\dfrac{\mathrm{d}H_i}{\mathrm{d}t}\right)$ 对 $\ln\left(1-\dfrac{H_i}{H_0}\right)$ 作图，获得直线的截距为 $\ln k$，再求出反应速率系数 k。丁基黄药在含不同杂质方铅矿表面吸附的反应速率系数 k 和反应级数 n 的结果见表 9-3。

从表中数据可见，不同方铅矿的吸附反应级数在 $0.2\sim1.3$ 波动，接近一级反应，即丁黄药在方铅矿表面的吸附和其浓度的一次方成正比，从具体的反应级数来看，杂质的存在能够显著提高方铅矿的反应级数，也就是提高了黄药在方铅矿表面的吸附速率。

在恒定温度和相同反应级数情况下，速率系数的大小反映了吸附速率的快慢。从表 9-4 中可看出黄药在含银和铋方铅矿表面的反应速率系数比较大，从实验中也发现含铋和银杂质方铅矿浮选速度比较快。含铜和含锑方铅矿的速率系数比较小，说明含铜和含锑方铅矿的浮选速度比较慢，需要较长的时间才能获得比较高的浮选回收率。

表 9 – 3　丁基黄药在含不同杂质方铅矿表面吸附的热力学和动力学参数与浮选回收率

样品	回收率/%	热动力学参数	
		速率系数 $k/(10^{-3} \cdot s^{-1})$	反应级数 n
纯方铅矿	65.3	5.22	0.278
含银方铅矿	100	5.87	0.93
含铋方铅矿	72.4	5.36	0.75
含铜方铅矿	55.7	0.021	1.32
含锰方铅矿	64.7	2.92	1.11
含锑方铅矿	52.9	0.583	1.24
含锌方铅矿	46.6	0.019	1.30

由以上讨论可见，杂质不仅影响方铅矿表面的性质和吸附活性，还影响方铅矿表面的吸附动力学，说明杂质对方铅矿浮选行为的影响是多方面的。

参考文献

[1] 曾宪诚, 张元勤. 化学反应热动力学理论与方法[M]. 北京: 化学工业出版社, 2003

[2] Yang S, Navrotsky A, Philips B L. An in situ calorimetric study of the synthesis of FAU zeolite [J]. Microporous and Mesoporous Materials, 2001, 46: 137 – 151

[3] Yang S, Navrotsky A, Philips B L. In situ calorimetric, structural, and compositional study of zeolite synthesis in the system 5. 15Na$_2$O · 1. 00Al$_2$O$_3$ · 3. 28SiO$_2$ · 165H$_2$O[J]. Journal of Physical Chemistry B, 2000, 104: 6071 – 6080

[4] Mi Y, Huang Z Y, Hu F L, Li X Y. Room – temperature revese – microemulsion synthesis and photoluminescence propertes of uniform BaMoO$_4$ submicro – octahedra [J]. Materials Letters, 2009, 63: 742 – 744

[5] Yan Mi, Zaiyin Huang, Feilong Hu, Yanfen Li, Junying Jiang. Room – temperature synthesis and luminescent properties of single – crystalline SrMoO$_4$ nanoplates[J]. Phys. Chem. C, 2009, 113 (49): 20795 – 20799

[6] Yanfen Li, Yan Mi, Junying Jiang, Zaiyin Huang. Room – temperature synthesis of CdMoO$_4$ nanooctahedra in the hemline length of 30 nm[J]. Chemistry Letters, 2010, 39(7): 760 – 764

[7] 唐世华, 黄在银, 黄建滨. 明胶溶液中扫帚状纳 CdS 的形成及其光谱性质研究[J]. 化学学报, 2007, 65: 1432 – 1436

［8］Mellgren O. Heat of adsorption and surface reactions of potassium ethyl xanthate on galena［J］. Trans. AIME. , 1966, 235：46 – 53

［9］顾庆超，戴庆平. 化学用表［M］. 南京：江苏科学技术出版社，1997

［10］伍垂志. 人工磁铁矿和天然磁铁矿浮选行为及其机理研究［D］. 广西大学硕士论文， 2012, 6

［11］高胜利，陈三平，胡荣祖等. 化学反应的热动力学方程及其应用［J］. 无机化学学报， 2002, 18(4)：362 – 366

第 10 章　晶格缺陷对方铅矿
电化学行为的影响

　　方铅矿是一种典型的窄禁带半导体矿物,具有良好的导电性。方铅矿的浮选是一个电化学过程,不同杂质会影响方铅矿半导体性质,从而影响方铅矿的电化学浮选行为。循环伏安曲线(CV)测试是矿物电极电化学行为的有效方法,可以获得矿物表面发生电化学反应的详细信息。本章采用循环伏安法研究了含不同杂质方铅矿的电化学浮选行为,研究结果不仅可以验证理论计算结果,还可以拓宽人们对硫化矿浮选电化学的认识,在理论和实践应用方面都具有重要的意义。

10.1　杂质对方铅矿电极活性的影响

　　图 10 – 1 显示含银、铋、锰、铜、锌及锑 6 种杂质方铅矿电极在 3 mmol/L 铁氰化钾介质中的循环伏安曲线。由图可见含不同杂质方铅矿电极在铁氰化钾溶液中的电化学反应是可逆反应,说明制备的含杂质方铅矿电极具有很好的电化学活性。另外从图中还可以看出,不同杂质方铅矿电极的循环伏安曲线并不完全相同,氧化峰与还原峰出现的峰电势及峰电流值都不一样,表明杂质改变了方铅矿的电极性质和电化学活性,影响了方铅矿电极表面的电化学反应。

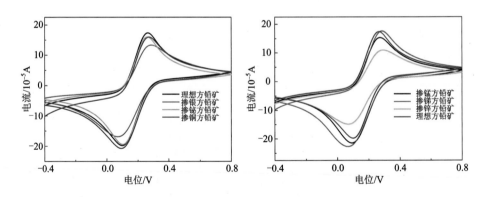

图 10 – 1　铁氰化钾体系中含不同杂质方铅矿的循环伏安曲线

(扫描速度 $v = 100$ mV/s)

　　还原峰电位和氧化峰电位间的差值对应放电电压和充电电压平台,它们的差值反应了电极电化学反应的可逆程度，越小代表可逆程度越大，库仑效率也就越高，循环性能也越好。结合图 10-1 和表 10-1 可见，铋杂质的存在对方铅矿的电极活性没有影响，其余 5 种杂质均会降低方铅矿电极可逆性和循环性能，其中影响较大的是银、锌和锑杂质，铜杂质和锰杂质对方铅矿电极活性的影响相近。

表 10-1 杂质对方铅矿电极氧化还原电势差值的影响

电极	阳极峰电位 E_{Pa}/V	阴极峰电位 E_{Pc}/V	峰电位差 ΔE_p/V
纯方铅矿	0.265	0.088	0.177
含银方铅矿	0.289	0.070	0.219
含铋方铅矿	0.264	0.097	0.167
含铜方铅矿	0.278	0.075	0.203
含锰方铅矿	0.277	0.080	0.197
含锑方铅矿	0.290	0.060	0.230
含锌方铅矿	0.298	0.059	0.239

10.2 不同介质中含杂质方铅矿的氧化行为

一般来说，方铅矿在中性或是碱性介质中有可能按以下 4 种方式发生氧化反应[1]：

$$PbS + H_2O \rightleftharpoons PbO + S^0 + 2H^+ + 2e \quad E^\ominus = 0.750 \text{ V} \quad (10-1)$$

$$PbS + 2H_2O \rightleftharpoons HPbO_2^- + S^0 + 3H^+ + 2e \quad E^\ominus = 0.841 \text{ V} \quad (10-2)$$

$$PbS + 5H_2O \rightleftharpoons PbO + SO_4^{2-} + 10H^+ + 8e \quad E^\ominus = 0.45 \text{ V} \quad (10-3)$$

$$PbS + 5H_2O \rightleftharpoons 2PbO + S_2O_3^{2-} + 10H^+ + 8e \quad E^\ominus = 0.614 \text{ V} \quad (10-4)$$

根据能斯特公式可以算出上述反应在 pH 9.18 时的电极电势，分别为 $E_1 = 0.207$ V，$E_2 = -0.151$ V，$E_3 = -0.273$ V，$E_4 = -0.109$ V。从热力学来说，电极电势越小越容易发生氧化反应，亦即方铅矿在浮选矿浆中最容易按反应(10-3)进行氧化反应。但是电化学研究表明，反应(10-3)在其可逆电位(-0.273 V)时反应速率极小，几乎不发生反应，只有当电势超过平衡电位 0.75 V 时，这一反应才会发生。因此从动力学来说，方铅矿不可能按反应(10-3)进行氧化反应生成硫酸根离子，因为 S 氧化为 SO_4^{2-} 存在势垒(过电位)，用电化学检测方法也没有发现阳极产物有 SO_4^{2-} 生成，所以方铅矿氧化的产物可能是 S 和 $S_2O_3^{2-}$，即方铅矿的氧化只可能按式(10-1)、(10-2)和(10-4)发生氧化反应。

图 10 - 2 显示了纯方铅矿电极及含杂质方铅矿电极在 pH 9.18 缓冲溶液中的循环伏安曲线，表 10 - 2 列出含不同杂质方铅矿的主要氧化峰的起始电位、峰电位及峰电流。由图可见，伏安曲线上只出现了一个或两个氧化峰，没有还原峰，说明方铅矿的氧化是不可逆反应，含不同杂质方铅矿电极氧化峰出现的峰电位不同，说明杂质存在影响了方铅矿电极的氧化反应。

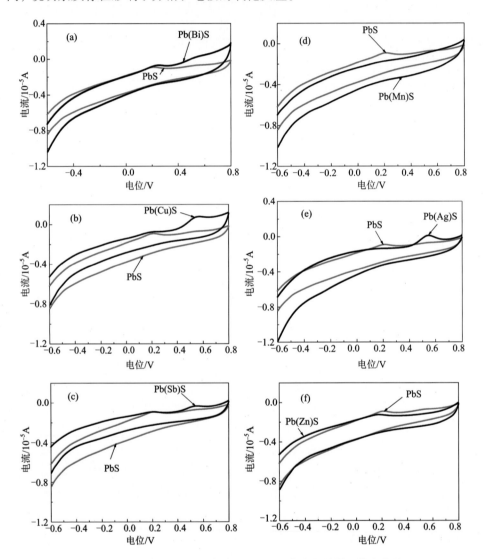

图 10 - 2　不同掺杂硫化铅在 pH = 9.18 溶液中的循环伏安曲线

（扫描速度 $v = 100$ mV/s）

表 10 - 2　不同掺杂硫化铅在 pH = 9.18 溶液中循环伏安曲线电化学参数

电极	氧化起始电位/V	阳极峰电位/V
纯方铅矿	− 0.118	0.211
含银方铅矿	0.236	0.549
含铋方铅矿	− 0.071	0.226
含铜方铅矿	0.194	0.206
含锰方铅矿	—	—
含锑方铅矿	− 0.095	0.543
含锌方铅矿	− 0.157	0.167

　　纯方铅矿循环伏安曲线上在 0.211 V 及 0.531 V 附近出现了一强一弱两个氧化峰,由表 10 - 2 可见第一个主峰的起始电位 − 0.118 V 左右与表 10 - 2 中数值接近,表明有元素硫(S)生成,而第二个在 0.5 V 左右比较弱氧化峰对应的是硫元素氧化生成硫代硫酸盐($S_2O_3^{2-}$)的反应。

　　当方铅矿含有银和锌杂质时,循环伏安曲线上只出现一个氧化峰,另外一个氧化峰消失[见图 10 - 2(e)和(f)],说明方铅矿表面的氧化历程发生了变化。对于含银方铅矿,氧化峰电位 E_{PA} 在 0.546 V 出现(起始氧化电位为 0.236 V 左右),说明含银方铅矿氧化为硫元素的反应受到抑制,含银方铅矿表面发生过氧化反应,生成了硫代硫酸盐($S_2O_3^{2-}$);这可能和银具有较强的催化活性有关,即方铅矿表面发生较强烈的氧化反应,从循环伏安曲线上含银方铅矿较强的阳极氧化峰也可证实这一点。而含锌方铅矿氧化峰减弱(起始电位为 − 0.157 V),说明锌杂质抑制了方铅矿氧化为元素硫的反应。而含锰杂质方铅矿的循环伏安曲线上没有氧化峰的出现,说明含锰杂质完全抑制了方铅矿的氧化反应,这可能是由于锰较强的还原性抑制了氧的吸附反应。

　　而在含铋、锑及铜方铅矿电极的循环伏安曲线上有两个氧化峰,第一个峰与纯方铅矿几乎重合,对应的是元素硫的生产,而第二个峰都比纯方铅矿要强,特别是含铜方铅矿,说明杂质的存在增强了方铅矿的氧化性能,促进了元素硫的进一步氧化。

　　图 10 - 3 显示了纯方铅矿及含杂质方铅矿电极在 pH = 9.18 氢氧化钙溶液中的循环伏安曲线。由图可见,含银、含铜、含锑方铅矿在氢氧化钙溶液中的循环伏安曲线都没有出现氧化峰(见图 10 - 3(a)、(c)、(d)和(e)),说明在氢氧化钙溶液中,由于钙离子的吸附抑制方铅矿的氧化反应。而含铋、锰和锌杂质方铅矿出现的氧化峰较微弱,峰电位分别在 0.5 V 和 0.4 V 左右,都属于氧化较强的反

应(元素硫的氧化峰电位在 0.2 V 左右),说明生成了硫的过氧化物。

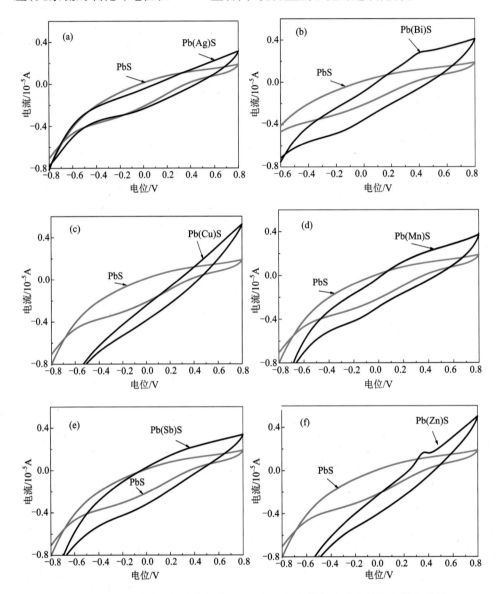

图 10 - 3　不同掺杂方铅矿电极在 pH = 9.18 氢氧化钙溶液中的伏安循环曲线
(扫描速度 v = 100 mV/s)

　　对比掺杂方铅矿电极在 pH = 9.18 氢氧化钠和氢氧化钙体系中的循环伏安曲线,可以看出氢氧化钙对方铅矿氧化具有抑制作用,说明钙离子的吸附对方铅矿的氧化具有抑制作用,这与前面的模拟计算结果是一致的。计算结果表明氢氧根会夺走方铅矿表面的电子，有利于方铅矿表面的氧化，而羟基钙则是把电子给方铅矿物表面，导致方铅矿表面电子富集，不利于方铅矿表面氧化。李玉琼、胡岳华等人[2,3]在研究石灰与黄铁矿表面作用时也获得了类似的结论。

10.3　含杂质方铅矿与黄药的电化学作用

10.3.1　黄药与含杂质方铅矿作用的产物分析

由图 10-4 中(a)可看到，纯方铅矿与丁基黄药作用后表面产物的红外光谱中出了与黄原酸铅一样的特征峰，说明方铅矿表面与丁黄药作用后生成的是黄原

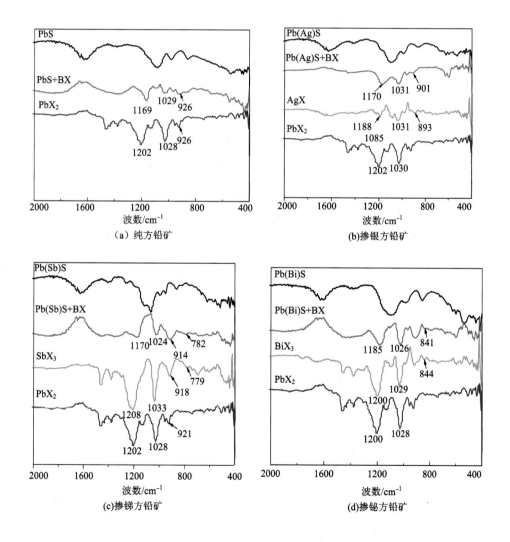

（a）纯方铅矿　　　　　　　　　　(b)掺银方铅矿

(c)掺锑方铅矿　　　　　　　　　　(d)掺铋方铅矿

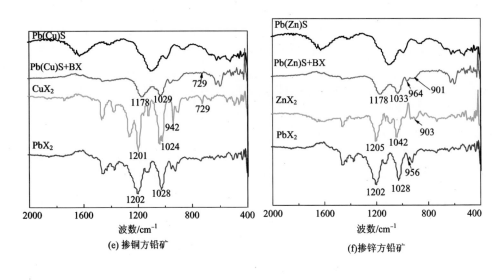

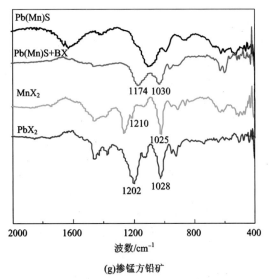

图 10 - 4 掺杂硫化铅与黄药作用后的红外光谱图

酸铅，这与冯其明等人[1]对硫化矿物电化学浮选研究时对黄药与方铅矿作用产物
的描述是一致的。而由图 10 - 4(b) ～ (g)可以看到掺杂方铅矿除了生成黄原铅
外，同时还可以检测到相应杂质的黄原酸盐，特别是在含银、铋及铜杂质方铅矿
表面可以很明显地看到有相应的杂质黄原酸盐的特征峰，而在含锌杂质方铅矿表
面只出现了微弱的黄原酸锌峰。这与它们黄原酸盐的活度积大小顺序相一致，活

度积越大的越容易生成，相反则亦然。各金属的丁黄原酸盐活度积大小顺序为[4]：丁基黄原酸铋(约为 1×10^{-39}) > 丁基黄原酸银(4.2×10^{-20}) > 丁基黄原酸铜(1.7×10^{-18}) > 丁基黄原酸铅(4.2×10^{-16}) > 丁基黄原酸锌(3.7×10^{-11})。

10.3.2　含杂质方铅矿与黄药作用的电化学模型

10.3.2.1　含杂质方铅矿与黄药反应的循环伏安曲线

图 10 – 5 显示了含不同杂质方铅矿电极在 25℃下，pH 9.18 及 0.001 mol/L 丁基黄药溶液中的循环伏安曲线。由图可见，在纯方铅矿电极和所有掺杂方铅矿电极的循环伏安曲线上都出现了两个氧化峰，其中峰 I 较平缓，峰 II 较强，并且峰的强弱随杂质种类变化而变化。另外它们的还原峰都不明显，说明黄药在掺杂方铅矿电极上的反应只是轻微可逆反应。

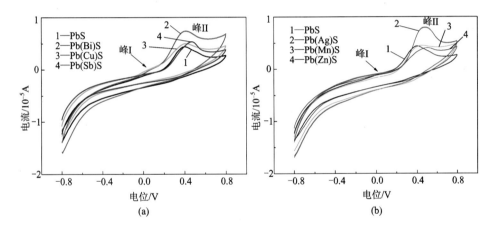

图 10 – 5　pH 9.18 时，含不同杂质方铅矿电极在 0.001 mol/L 丁黄药溶液中的循环伏安曲线

方铅矿与黄药电化学氧化的反应方程式可能按下列 3 式进行[1]：

$$PbS + 2X^- + 4H_2O \Longrightarrow 2PbX_2 + SO_4^{2-} + 8H^+ + 8e \qquad (10-5)$$

$$2PbS + 4X^- + 3H_2O \Longrightarrow 2Pb(X^-)_2 + S_2O_3^{2-} + 6H^+ + 8e \quad E^\ominus = 0.192 \text{ V} \qquad (10-6)$$

$$PbS + 2X^- \Longrightarrow PbX_2 + S^0 + 2e \quad E^\ominus = -0.178 \text{ V} \qquad (10-7)$$

反应式(10 –5)的发生要越过一个较高的过电位(0.750 V)，因此该反应可认为几乎是不发生的。结合电位 – pH 图和方铅矿表面疏水性测定数据，认为方铅矿与黄药作用主要按反应式(10 –6)和式(10 –7)进行。而在 pH 9.18，$[BX^-]$ = 0.001 mol/L 时，设 $[S_2O_3^{2-}] = 10^{-6}$ mol/L，计算出反应式(10 –6)及式(10 –7)的可逆电极电势分别为 $E_6 = -0.171$ V，$E_7 = -0.00065$ V。由表 10 –3 中可以看出纯方铅矿与丁黄药作用的起始电位为 -0.036 V，这与反应式(10-7)的理论计算值 -0.00065 V 很接近，因此可以推断方铅矿与丁黄药的反应主要按式(10-7)进行，产物是黄原酸铅和元素硫。

表 10-3 列出了不同掺杂方铅矿伏安曲线上的氧化峰的起始峰电位、峰电流、电子转移数以及黄药吸附量等电化学参数。从表 10-3 可以看出，铜、铋和银杂质对方铅矿与黄药作用的起始电位影响很小，而锌、锑杂质延缓了方铅矿与黄药作用的起始电位，说明锌、锑杂质对方铅矿与黄药的电化学反应有抑制作用，这与浮选试验结果相吻合。

表 10-3 含不同杂质方铅矿电极的循环伏安曲线电化学参数(pH 9.18，黄药浓度 0.001 mol/L)

电极	氧化起始电位 1/V	氧化起始电位 2/V	峰电位 /V	峰电流 /10^{-5}A	峰面积 /(10^{-5}A·V)	电极反应电子数/n
纯方铅矿	-0.036	0.175	0.403	0.478	0.090	0.55
含银方铅矿	-0.081	0.167	0.479	0.809	0.135	0.62
含铋方铅矿	-0.079	0.181	0.414	0.788	0.112	0.72
含铜方铅矿	-0.068	0.184	0.416	0.620	0.085	0.75
含锰方铅矿	-0.056	0.177	0.453	0.589	0.091	0.66
含锑方铅矿	0.075	0.195	0.468	0.616	0.084	0.75
含锌方铅矿	-0.021	0.167	0.505	0.447	0.059	0.79

循环伏安曲线峰电位的变化反映了电化学机理、电极过程动力学以及吸附的一些变化。由表 10-3 可以看出含铋和铜杂质方铅矿的峰电位与纯方铅矿相比变化不大，所以它们的循环伏安曲线形状类似，说明铋和铜杂质没有改变方铅矿与黄药反应的电化学机理。而含银、锑、铅和锌的峰电位比纯的方铅矿变化较大，说明这几种杂质有可能改变了方铅矿与黄药反应的电化学机理或是影响了黄药在方铅矿表面的吸附量，其中银和锌对方铅矿的阳极峰电位影响最大，这正好与含银方铅矿和含锌方铅矿浮选的最大与最小回收率相对应。

由表 10-3 还可以看出除了含锌杂质方铅矿的峰电流比纯方铅矿小之外，其余五种杂质方铅矿的峰电流都比纯方铅矿要大，其中最大的是掺银方铅矿，说明含银方铅矿表面黄药吸附量最大。

10.3.2.2 含杂质方铅矿与黄药作用的电化学模型

研究结果表明[1]，黄药与方铅矿作用的产物可能有如下 3 种，即电化学吸附的黄药、黄原酸铅和双黄药：

$$X^- \longrightarrow X_{吸附} + e \qquad (10-8)$$

$$2X^- + PbS \longrightarrow PbX_2 + S^0 \qquad (10-9)$$

$$X_{吸附} + X^- \longrightarrow X_2 \qquad (10-10)$$

根据检测结果可以确定方铅矿表面与溶液中都没有检测到双黄药的存在,因此黄药与方铅矿表面作用的产物主要是电化学吸附的黄药、黄原酸铅。图 10-6 显示了纯方铅矿在 pH 9.18 时, 0.001 mol/L 丁黄药溶液中的循环伏安曲线。由图上可以看到循环伏安曲线上有一个较平缓(峰Ⅰ)和一个较强(峰Ⅱ)的氧化峰,峰Ⅰ对应反应式(10-8)反应,峰 2 对应反应式(10-9)。另外,根据循环伏安曲线计算出来的方铅矿与丁黄药反应的电极反应电子数 $n = 0.55 \approx 1$(见表 10-3),说明方铅矿与丁黄药电化学反应为单电子反应,符合反应式(10-8)电化学反应机理。

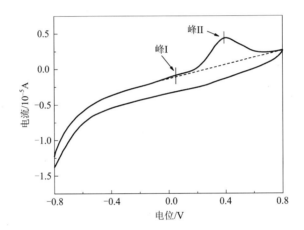

图 10-6　在 pH = 9.18 时和[BX$^-$] = 0.001 mol/L
溶液中纯硫化铅的循环伏安曲线

(扫描速度 $v = 100$ mV/s)

表 10-3 列出了不同掺杂硫化铅与黄药作用的电化学过程和电极反应电子数 n 值均为 0.5~1, 约等于 1, 都是单电子反应。结合红外光谱结果,可以认为含杂质方铅矿与黄药反应的产物主要是电化学吸附的黄药反应(10-11)和金属黄原酸盐反应(10-12):

电化学吸附黄药的生成:

$$X^- \longrightarrow X_{吸附} + e \qquad (10-11)$$

金属黄原酸铅和杂质黄原酸盐的生成:

$$4X^- + Pb(M)S \longrightarrow PbX_2 + MX_2 + S^0 + 2e \qquad (10-12)$$

杂质对反应(10-11)的影响主要是通过改变方铅矿的电子结构和导电性能

来实现的。从图 10－5 可以看出，含铜、铋与银 3 种杂质方铅矿的第一个峰明显增强，说明它们增强了黄药在方铅矿表面的电化学吸附。从前面的理论计算可知含铜杂质和银杂质方铅矿的表面态密度比理想方铅矿表面穿过费米能级更明显，带隙更小，说明含银和铜杂质方铅矿表面导电性和金属性增强，而含铋杂质方铅矿表面态中出现了由 Bi 6p 态提供的杂质缺陷态，因而具有较好的反应活性和导电性，促进了电子在黄药与矿物表面之间的转移，有利于反应式（10－11）的发生。含锑、锌及锰杂质方铅矿的第一个峰比纯方铅矿更弱，说明锑、锌及锰杂质抑制了黄药在方铅矿表面的电化学吸附，这是由于它们的存在导致方铅矿表面的导电性能变差，从而削弱了反应式（10－11）的发生。

杂质对反应（10－12）的影响主要是通过形成杂质黄原酸盐实现的，这主要取决于黄药分子与方铅矿表面杂质原子作用能的大小以及方铅矿表面杂质原子活性点的数量。如模拟计算结果表明，在 6 种含杂质方铅矿中，黄药分子与方铅矿表面铋原子作用的吸附能最大，因此含铋杂质方铅矿表面容易形成黄原酸铋（见红外光谱结果），从而促进了反应式（10－12）的进行。但是对于含银方铅矿而言，仅用吸附能解释是不够的，需要考虑表面杂质活性点的数量。模拟计算表明黄药分子与方铅矿表面银杂质作用的吸附能仅为 －92.17 kJ/mol，仅比纯方铅矿稍大一点，但含银方铅矿与黄药作用的电化学峰电流是最大的（见表 10－3），浮选回收率也是最高的。通过光电子能谱检测结果发现，含银方铅矿表面银含量最高，说明在所有杂质中银杂质容易在方铅矿表面存在，从而增加了黄药吸附活性点，生成更多溶度积小的黄原酸银，促进了反应式（10－12）的进行。

根据循环伏安曲线可以算出丁黄药在方铅矿表面的电化学吸附量，结果见图 10－7。从图 10－7 可以看出，含不同杂质的方铅矿，其表面黄药吸附量不同，其

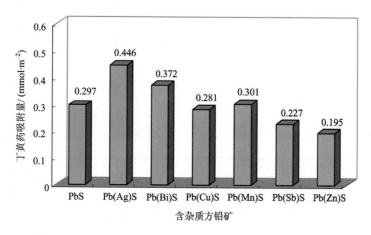

图 10－7　黄药在含不同杂质方铅矿表面的电化学吸附量

中含银方铅矿电化学吸附的黄药量最大,含锌方铅矿最小,不同杂质方铅矿表面电化学吸附黄药量的大小顺序为:

含银方铅矿 > 含铋方铅矿 > 纯方铅矿 > 含锰方铅矿 > 含铜方铅矿 > 含锑方铅矿 > 含锌方铅矿

以上结果与含杂质方铅矿的浮选试验结果完全一致(见图 9 - 2),再一次证明电化学因素是影响方铅矿浮选的主要因素,杂质对方铅矿可浮性的影响也是一个电化学过程。

10.4　杂质对氢氧化钙抑制方铅矿电化学行为的影响

从前面的浮选结果可知,石灰对方铅矿的抑制能力比氢氧化钠要强,由图 10 - 8可见,对于纯方铅矿,氢氧化钙介质能够显著抑制黄药在方铅矿表面的电化学反应,其中氢氧化钠介质中出现的峰 I(对应黄药的电化学吸附反应)在氢氧化钙介质中完全消失,只剩下峰 II(对应金属黄原酸盐的生成),并且峰 II 的起始电位发生了后移,峰强度和面积也都比氢氧化钠介质要弱许多(在电极反应电子数相同的情况下,峰面积等同于黄药吸附量)。说明在氢氧化钙介质中,黄药在方铅矿表面的电化学反应和吸附受到了抑制。

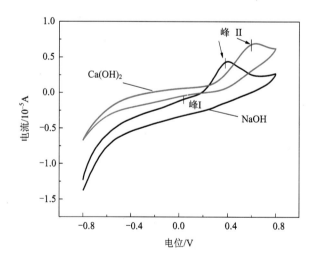

图 10 - 8　在 pH 9.18 时,NaOH 和 Ca(OH)₂介质中方铅矿电极
与丁黄药(0.001 mol/L)作用的循环伏安曲线

由于含不同杂质方铅矿的电极性质和活性不同,因此它们对方铅矿在碱性介质中与黄药作用的电化学行为影响也不相同。由图 10 - 9 可见,杂质对方铅矿与

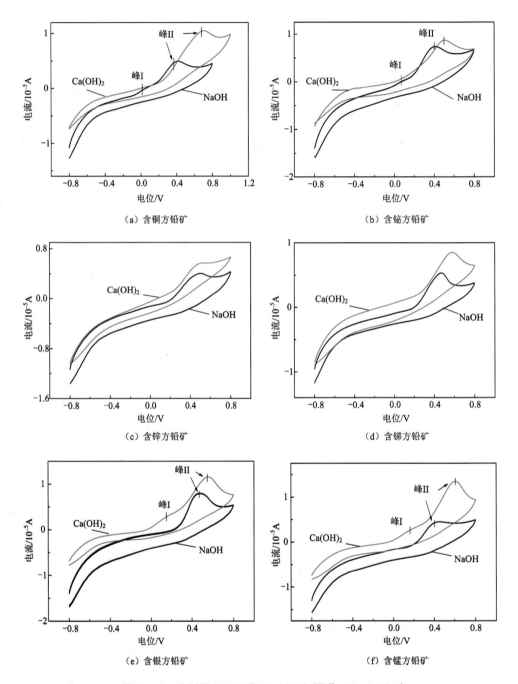

图 10 −9 分别用 NaOH 和 Ca(OH)$_2$ 调节 pH =9.18 时，

不同杂质方铅矿电极在 0.001 mol/L 丁黄药溶液中的循环伏安曲线

黄药电化学作用的影响可以分为 3 类，第一类与纯方铅矿相似，即抑制了黄药的电化学吸附和金属黄原酸盐的形成，如铜杂质和铋杂质[见图 10 - 9(a)和(b)]，从循环伏安曲线上来看，氢氧化钙介质中峰Ⅰ消失和峰Ⅱ受到抑制。第二类是抑制金属黄原酸盐的形成，如锑和锌杂质，含这类杂质的方铅矿在氢氧化钠和氢氧化钙介质中都只有峰Ⅱ出现，没有峰Ⅰ出现[见图 10 - 9(c)和(d)]，说明它们表面的产物只有金属黄原酸盐(铅和杂质盐)，氢氧化钙使峰Ⅱ起始电位后移，并且使峰面积大幅度下降，说明生成黄原酸铅和杂质金属黄原酸盐的反应受到了抑制。第三类是含银和含锰杂质，在这类杂质方铅矿的循环伏安曲线上，氢氧化钙介质中出现了两个氧化峰，峰Ⅰ对应黄药的电化学吸附，峰Ⅱ对应金属黄原酸盐的形成，而氢氧化钠则只有一个氧化峰，即峰Ⅱ，这一现象说明在氢氧化钙介质中，银和锰杂质对方铅矿表面黄药的电化学吸附没有抑制作用，但由于峰Ⅱ的起始电位后移以及峰面积减小，说明在石灰介质中黄原酸铅和杂质金属黄原酸盐的生成反应受到了抑制。

10.5 杂质对硫化钠抑制方铅矿电化学行为的影响

图 10 - 10 所示为含不同杂质方铅矿电极在硫化钠(0.001 mol/L)溶液中的循环伏安曲线，而图 10 - 11 所示为同时存在硫化钠和丁黄药溶液中(两者浓度均为 0.001 mol/L)方铅矿电极的循环伏安曲线。由图 10 - 10 可以看到，在硫化钠溶液中，纯方铅矿及含杂质方铅矿的循环伏安曲线上没有明显的氧化峰，说明方铅矿表面的氧化被抑制。在图 10 - 11 中则可以看到一个明显的氧化峰(即峰Ⅱ)，

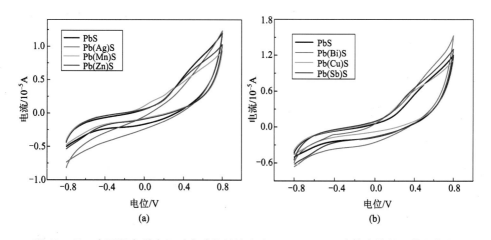

图 10 - 10　含不同杂质方铅矿在硫化钠浓度为 0.001 mol/L 溶液中的循环伏安曲线

而峰 I 全部消失，说明 Na₂S 完全抑制了黄药在方铅矿表面的电化学吸附(即反应(10-10)受到了抑制。对比图10-10和图10-11，可以肯定峰II是黄药与方铅矿反应形成黄原酸盐的吸附峰。

峰II的面积随杂质不同而发生变化，由图10-11还可以看到锰和锌两种杂质的循环伏安曲线与纯方铅矿几乎重合。主要是因为含锰及锌杂质方铅矿表面生成的黄原酸锌与黄原酸锰较少，表面产物主要以黄原酸铅为主，和纯方铅矿表面区别不大，因此硫化钠在它们表面的吸附量差别也就不大。

图10-12显示了纯方铅矿在氢氧化钠和硫化钠溶液中与黄药作用的循环伏安曲线。由图可以看到，硫化钠存在时，峰 I 完全消失，说明硫化钠完全抑制了黄药在方铅矿表面的电化学吸附。另外从图中还可以看出在硫化钠溶液中方铅矿的阳极氧化峰II的起始电位明显后移，说明硫化钠抑制了方铅矿表面生成黄原酸铅的反应，且峰II的面积减少，说明黄药在方铅矿表面的吸附量减少，这是由于硫氢根在其表面竞争吸附导致的。由以上分析可知，硫化钠对方铅矿的抑制机理是一个电化学过程，它不仅能够抑制黄药在方铅矿表面的电化学吸附，还可以通过硫氢根的电化学还原和竞争吸附作用来抑制黄原铅的生成。

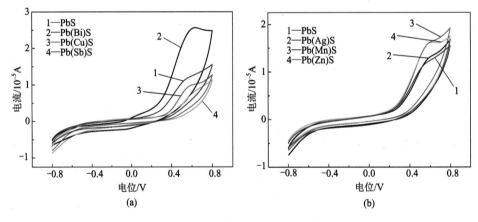

图 10-11　含杂质方铅矿在 Na₂S 和 BX 浓度均为 0.001 mol/L 中的循环伏安曲线

图10-13显示了含不同杂质方铅矿在氢氧化钠和硫化钠溶液中与黄药作用的循环伏安曲线。由图可以看到，硫化钠对方铅矿的抑制与杂质种类有关，根据图10-13所示的结果可将杂质的影响分为两类：第一类杂质以铜和铋杂质为代表[见图10-13(a)和(b)]，该类杂质不仅能够减弱或完全抑制黄药在方铅矿表面的电化学吸附(对应峰 I)，同时还可以抑制黄原酸铅及杂质金属黄原酸盐的生成(对应峰II)。由图10-13(a)和(b)可以看到，与在氢氧化钠溶液中相比，含铋、铜杂质方铅矿在硫化钠溶液中的循环伏安曲线有3点变化：

（1）含铋方铅矿的峰 I 变得较平缓，含铜方铅矿的峰 I 消失，说明铋杂质削弱了黄药的电化学吸附，而铜杂质则完全抑制了黄药的电化学吸附。

（2）它们的阳极氧化峰 II 的起始电位明显后移，说明铋和铜杂质抑制了方铅矿表面黄原酸铅和杂质金属黄原酸盐生成的电化学反应。

（3）阳极氧化峰 II 的面积明显减少，说明黄药在方铅矿表面的吸附量大大减少，这主要是由于硫氢根在方铅矿表面的竞争吸附导致的。与含铋方铅矿相比，含铜方铅矿的

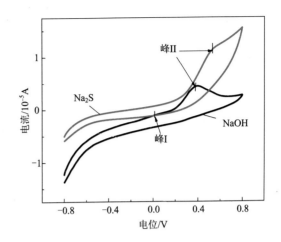

图 10 – 12　硫化钠对含杂质硫化铅与黄药作用的循环伏安曲线的影响

$([Na_2S] = [BX] = 0.001 \ mol/L)$

峰 I 消失，峰 II 起始峰电位更大及峰面积变得更小，因此受硫化钠的抑制更显著。表 10 – 4 列出了黄药分子与硫氢根基团在含不同杂质缺陷方铅矿表面的吸附能，ΔE 为硫氢根吸附能与黄药分子吸附能差值，ΔE 越负，说明硫氢根在方铅矿表面的吸附比黄药分子更强。从表中数据可见含铋方铅矿的 ΔE 为 $-68.76 \ kJ/mol$，而含铜方铅矿的 ΔE 达到 $-139.29 \ kJ/mol$，是含铋方铅矿的两倍多，说明硫化钠对含铜方铅矿的抑制作用比含铋方铅矿更强。

第二类杂质以锰、银、锑和锌为代表 [图 10 – 13(c)、(d)、(e) 及 (f)]，该类杂质对硫化钠抑制方铅矿的影响主要是抑制黄原酸铅及杂质金属黄原酸盐的生成。由图可见，4 种含杂质方铅矿在硫化钠和氢氧化钠溶液中都没有峰 I，只有氧化峰 II。在硫化钠溶液中阳极氧化峰 II 的起峰电位后移（增大），特别是含锑杂质的起峰电位增大得最明显。另外，阳极氧化峰 II 的峰面积也相应变小，说明硫化钠抑制了黄药在方铅矿表面的电化学反应，其中峰面积最小的是含锑方铅矿，而含锌方铅矿峰面积变化不明显，含锰、银及锑方铅矿的峰面积 (S) 大小顺序为：$S_{锰} > S_{银} > S_{锑}$。硫氢根和黄药在方铅矿表面的竞争吸附可以用它们吸附能差值 ΔE 表示，ΔE 越负，表示硫氢根吸附能力比黄药更强。从表 10 – 4 可以看出，这 3 种杂质方铅矿的 ΔE 顺序为：含锰杂质（$-50.04 \ kJ/mol$）> 含银杂质（$-65.10 \ kJ/mol$）> 含锑杂质（$-83.43 \ kJ/mol$），这与它们峰面积的大小顺序是一致的，即 ΔE 值越小，峰面积越小，黄药的吸附量也越少，受硫化钠抑制作用越强。

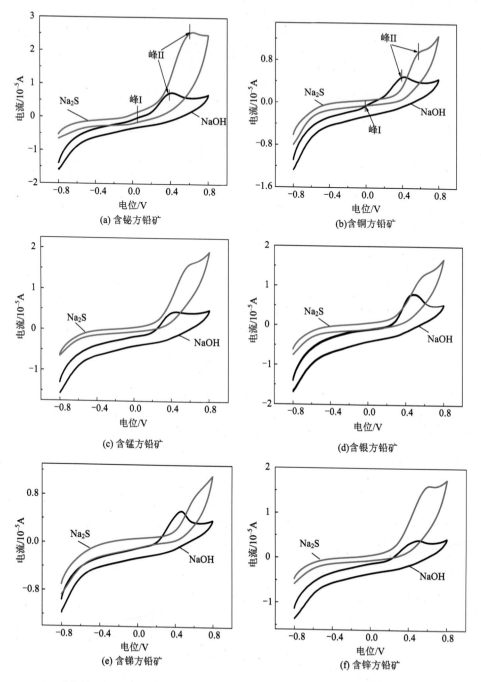

图 10-13　硫化钠对含杂质硫化铅与黄药作用的循环伏安曲线的影响

[Na$_2$S] = [BX] = 0.001 mol/L)

含锌杂质方铅矿的 ΔE（-109.29 kJ/mol）值远小于含锰、银及锑杂质方铅矿的，而其峰面积却不是最小，主要是由于黄药在其表面的吸附能很小（仅为 -73.07 kJ/mol），在循环伏安曲线上氧化峰Ⅱ最小[见图 10-13(f)]，说明黄药在含锌方铅矿表面的电化学作用较弱，因此加入硫化钠之后对峰面积影响较小，但是它的 ΔE 值较负，说明了硫氢根在含锌方铅矿表面主要是化学吸附作用。

表 10-4　黄药与硫氢根基团在含不同杂质缺陷方铅矿表面的吸附能

表面模型	黄药吸附能/$(kJ \cdot mol^{-1})$	硫氢根吸附能/$(kJ \cdot mol^{-1})$	$\Delta E = \Delta E_{SH} - \Delta E_{X}/(kJ \cdot mol^{-1})$
纯方铅矿	-71.33	-128.33	-57.00
含银方铅矿	-92.17	-157.27	-65.10
含铋方铅矿	-212.01	-280.77	-68.76
含铜方铅矿	-74.90	-214.20	-139.29
含锰方铅矿	-198.89	-248.93	-50.04
含锑方铅矿	-199.27	-282.70	-83.43
含锌方铅矿	-73.07	-182.36	-109.29

根据以上分析可以知道，硫化钠对方铅矿的抑制作用是电化学作用与化学竞争吸附的共同结果，不同杂质其影响不一样。硫氢根是给电子基团，能够有效抑制黄药在方铅矿表面的电化学吸附作用，同时硫氢根能够通过竞争吸附方式降低黄药在方铅矿表面的吸附量，从而抑制黄药离子在方铅矿表面生成金属黄原酸盐的电化学反应。

参考文献

[1] 冯其明, 陈建华. 硫化矿物浮选电化学[M]. 长沙: 中南大学出版社

[2] Yuqiong Li, Jianhua Chen, Duan Kang, Jin Guo. Depression of pyrite in alkaline medium and its subsequent activation by copper[J]. Minerals Engineering, 2012, 26: 64-69

[3] Hu Y H, Zhang S L, Qiu G Z, Miller J D. Surface chemistry of activation of lime-depressed pyrite flotation[J]. Trans. Nonferr. Met. Soc. China, 2000, 10(6), 798-803

[4] B·A·格列姆博茨基. 浮选过程物理化学基础[M]. 北京: 冶金工业出版社, 1985: 297-300

[5] Feng Qiming, Chen Jianhua. The electrochemical kinetic studies on bulk concentrate separation of pyrite and galena[J]. Transaction of Nonferrous Metals Society of China, 1999, 9(2): 368

图书在版编目(CIP)数据

硫化矿物浮选晶格缺陷理论/陈建华著. ——长沙:中南大学出版社,2012.12
ISBN 978-7-5487-0779-0

Ⅰ.硫... Ⅱ.陈... Ⅲ.硫化矿物－浮游选矿－晶体缺陷
Ⅳ.TD923

中国版本图书馆 CIP 数据核字(2013)第 018045 号

硫化矿物浮选晶格缺陷理论

陈建华 著

□**责任编辑** 史海燕
□**责任印制** 文桂武
□**出版发行** 中南大学出版社

　　　　　　社址:长沙市麓山南路　　　　邮编:410083
　　　　　　发行科电话:0731-88876770　　　传真:0731-88710482

□**印　　装** 湖南精工彩色印刷有限公司

□**开　　本** 720×1000　B5　　□**印张** 20.75　　□**字数** 403 千字
□**版　　次** 2012 年 12 月第 1 版　　□2012 年 12 月第 1 次印刷
□**书　　号** ISBN 978-7-5487-0779-0
□**定　　价** 105.00 元

图书出现印装问题,请与经销商调换